Florian Schäffer

AVR

Hardware und C-Programmierung in der Praxis

Elektor-Verlag, Aachen

2. Auflage 2008

Umschlaggestaltung: Etcetera, Aachen
Umschlagfoto: Leo Valen
Satz und Aufmachung: Ulrich Weber, Aachen
Druck: WILCO, Amersfoort (NL)

Printed in the Netherlands

ISBN 978-3-89576-200-0

Elektor-Verlag Aachen
079033-1/D

Inhaltsverzeichnis

Vorwort

Sie haben Elektronikkenntnisse und kennen sich auch bereits in einer (mehr oder weniger beliebigen) Programmiersprache aus? Nun wollen Sie beide Themengebiete miteinander verknüpfen und sich der Entwicklung sowie Programmierung von Mikrocontroller-Schaltungen widmen. Dann sollte dieses Buch genau das Richtige für Sie sein, denn mit den AVRs von Atmel stehen Ihnen zeitgemäße Prozessoren zur Verfügung, die alles in einem Chip integriert haben, was für den Einstieg und den fortgeschrittenen Anwender wichtig ist. Zudem bietet die Programmierung in C eine moderne, zukunftssichere Plattform für die Softwareentwicklung. Nach einer Einführung in die Thematik und der Vorstellung der notwendigen Entwicklungsumgebung können Sie mit Projekten, die Sie schrittweise zum Ziel bringen, loslegen. Für die meisten Projekte wird dabei das Mini-Mega-Board – eine Experimentierplatine aus der Zeitschrift Elektor – eingesetzt. Dadurch ist gewährleistet, dass die vorgeschlagenen Aufbauten auch reibungslos nachvollzogen werden können. Natürlich können Sie aber auch eine eigene oder eine andere Experimentierschaltung verwenden. Schließlich werden Sie auch später eigene, für Ihre Aufgabe maßgeschneiderte Schaltungen entwerfen und nutzen wollen. Die hier gezeigten Experimente sollen Sie keinesfalls an eine bestimmte Technik binden, sondern lediglich den Einstieg erleichtern.

Auch wenn an der einen oder anderen Stelle im Buch grundlegendes Elektronikwissen kurz aufgefrischt wird und auch mal eine etwas seltener benutzte C Programmiertechnik ausführlicher erläutert wird, soll hier keine Einführung in diese Themen erfolgen. Vielmehr stehen Inhalte aus der Praxis im Vordergrund, um möglichst umfangreich auf die Einsatzgebiete und Techniken der Mikrocontroller einzugehen. Aber keine Sorge: Da analoge elektrotechnische Klimmzüge die Ausnahme bilden, sind die Schaltungen leicht verständlich. Haben Sie Ihre Programmiererfahrung bisher in einer anderen Hochsprache gesammelt oder sind in C (noch) nicht ganz firm, dann finden Sie im Internet z. B. auf der Webseite http://www. galileocomputing. de/openbook/c_von_a_bis_z/ oder http://www. schellong.de/c.htm sehr gute Einführungen in die Sprache, wo Sie auch mal kurz nachschauen können, wenn Sie Ihr Wissen nur etwas auffrischen wollen. Viele elektrotechnische Fragen werden in der FAQ der Newsgruppe de.sci.electronics bereits sehr anschaulich beantwortet. Die FAQ und auch eine Linkliste zu sehr vielen Herstellern von elektronischen (Spezial-) Bauteilen befinden sich u. A. auf der Webseite http://dse-faq. elektronik-kompendium.de.

Die im Buch vorgestellten Programme finden Sie als Download auf der Webseite des Verlages. Im Text wird dann stets der Dateiordner genannt, in dem Sie alle notwendigen Dateien finden. Die Schaltungsentwürfe, aber vor allem die Programme, sind möglichst einfach gehalten, um ein besseres Verständnis zu ermöglichen. Dadurch sind sie nicht immer optimal und universell geraten, sollen Sie aber auch vor allem dazu anregen, selber eigene Ideen auszuprobieren. Schließlich geht es nicht darum, die Beispiele stur durch zu exerzieren, sondern Sie sollen nach dem Studium befähigt sein, das Besprochene anzuwenden und kreativ weiter zu entwickeln.

Bevor Sie loslegen, noch ein kurzer Tipp: Der einfache Taschenrechner des Windows Betriebssystems (*Start/ Programme/ Zubehör*) beherrscht in der wissenschaftlichen Ansicht (*Ansicht/Wissenschaftlich*) die sehr oft benötigte Umrechnung zwischen hexadezimalen (im Buch beispielsweise als A1h angegeben), dezimalen (161) und binären (1010 0001b) Zahlen.

Und nun viel Spaß und viel Erfolg!

Florian Schäffer, November 2008
(http: / / www.blafusel.de)

1. Einführung in die Mikrocontrollertechnik

Sollten Sie Ihre Elektronikkenntnisse schon vor einiger Zeit gewonnen haben, so besitzen Sie sicherlich auch ein bereits vorgeprägtes Bild von Mikrocontrollern (im Fachjargon auch als MC oder μC bezeichnet). Wie bei allen Entwicklungen im Computerbereich sind die Anfänge noch gar nicht so lange her, und wer sich mit dem neuen Thema auseinandersetzen wollte, brauchte nicht nur viel Fachwissen, sondern oft auch das notwendige Budget und viel Geduld bei der Beschaffung der seltenen Einzelteile. Belohnt wurden die tage- und wochenlangen Mühen dann mit schukartongroßen Kästen, die bis auf ein paar LEDs und Schalter nicht viel Kommunikation mit dem Bediener boten.
Legendär ist zum Beispiel der in der Fachzeitschrift Popular Electronics 1975 vorgestellte Altair 8800 oder der spätere IMSAI 8080.

Abbildung 1.1: *Altair 8800 mit zusätzlichem Floppycontroller (Quelle: Wikipedia).*

Auch wenn der Lerneffekt beim Aufbau und Betrieb eines solchen Gerätes unbestreitbar hoch sein mag, so sind die Abmessungen, der aufwendige Aufbau und der fehlende Komfort bei Ein- und Ausgaben alles andere als alltagstauglich. Da ist es doch sehr erfreulich, dass heute ein einziger μC Chip in der Größe eines DIL IC-Gehäuses so gut wie alle Funktionen in sich integriert, die in den Anfangszeiten noch auf fünf Leiterplatten untergebracht werden mussten. Zudem beträgt der Beschaffungspreis mit um die zwei Euro für den μC und vielleicht ca. zehn Euro für die Systemumgebung nur noch ein Bruchteil dessen, was ein Selbstbaugerät wie der Altair 8800 seinerzeit gekostet hat (397 US-$). Daneben bietet der Markt heute jede Menge Zubehör, das es dem Mikrocontroller ermöglicht, mit seiner Umgebung komfortabel zu kommunizieren und ihn effektiv und benutzerfreundlich jederzeit an neue Aufgaben anzupassen und ihn mit gängigen Programmierhochsprachen zu programmieren, statt endlos Kippschalter zu betätigen.

Haben Sie sich bisher also immer wieder von der vermeintlich aufwendigen Thematik der Mikrocontroller ferngehalten, dann bietet es sich an, die bisherigen Zweifel auszuräumen und zu sehen, wie einfach der Umgang mit eigenen Mikrocontrollern inzwischen geworden ist und welche vielfältigen Möglichkeiten ihr Einsatz bietet.

1.1 Einsatzgebiete für Mikrocontroller

Vielleicht haben Sie ja schon eine konkrete Aufgabe für Ihren ersten selbst aufgebauten μC. Eventuell hat Sie aber nur die Materie interessiert und Sie sind sich noch gar nicht so sicher, wozu Sie einen Mikrocontroller verwenden können und welche Aufgaben sich damit lösen lassen. Grundsätzlich kann man eigentlich sagen, dass in so gut wie jedem elektronischen Gerät heute ein μC steckt. Vorbei sind die Zeiten, in denen wahre IC Massengräber produziert wurden, um einfache Steueraufgaben zu verwirklichen. Und auch dort, wo bis vor einigen Jahren noch mechanische Systeme Steuerungen kontrollierten, werden inzwischen nur noch Mikrocontroller verwendet. Beispiele aus dem Alltag lassen sich in jeder Wohnung finden: Waschmaschinen, Geschirrspüler und Telefone waren vor gar nicht mal so langer Zeit noch hochmechanische Apparate. Eine von einem Elektromotor angetriebene mechanische Programmsteuerung regelte Wasserzufluss, Heizung, Trommelbewegung usw. Je nach eingestelltem Programm bewegten sich Zapfen oder ähnliche Steuerelemente auf einer Trommel und regelten die Wäsche – gut zu erkennen an dem typischen leisen Ticken der Maschinen.

In den Zeiten, in denen Telefone noch mit einer Wählscheibe ausgestattet waren, wurden die mechanischen Impulse der sich zurückstellenden Wählscheibe in elektrische Signale umgewandelt und dann in der Vermittlungsstelle über so genannte Hebdrehwähler zur Leitungsvermittlung genutzt. Bis auf wenige Ausnahmen übernehmen derartige Aufgaben inzwischen Mikrocontroller mit spezieller Programmierung, denn sie sind preiswerter, weniger fehleranfällig und leicht umzuprogrammieren, um Softwareupdates umzusetzen oder zusätzliche Funktionen zu integrieren.

Nun werden Sie vermutlich nicht eine Waschmaschine im Eigenbau herstellen wollen, wie sieht es aber mit einer Modelleisenbahn aus? Auch hier haben Mikrocontroller Einzug gehalten. Vorbei die Zeiten, in denen ein Trafo und ein paar „intelligente" Weichen zur Zugsteuerung ausreichten. Jede Lok und sogar die Beleuchtung in den Passagierwagen verfügt über kleine Prozessoren, die über ein in die Versorgungsspannung der Gleise eingekoppeltes Signal gesteuert werden können, um Geschwindigkeit, Geräusche und auch Signalanlagen zu steuern. Und auch neben dem Gleis kann der μC Aufgaben übernehmen, für die bisher aufwendige Schaltungen notwendig waren: Die gesamte Beleuchtung einer Modellbahnanlage kann mit nur wenigen Bauteilen gesteuert werden. Auch wenn es etwas übertrieben erscheinen mag, einen ganzen Mikrocontroller damit zu beauftragen, die Leuchtreklame an einer Modellhauswand zu steuern: es ist vom Bauteilaufwand wesentlich einfacher als beispielsweise eine Schieberegisterschaltung (siehe auch ab Seite 127) und bietet zudem noch viel mehr Abwechslung bei den Lichteffekten bei vergleichbaren oder sogar geringeren Kosten und wesentlich weniger Schaltungsaufwand.

Mit Mikrocontrollern können Projekte oft billiger und einfacher (effektiver) realisiert werden, wodurch die Hemmschwelle vor der Umsetzung sinkt und der Weg für eigene Kreationen frei wird. Aufgrund der oft simplen Grundbeschaltung (Hardware) von Mikrocontrollern sinkt die Fehlerwahrscheinlichkeit und das Risiko, eine entworfene und produzierte Schaltung modifizieren oder entsorgen zu müssen. Da die Arbeitsweise des μC durch die Programmierung (Software) festgelegt wird, kann diese jederzeit modifiziert werden, ohne zwangsläufig auch Änderungen an der Hardware vornehmen zu müssen.

Für Mikrocontroller lassen sich zahlreiche Einsatzmöglichkeiten finden. Das wichtigste Aufgabengebiet wird dabei der Bereich Messen-Steuern-Regeln (MSR) sein: Mit dem μC wird eine Umgebungsbedingung gemessen und daraufhin wird ein Aggregat gesteuert, wodurch eine Regelung bewirkt wird, wenn sich der Vorgang wiederholt.

Bei allen Tätigkeiten ist ein Mikrocontroller dabei nicht auf die digitalen Anwendungen beschränkt, auch wenn intern lediglich Nullen und Einsen verarbeitet werden. Ebenso gut können analoge Daten eingelesen und ausgegeben werden. Solange man sich dabei nicht in den Bereich der Hochfrequenztechnik begibt, hat der Einsatz von Mikrocontrollern einen immensen Vorteil: Der Schaltungsaufwand ist übersichtlich und in der Regel sehr einfach zu verstehen, da meistens auf trickreiche Klimmzüge mit Transistoren, Kondensatoren usw. verzichtet werden kann (die vor allem bei Elektronikanfängern häufig zur Abschreckung führen) und bereits einfache Elektronikkenntnisse zu anspruchsvollen Ergebnissen führen.

1.2 Was ist ein Mikrocontroller?

Grundsätzlich stellt ein Mikrocontroller nichts anderes dar, als einen sehr kleinen Computer, der ebenfalls nach dem althergebrachten Funktionsprinzip Eingabe-Verarbeitung-Ausgabe (EVA) arbeitet. Der μC kann also Eingaben entgegennehmen, diese Daten verarbeiten und dann in irgendeiner Art und Weise darauf reagieren und etwas ausgeben. Die Eingabemöglichkeiten können vielschichtig sein: Beispielsweise Tastendrücke, Messwerte oder (Funk-) Signale. Je nach dem, welche Aufgaben das Programm vorsieht, können dann nach der Verarbeitung Reaktionen generiert werden, wie zum Beispiel: Leuchtanzeigen (LEDs, Textdisplays etc.), Kontrolle von Stellgliedern oder gesendete Signalpegel.

Abbildung 1.2:
μC ATmega8 (links) und ATmega16.

Die Unterscheidung zwischen Mikrocontrollern, wie sie hier im Buch verwendet werden, und den (Mikro -) Prozessoren (auch bezeichnet als CPU: central processing unit) in einem modernen PC ist nicht ganz trivial. Vereinfachend kann man sagen, dass ein Mikrocontroller bereits alle wichtigen Eigenschaften integriert hat, während eine CPU externe Peripherie benötigt. Je nach Modell kann ein μC beispielsweise bereits Analog/Digital-Wandler, serielle Schnittstellen oder verschiedene dauerhafte und flüchtige Speicher (für den Programmcode und als Arbeitsspeicher) integriert haben. Ein Computerprozessor benötigt hingegen hierfür weitere Hardware (beispielsweise RAM-Module als flüchtigen Speicher). Dafür bietet in der Regel eine moderne CPU wesentlich mehr effektive Rechenleistung als ein Mikrocontroller – auch wenn diese Unterscheidung nicht immer ganz zutreffend ist, so kann eine CPU zum Beispiel oft Arbeitsschritte parallel ausführen, wozu nur sehr wenige Mikrocontroller in der Lage sind, die hier im Buch keine weitere Beachtung finden werden.

Die Befehlsbearbeitung moderner Mikroprozessoren folgt dem Von-Neumann-Zyklus. Die wichtigsten Phasen sind dabei das Laden des Befehls (fetch), seine Dekodierung (decode) und seine Ausführung (execute). Für diese Schritte werden (je nach Controllerarchitektur) ein oder mehrere Taktzyklen benötigt, die als Impulse durch einen (internen oder externen) Taktgenerator ausgelöst werden. Die auszuführenden Befehle liegen als Maschinencode im Programmspeicher des Mikrocontroller und wurden durch den Programmierer erstellt und dort abgespeichert.

1.2.1 Mikrocontroller-Speicher

Abgesehen von den Prozessoren, in denen der Programmcode während der Herstellung mit eingebaut wird, befinden sich die Anweisungen normalerweise in einem lösch- und wiederbeschreibbaren Speicher. Festprogrammierte ROMs (Read Only Memory: Nur-Lese-Speicher) sind zwar in der Massenproduktion günstig, aber für eigene Entwicklungen und Kleinserien aufgrund der mangelnden Flexibilität und aufwendigen Produktion ungeeignet. Mitte der 1970er Jahre wurden primär EPROMs (Erasable Programmable Read Only Memory: löschbarer, programmierbarer Nur-Lese-Speicher) für Eigenentwicklungen genutzt. Zum Programmieren (dem Abspeichern der Programmbefehle) wird ein (meist externes) Programmiergerät verwendet. Zum Löschen wird der Chip durch das eingelassene Fenster mit UV Licht bestrahlt. Um versehentliches Löschen des Speichers zu verhindern, wird das Fenster im Regelbetrieb mit UV-dichter Folie abgeklebt. Etwa 100...200 Schreib-/Löschvorgänge kann ein EPROM verkraften, bevor es unzuverlässig wird. Die Anzahl der Lesevorgänge ist hingegen nicht begrenzt. Eine Weiterentwicklung stellen EEPROMs (Electrically Erasable PROM: elektrisch löschbarer, programmierbarer Nur-Lese-Speicher) dar. Statt UV-Licht genügt eine (oft deutlich über der normalen Betriebsspannung liegende) Löschspannung, um den Speicher zu leeren.

***Abbildung 1.3:** EPROM.*

Noch einen Schritt weiter geht der preiswertere Flash-Speicher (auch als Flash-EEPROM bezeichnet), der ähnlich wie ein EEPROM funktioniert. Allerdings genügt hier eine geringe externe Spannung (aus der dann intern die benötigte höhere

Spannung generiert wird) auch für den Löschvorgang, was den Schaltungsaufwand vereinfacht. Dadurch benötigen Mikrocontroller mit Flash-Speicher oft auch kein zusätzliches Programmier- und Löschgerät, sondern können direkt in der Schaltung programmiert werden. Zudem sind Speicherzugriffe in wesentlich kürzerer Zeit als beim (E)EPROM möglich. Eine typische Anwendung für Flash sind (USB-) Memory Sticks, wie sie heute wohl jeder Computernutzer kennt. Nachteilig gegenüber einem EEPROM ist bei Flash allerdings, dass die Speicherzellen (Bytes) nicht einzeln, sondern nur blockweise gelöscht werden können. In der Mikrocontroller-Praxis ist dies aber kaum von Bedeutung. Wie alle wiederbeschreibbaren Speicher können auch Flash-Speicher (ähnlich wie EEPROMs) nur etwa 100.000 bis 1.000.000 Mal beschrieben werden.

Die heute eingesetzten Mikrocontroller vereinen meist eine Mischung aus diesen Speichertechniken: Für den Programmcode wird oft Flash genutzt, da dieser nicht flüchtig ist und so das Programm auch ohne Spannung im μC erhalten bleibt. Berechnungen werden im unbegrenzt oft wiederbeschreibbaren (S)RAM (Static Random Access Memory: statischer Speicher mit wahlfreiem Zugriff) abgelegt und bleiben dort so lange erhalten, wie der μC mit Spannung versorgt ist. Zusätzlich kann es ein internes EEPROM geben, in dem der Programmierer Werte dauerhaft speichern kann (beispielsweise Konfigurationsparameter des Benutzers).

1.2.2 RISC-Architektur

Der Atmel AVR, mit dem sich dieses Buch hier beschäftigt, gehört zu einer 8 Bit RISC-Prozessor-Familie. RISC steht für Reduced Instruction Set Computing und bedeutet „rechnen mit reduziertem Befehlssatz“, was sich im ersten Moment als Nachteil gegenüber dem Complex Instruction Set Computing (CISC: rechnen mit komplexem Befehlssatz) anhört. Im Vergleich zum RISC-Befehlssatz zeichnet sich ein CISC-Befehlssatz durch verhältnismäßig leistungsfähige Einzelbefehle aus, wohingegen RISC zugunsten einer hohen Ausführungsgeschwindigkeit und eines niedrigeren Decodierungsaufwands auf Seiten der CPU versucht, auf komplexe Befehle zu verzichten. Zu den bekanntesten CISC Vertretern gehören die Prozessoren der Motorola 68000er Reihe (üblich in Apple Macintosh Computern) und die Intel x86er (Pentium & Co.). RISC-Prozessoren gelten allgemein als schneller bei der Programmausführung, bereiten aber bei der Programmierung vor allem in Assembler mehr Aufwand, da die fehlenden komplexen CISC-Befehle durch mehrere einfache RISC-Befehle ersetzt werden müssen. Wenn Sie die Programme für Ihren Mikrocontroller in einer Hochsprache wie C erstellen, werden Sie den Mehraufwand nicht bemerken, da der Compiler die Arbeit für Sie übernimmt.

Zudem wurde der AVR explizit für die Programmierung mit C entworfen, so dass diese Compiler sehr effizienten Maschinencode generieren können, was sie auch einigen speziellen Befehlen verdanken, die dann doch aus dem CISC-Umfeld stammen. Während ein echter RISC-Befehl in nur einem Programmzyklus ausgeführt werden kann, gibt es auch Befehle, die zwei bis vier Takte benötigen. Allerdings muss man als Entwickler auf derartige Gegebenheiten nur bei sehr zeitkritischen Anwendungen achten.

1.3 Der passende Mikrocontroller-Typ

Beginnen Sie aus eigenem Interesse, als Hobby oder zur Realisierung eines bestimmten Projektes sich mit Mikrocontrollern zu befassen, dann stehen Sie anfangs immer vor der Frage, welcher μC denn nun der beste ist. Grundsätzlich kann man schon mal nie von *dem Besten* reden, denn jeder Mikrocontroller hat Vor- und Nachteile. Zudem haben Sie sich mit dem Lesen dieses Buches schon auf einen bestimmten Typ festgelegt: Atmel AVRs. Dennoch sollen hier einige der Entscheidungskriterien kurz beleuchtet werden. Zu den wichtigsten Fragen bei der Controllerauswahl gehören u. a. diese Punkte:

- Funktionsumfang Befehlssatz
- Geschwindigkeit
- Funktionsumfang integrierter Hardware
- Preis und Beschaffbarkeit
- Bauform
- Speichergröße
- Qualität der Dokumentation
- Akzeptanz bei anderen Nutzern
- Verfügbarkeit an Entwicklungstools

Wie Sie sehen, betreffen die meisten Fragen gar nicht den Mikrocontroller direkt, sondern Rahmenbedingungen, die teilweise viel wichtiger sein können. Als problematisch bei der Prozessorwahl stellen sich oft die sehr eingeschworenen Fangruppen heraus. Jeder Prozessor hat eine feste Gruppe von Anwendern, die oft nicht bereit sind, andere Produkte wertfrei zu würdigen und nur *ihren* Prozessor als den einzig richtigen gelten lassen – Ähnliches wird Ihnen bei der Wahl der passenden Programmiersprache erneut begegnen. Lassen Sie sich davon nicht abschrecken. Wichtig ist es, überhaupt erst einmal einen Einstieg zu finden. Wenn Sie dann später feststellen, dass der zuerst gewählte Mikrocontroller doch nicht der zu Ihrem Projekt optimal passende war, haben Sie trotzdem eine Menge gelernt und können Ihr Wissen schnell transferieren. Auch der Autor dieses Buches hat mehrere Anläufe benötigt und sich vor vielen Jahren mit Prozessoren wie dem 8085 und dem 8052 herumgeschlagen, bevor er dann nach langer Pause mit der C-Control einen neuen Einstieg fand und nun derzeit AVRs einsetzt. Immerhin schreitet auch die technische Entwicklung immer weiter voran und Ihre Anforderungen werden sich ebenso ändern.

1.3.1 Funktionsumfang Befehlssatz

Im Grunde kann es Ihnen mehr oder weniger egal sein, wie viele Befehle ein Prozessor intern kennt. Wie gezeigt, verfügen RISC-Prozessoren über weniger als bei einer CISC-Architektur. Die AVRs von Atmel besitzen etwa 60…130 so genannter Opcodes . Erst wenn Sie sich mit der Assemblerprogrammierung befassen, werden diese Befehle im Einzelnen bedeutungsvoll, da Sie dann eventuell fehlende CISC-Befehle durch mehrere RISC-Befehle nachbauen müssen. Nutzen Sie eine Hochsprache wie Basic oder C, dann übernimmt der Compiler diese Arbeit für Sie.

Auch wenn Funktionen wie Timer, Counter und Interrupts nicht unmittelbar zum Befehlssatz zu zählen sind, so sind dies Funktionen, bei denen Sie sich unbedingt vorher überlegen müssen, in wie weit sie benötigt werden. Im weiteren Verlauf des Buches werden Sie die Einsatzgebiete dieser Funktionen noch detailliert kennen lernen. Vorhanden sind die Funktionen zwar oft, doch es kann durchaus sein, dass zum Beispiel zu wenig Timer zur Lösung Ihres speziellen Problems verfügbar sind.

1.3.2 Geschwindigkeit

Es kommt ganz auf Ihre Anwendung an, ob die Prozessorgeschwindigkeit tatsächlich eine Rolle spielt. Für eine Heizungssteuerung ist es sicher unerheblich, ob die Temperaturregelung mikrosekundengenau ausgeführt wird. Anders mag es aussehen, wenn Sie sehr kurze Zeiten messen wollen (beispielsweise die Laufzeit von Ultraschall zur Entfernungsmessung Ihres Roboters) oder eine große Anzahl von LEDs im Multiplexbetrieb (siehe Seite 121) ansteuern. Wie lange eine Abfolge von Befehlen dauert, können Sie dem Datenblatt zum Prozessor entnehmen. Dort steht dann beispielsweise unter dem Stichwort *Instruction Set Summary* für jeden einzelnen Maschinenbefehl, wie viele Taktzyklen er benötigt. Doch ehrlich gesagt: davon haben Sie herzlich wenig, denn so lange Sie nicht schon den fertigen Maschinencode Ihres Programms haben, wissen Sie nicht, welche und wie viele Anweisungen Ihr Compiler erzeugen wird.

Können Sie bei Ihrem Prozessor die Taktrate konfigurieren (beispielsweise mit Hilfe eines externen Schwingquarzes), dann haben Sie ein wenig Einfluss auf die unmittelbare Zeit, die ein Taktzyklus benötigt. Beherrscht Ihr Mikrocontroller also ein großes Spektrum als Taktfrequenz (beispielsweise bis zu 20 MHz bei ATmegas), haben Sie einen Vorteil gegenüber Prozessoren, die nur langsamer getaktet werden können. Trotzdem wird man oft nur eine mittlere Taktrate wählen und nicht die maximal mögliche ausreizen, da dies für die meisten Anwendungen gar nicht nötig ist. Vor allem beim Einsatz interner Timer (mehr dazu ab Seite 180) können hohe Taktraten sogar eher störend sein, da sich dann das Programm um die zu oft auftretenden Überläufe etc. kümmern muss.

Eine geringe Ausführungsgeschwindigkeit wirkt sich aber auch sehr störend aus, wenn beispielsweise Zeichen über die serielle Schnittstelle gesendet und empfangen werden sollen und der Prozessor nicht in der Lage ist, höhere (übliche) Übertragungsraten zu bewerkstelligen und dann eventuell empfangene Zeichen gar verloren gehen, was aber auch mit dem zur Verfügung stehenden Speicher zusammenhängen kann.

Letztendlich wird bei Aussagen zur real nutzbaren Geschwindigkeit die praktische Erfahrung eine Rolle spielen. Aktuelle Mikrocontroller stoßen aber eher selten an ihre Grenzen.

1.3.3 Funktionsumfang integrierter Hardware

Dieser Punkt kann ganz entscheidend sein, denn wenn der von Ihnen gewählte Mikrocontroller eine benötigte Funktion nicht besitzt, müssen Sie diese bei Bedarf durch externe Hardware oder programmtechnisch nachbilden. Deshalb sollten Sie sich stets vor Projektbeginn fragen, was Sie benötigen und ob Sie dies bereits integriert haben möchten. Vor allem Schnittstellen gehören hierzu:

- Anzahl digitaler I/O-Ports (Input/Output: Eingabe/Ausgabe)
- Analog-Digital- (A/D) und/oder Digital-Analog-Wandler (D/A)
- Serielle Schnittstellen wie USART (Universal Synchronous and Asynchronous serial Receiver and Transmitter), SPI (Serial Peripheral Interface) oder I^2C/TWI (Two-Wire serial Interface)
- CAN-Schnittstelle
- Taktgenerator
- Spannungsversorgung
- Programmierschnittstelle und Debugfunktionen

Die digitalen I/O-Ports sind vermutlich die Schnittstelle, mit der Sie am Anfang am meisten experimentieren werden, da man hier z. B. Schalter, LEDs usw. anschließen kann. Wenn viele Leitungen vorhanden sind, können natürlich entsprechend viele Aktuatoren und Sensoren direkt angeschlossen werden. Wie Sie noch sehen werden, gibt es aber auch zahlreiche Möglichkeiten, wie Sie sich bei zu wenig freien Ports behelfen können. Interessant kann aber auch sein, wie stark ein einzelner Port oder alle Ports zusammen strommäßig belastet werden können. Nicht alle Mikrocontroller sind in der Lage, Standard-LEDs mit einer Stromaufnahme von ca. 20 mA direkt anzusteuern. In so einem Fall wird dann externe Hardware zusätzlich erforderlich, was zum Beispiel bei Platzmangel störend sein kann.

Besitzt der Mikrocontroller einen internen Oszillator zur Taktgenerierung, dann kann auf eine externe Beschaltung verzichtet werden, solange keine hohe Genauigkeit benötigt wird, wodurch der Beschaltungsaufwand weiter sinkt. Ebenso verhält es sich bei der Spannungsversorgung: Mikrocontroller mit internem Speicher dürfen nicht an einer Spannungsquelle betrieben werden, deren Spannung an- oder absteigt beim Erreichen der nominellen Ausgangsspannung oder beim Ausschalten. Mittels Brownout -Erkennung wird dies verhindert, da es ansonsten zum Löschen oder Verändern von Speicherinhalten kommt. Bringt der μC eine solche Funktion bereits mit, können Sie wieder drei externe Bauteile einsparen.

Der Programmierschnittstelle kommt noch mal eine besondere Beachtung zu. Prozessoren wie die AVRs unterstützen das so genannte In-System Programming (ISP). Damit ist gemeint, dass der Speicher des μC jederzeit direkt in der fertig aufgebauten Schaltung neu programmiert werden kann (siehe Seite 31f). Um z. B. den Programmcode zu ändern wird also kein externes Programmiergerät benötigt, was Zeit und Geld spart. Zudem kann bei den größeren Modellen über die JTAG- (Joint Test Action Group) Schnittstelle der Programmcode direkt im Prozessor debugt werden, um Fehler bequemer aufzufinden (vgl. S. 44).

1.3.4 Preis und Beschaffbarkeit

Was nützt Ihnen der schickste Prozessor, wenn es so gut wie unmöglich ist, ihn als normaler Anwender zu beschaffen, da kein Einzelhändler ihn in seinem Programm führt? Es ist vorteilhaft, wenn Sie den Chip bei einem der großen Elektronikgeschäfte bekommen können, bei denen Sie auch die übrigen Bauteile beziehen. Ein Chip, der vielleicht nur einige Euro kostet, verteuert sich sonst ungemein, wenn Sie ein mehrfaches an Versandkosten hinzurechnen müssen, weil Sie beim Distributor des Controllers nicht auch noch Ihren übrigen Bedarf decken können. Welche Schmerzgrenze Sie für den Kaufpreis eines einzelnen Chips setzen, hängt primär von Ihren Verhältnissen und Bedürfnissen ab. Einfache μC wie der ATmega8 sind aber schon für unter zwei Euro zu haben (Stand: 11/2007). Angesichts dessen sinkt die Hemmschwelle für eigene Experimente angenehm tief, denn selbst wenn mal etwas schief gehen sollte, schmerzt es kaum, zum Ersatz zu greifen; und sind die ersten Schritte und Hürden gemeistert, können Sie sich den teureren Versionen beruhigt zuwenden.

An dieser Stelle deshalb auch noch ein Tipp: Alle Hersteller von Halbleitern bieten auf ihren Webseiten die Möglichkeit, Muster einzelner Produkte kostenlos zu bestellen. Sollten Sie also mal ein exotisches Bauteil ausprobieren wollen, können Sie dort ein Exemplar bestellen und werden in der Regel zügig und problemfrei beliefert.

Bei Fragen zur Beschaffbarkeit lohnt sich aus einem anderen Grund aber auch immer ein Blick auf die Herstellerwebseite: Prüfen Sie, ob der Halbleiter (Mikrocontroller oder ein anderes Bauteil) nicht schon abgekündigt (engl: deprecated) wurde. Vor allem Prozessoren haben oft nur einen kurzen Produktionszyklus und werden dann durch neue Modelle ersetzt. Eine Zeit lang bekommen Sie diese Bauteile dann zwar oft sehr günstig zu kaufen, laufen aber Gefahr, irgendwann keinen Nachschub mehr zu bekommen, was vor allem bei einer geplanten Serienproduktion sehr ärgerlich sein kann.

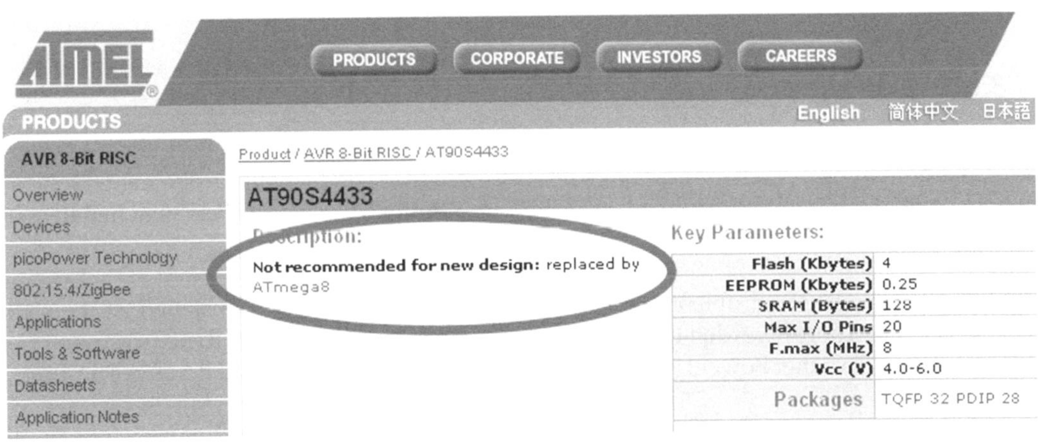

Abbildung 1.4: *Beispiel für Hinweis auf ein auslaufendes Modell (Quelle: www.atmel.com).*

1.3.5 Bauform

Nicht außer Acht lassen sollte man die Bauform, in der ein Mikrocontroller angeboten wird. Ein DIL (Dual In-Line) Gehäuse mit 28 Beinchen ist wesentlich handlicher als ein 64-poliges TQFP Gehäuse oder gar ein BGA (Ball Grid Array), welches sich mit Heimmitteln gar nicht mehr verarbeiten lässt. Dabei ist natürlich unter anderem ausschlaggebend, ob Sie den Chip auf einem Experimentierboard oder einer auch noch von Laien lötbaren Platine einsetzen wollen, oder gleich an die Seriengroßproduktion bei minimalem Platzbedarf denken.

Abbildung 1.5: *Verschiedene Gehäuseformen: SMD, PLCC und DIL.*

Vorteilhaft kann es sein, wenn der gleiche Controller in verschiedenen Bauformen existiert. So können Sie während der Entwicklungsphase auf eine Form zurückgreifen, die sich gut löten lässt oder für die es passende Sockel zum einfachen Wechsel des Chips gibt und später bei der Serienfertigung zu den meist kleineren SMD-Varianten (Surface Mounted Device) und ähnlichem wechseln.

1.3.6 Speichergröße

Generell trifft es natürlich zu, dass man nie genug Speicher haben kann und viel immer gut ist. Da ein mehr an Speicher sich aber auch fast immer in der Gehäusegröße niederschlägt, lohnt es sich doch, sparsam zu sein. Wie schon im Kapitel Mikrocontroller-Speicher ab Seite 13 gezeigt, gibt es verschiedene Speicher in einem Mikrocontroller.

RAM ist meistens kein Problem, denn die Anzahl der verwendeten Variablen ist meistens gering und auch sonst werden bei Mikrocontroller-Anwendungen i. d. R. keine großen Datenmengen im Speicher bewegt (wie beispielsweise bei Datenbanken und deren Sortierung).

Speicher in Form von EEPROM kann schon interessant werden: Hier werden meistens Konfigurationsparameter abgelegt, die auch nach einem Spannungsabfall wieder verfügbar sein sollen (beispielsweise durch den Benutzer ausgewählte Sprache für Textausgaben oder Soll-Werte in der Regelungstechnik). Bei den meisten Anwendungen beschränken sich die Daten aber trotzdem auf wenige Bytes. Interessant kann ein großer EEPROM-Speicher aber werden, wenn er als Ergänzung eines eventuell knappen Flash-Speichers herhalten soll.

Im Flash wird das Programm abgelegt. 8 kByte sind für viele Heimanwendungen oft schon mehr als genug. Der tatsächliche Verbrauch lässt sich zuvor kaum bestimmen und ist auch stark vom Compiler abhängig. Hier hilft wieder einzig die Erfahrung und da ist es dann natürlich wieder mal praktisch, wenn der gleiche Mikrocontroller in verschiedenen Speicherausbaugrößen verfügbar ist.

Es gibt aber Anwendungen, die schnell viel Speicher verbrauchen: Grafik und Text. Schon für einfache Textausgaben auf einem LCD wird pro Zeichen ein Byte RAM benötigt, da ja im Programmcode das auszugebende Zeichen abgelegt sein muss. Für eine kleine Menüführung und benutzerfreundliche Ausgaben wird dann oft schnell mehr Speicher belegt, als man vermutet. Grafikausgaben sind noch speicherhungriger, denn pro Pixel wird ein Bit benötigt und bereits ein Bild auf einem kleinen Display mit 128x64 Pixel belegt 1.024 Byte – so viel Speicher wie bei vielen Typen gerade maximal zur Verfügung steht. Hier hilft man sich als Entwickler dann oft mit einem Trick und lagert den statischen Text oder die Grafik in den nicht ausgelasteten Flash-Speicher aus (dazu mehr ab Seite 199).

1.3.7 Qualität der Dokumentation

Dieses Kriterium bei der Wahl des passenden Mikrocontrollers gehört (wie die folgenden Kriterien auch) zu den oft vernachlässigten, aber deshalb nicht weniger wichtigen. Der super-tolle Prozessor ist nichts Wert, wenn Sie nicht wissen, wie er beschaltet und bedient wird. Die meisten (freien) Dokumente werden Sie heute online im Internet finden. Deshalb kann es nicht schaden, mal auf der Herstellerwebseite vorbei zu schauen. Dort werden Ihnen meistens umfangreiche Dokumente als PDF (Portable Document Format) angeboten, die Sie dann mit dem kostenlosen Acrobat Reader (http://www.adobe.com) betrachten können. Angesichts des Umstandes, das sämtliche Hersteller von Mikrocontrollern amerikanische oder asiatische Firmen sind, können Sie sich aber darauf einstellen, hier stets nur englischsprachige Dokumente zu finden. Ohne entsprechende Sprachkenntnisse werden Sie grundsätzlich Probleme bekommen, denn der Markt an deutschsprachiger Sekundärliteratur ist oft dünn und vor allem vermutlich nie so umfassend wie die Datenblätter (Datasheets) der Hersteller.

Dafür bieten die Hersteller mitunter auch weiterführende Hilfen wie zum Beispiel *Application Notes* an, in denen oft interessante Einzelprojekte komplett vorgestellt werden. Diese sind immer wieder eine gute Hilfe, wenn es darum geht, vielleicht mal ein ähnliches Projekt umzusetzen, denn viele oft benötigte Anwendungen sind dort bereits gelöst worden, da die Hersteller ja auch daran interessiert sind, dass Ihre Mikrocontroller problemlos eingesetzt und somit verkauft werden.

In diesem Buch soll bis auf wenige Ausnahmen darauf verzichtet werden, Inhalte aus Datenblättern wiederzukauen. Bitte konsultieren Sie immer die Datenblätter, die Sie allesamt als PDF beim Hersteller der eingesetzten Schaltkreise herunterladen können. Die Dokumente zu den Atmel Prozessoren bekommen Sie auf der Webseite http://www.atmel.com/dyn/products/data sheets. asp? family_id=607.

1.3.8 Akzeptanz bei anderen Nutzern

Solange Sie nicht ein Entwicklerdasein als Einzelkämpfer fristen wollen, ist eine möglichst große Nutzergemeinschaft sehr hilfreich. Früher oder später wird es sich nicht vermeiden lassen und Sie werden ein schier unlösbares Problem mit Ihrem Mikrocontroller haben oder Sie suchen nach einem Gedankenanstoß zur Lösung. Dann ist es schön, wenn Sie (heutzutage wohl vor allem im Internet) andere Leidensgenossen treffen und sich mit ihnen austauschen können. Vielleicht hat sich schon mal jemand mit einem ähnlichen Problem befasst oder nimmt Ihnen mit seinem Rat das Brett vor dem Kopf weg, an dem Sie schon fast verzweifeln. Je beliebter ein Prozessor dann ist und je mehr Fans er hat, desto leichter wird es Ihnen fallen, Hilfe zu erhalten. Betrachten Sie aber nicht nur den Mikrocontroller losgelöst von seiner Umgebung. Bei der eigentlich beliebten C-Control fällt zum Beispiel auf, dass zwar viele Anwender diese in Basic programmieren, aber so gut wie niemand zu finden ist, der hier mit C arbeitet.

Atmels AVRs erfreuen sich auch in Deutschland so großer Beliebtheit, dass Sie in der Regel sogar einen deutschsprachigen Kontakt finden werden, was bei aller sprachlichen Gewandtheit meistens angenehmer ist.

Aus diesem Grunde hier eine kleine (unvollständige) Auswahl empfehlenswerter Anlaufstellen bei Elektronik- und Programmierfragen mit Schwerpunkt AVR:

- http://www.elektor.de/forum/ Allgemeines Elektronikforum mit μC Unterforum des Elektor-Verlages.
- http://www.blafusel.de/phpbb/ Forum des Autors. Vor allem bei Fragen direkt zu diesem Buch geeignet.
- http://www.mikrocontroller.net/forum/ Forum und Artikelsammlung rund um Mikrocontroller, schwerpunktmäßig AVRs.
- http://www.roboternetz.de/ Forum vor allem für Robotik aber auch deren Mikrocontroller-gestützte Programmierung.
- de.sci.electronics Usenet-Forum (bspw. über http://groups.google.de nutzbar) zum Thema Elektronik im Allgemeinen.
- http://www.avrfreaks.net/ Englischsprachiges Forum und Artikelsammlung zu AVRs. Teilweise Anmeldung erforderlich.

1.3.9 Verfügbarkeit an Entwicklungstools

Der beste Mikrocontroller ist ohne Entwicklungsumgebung ziemlich wertlos. Sie benötigen in der Regel wenigstens noch ein Gerät, um den Prozessor zu programmieren (bei der In-System Programmierung von AVRs genügen im Notfall ein paar Widerstände) und eine Programmiersprache. Sowohl für die Programmierung wie auch für die Softwareentwicklung benötigen Sie einen PC mit Betriebssystem. Die beste Verfügbarkeit haben sicherlich Programme, die auf Microsoft Windows laufen. Allerdings kann es sein, dass nicht alle Versionen unterstützt werden. Unix-Derivate werden schon weniger unterstützt und bei Apple Macintosh wird die Luft dünn. Ihr PC benötigt zudem eine Schnittstelle. Parallele oder serielle Schnittstellen bereiten die wenigsten Probleme, sind aber oft vor allem bei Laptops nicht mehr vorhanden, so dass auf USB ausgewichen werden kann.

Software, um den fertigen Code in den Prozessor zu übertragen (aus Tradition spricht man hier noch immer vom *brennen*), gibt es wohl für jedes System. Simulatoren, also Software, die die Ausführung einer fertige Applikation auf dem PC nachbildet und Registerzustände anzeigt oder ganze Grafik-LCDs nachbildet, sind hilfreich aber trotzdem auch verzichtbar, so dass eine fehlende Unterstützung für das eigene Betriebssystem verwunden werden kann.

Unumgänglich ist natürlich eine Programmiersprache. Für die meisten Mikrocontroller werden Assembler, Basic und C angeboten. Historische Sprachen für μC wie Fortran und Ada werden so gut wie gar nicht mehr angeboten. Je nach Geldbeutel und Ambition bietet der Markt ein breites Spektrum von kostenlosen bis hin zu teuren Kaufprodukten. Gelegentlich gibt es auch abgespeckte oder eingeschränkte Kaufversionen als freie Software. Beispielsweise wird für AVRs eine kostenlose Version von BASCOM -AVR angeboten, die aber auf 4 kByte ausführbaren Code beschränkt ist, womit also nur die Hälfte des Flash-Speichers eines ATmega8 ausgenutzt werden kann. Wie bei allem ist auch bei der Wahl der Programmiersprache darauf zu achten, dass eine hochwertige Dokumentation existiert und die Sprache in der Lage ist, die gewünschten Aufgaben zu bewältigen, denn nur weil in Basic üblicherweise nach einer Fallunterscheidung mehrere Anweisungen als Block zusammengefasst werden können, darf man daraus nicht schlussfolgern, dass jeder Basic-Dialekt dies auch beherrscht.

1.4 Entscheidungshilfe Atmel AVR

Auch wenn Sie sich schon durch die Lektüre dieses Buches quasi auf einen 8 Bit RISC Prozessor der AVR-Familie von Atmel festgelegt haben, so bleibt Ihnen immer noch die Qual der Wahl, welchen μC Sie tatsächlich verwenden. Schwerpunktmäßig wird zwar die Reihe ATmega betrachtet, aber auch die anderen AVRs können für Sie interessant sein und sind ebenso einfach anzuwenden.

Primäres Unterscheidungsmerkmal stellt wohl der jeweils vorhandene Speicher, die Anzahl an I/O-Leitungen und die maximal zulässige Taktrate dar. Die Reihe der ATtiny zeichnet sich vor allem durch kleine Gehäuse aus. Daraus resultierend stehen nur wenige (6-18) I/O-Pins zur Verfügung. Die älteren (und für neue Designs nicht mehr empfohlenen) Modelle können oft nur relativ langsam mit 2-6 MHz getaktet werden – im Gegensatz zu den neueren Vertretern mit bis zu 20 MHz. Auch ist der Speicherplatz sehr beschränkt. Mit 1-8 kByte (die meisten sogar nur 1-2 kByte) bieten sie nur für kleine Anwendungen Platz. Einzelne Modelle besitzen allerdings kein SRAM. Dafür sind sie preislich sehr attraktiv und schon für deutlich unter einem Euro erhältlich. Dadurch werden die ATtiny vor allem dort interessant, wo bisher umfangreiche Konstruktionen aus Standard-Logik ICs eingesetzt wurden. Aber auch einfache Schaltungen aus diskreten Bauteilen lassen sich oft Platz- und Geld-sparend ersetzen. So kann aus einem einzelnen ATtiny, zwei LEDs und zwei Vorwiderständen bereits eine komplette Wechselblinkschaltung aufgebaut werden, wozu sonst ein NE555 oder eine astabile Kippstufe (Multivibrator) mit einer Handvoll zusätzlicher Bauteile benötigt wird. Wird der ATtiny entsprechend seiner Verfügbarkeit an I/O-Pins um weitere LEDs ergänzt, kann er auch gleich noch ein Lauflicht erzeugen und je nach Programmierung sogar zwischen verschiedenen Darstellungen wechseln, wozu eine diskret aufgebaute Schaltung nicht oder nur mit immensem Teileaufwand in der Lage ist. Die meisten ATtinys gibt es in einem 8-poligen DIL oder SOIC-8 SMD Gehäuse.

Reicht der Speicher und/oder die Anzahl an Datenleitungen nicht mehr aus, schlägt die Stunde der ATmega -Reihe. Das kleinste Mitglied stellt der ATmega8 dar, der (wie sein Produktname schon andeuten soll) 8 kByte Flash besitzt. Gefolgt von den Modellen mega16, mega32, mega64 und mega128 mit jeweils 16, 32, 64 und 128 kByte bei teilweise ebenfalls zunehmendem RAM und EEPROM. Die kleineren ATmega werden in einem 40-poligen DIL oder 44-poligen TQFP Gehäuse geliefert. Bei den größeren gibt es dann teilweise nur noch SMD-Varianten. Den kleinen ATmega8 gibt es in einem etwas ungewöhnlichen schmalen 28-poligen DIL Gehäuse (7,62 mm Abstand der Anschlussbeinchenreihen) und als TQFP-32. In der Reihe der ATmegas stellt der mega8 den einzigen μC dar, der über kein JTAG-Interface verfügt (vgl. S. 44).

Neben den auffälligen Eigenschaften der Standardtypen gibt es auch eine Reihe an Untertypen mit vielfältigen Variationen. Vor allem in Betracht auf den internen Funktionsumfang gilt es bei der Wahl des passenden Mikrocontrollers aufmerksam zu vergleichen. Auch steigt der Preis hier deutlicher zwischen den einzelnen Modellen von ca. zwei Euro bis hinauf zu acht Euro an. Zu berücksichtigen sind dann bei der Auswahl u. A. folgende Punkte, die auch bei ATtinys wichtig sind:

- maximal möglich Taktrate in Abhängigkeit der Versorgungsspannung
- Versorgungsspannung (es gibt Typen mit 2,7 - 5,5 V und welche mit 4,5 - 5,5 V bei ATmega und 1,8 - 5,5 V bzw. 2,7 - 5,5 V bei ATtiny)
- Anzahl der Timer etc.

Mit den ATmegas lassen sich sehr umfangreiche Projekte realisieren, da genügend Speicher auch für aufwendige Text- und Grafikausgaben vorhanden ist und über die zahlreichen Datenleitungen gut Kontakt zur Außenwelt hergestellt werden kann.

Grundsätzlich sind die einzelnen Modelle untereinander zwar sehr ähnlich, aber nicht immer pinkompatibel und so gut wie nie softwarekompatibel. Da sich vor allem die Register (siehe S. 94) jeweils ändern, bedarf es i. d. R. einer Anpassung und erneuten Compilierung des Quellcodes.

Für einige Spezialanwendungen gibt es zudem noch AVR Derivate, die dann bereits fertige Controller für LCD-Steuerungen, CAN oder Licht und Motoren beinhalten.

Die Familie der AT89er gehört trotz Namensähnlichkeit nicht zu den AVR Typen mit dem RISC Befehlssatz, sondern ist eine Intel 8051 kompatible 8-Bit μC Serie.

2. Die Entwicklungsumgebung

Um erfolgreich und ohne unnötige Komplikationen den Einstieg in die Mikrocontroller-Praxis zu finden, werden im Rahmen dieses Buches schwerpunktmäßig die AVRs der ATmega-Reihe benutzt. Neben einem sehr einfachen Einstieg mittels Atmega8 wird dann vor allem auf den Atmega16 und 32 gesetzt. Um für den Einstieg das Risiko zu minimieren, dass Fehler aus einem eigenen Aufbau zu nicht funktionierenden Schaltungen und Frust führen, wird ein bewährter Bausatz aus der Zeitschrift Elektor verwendet. Dadurch sollen Sie lediglich einen bequemen Einstieg in die Materie finden und sich soweit qualifizieren, dass Sie anschließend eigene Schaltungen passend zu Ihren Bedürfnissen mit dem jeweils adäquaten Controller aufbauen und programmieren können.

Programmiert wird dabei in der Sprache C . Wie schon bei der Wahl der benutzten Prozessorfamilie scheiden sich auch angesichts der *richtigen* Programmiersprache die Geister. Ohne dabei die ganzen Argumente gegeneinander aufzuwiegen und die teilweise verhärteten Fronten weiter aufzubringen, gibt es einige Gründe für die Wahl:

- Die 8-Bit RISC AVRs sind herstellerseitig für die Programmierung in C konzipiert worden. Der vom Compiler erzeugte Code aus C ist schnell und Platz sparend und meistens nicht weniger effektiv als Assembler.
- C ist als Entwicklungstool kostenlos verfügbar.
- C ist relativ einfach zu erlernen und universell. Einmal gelernt, kann man schnell auch auf anderen Systemen Programme erstellen oder ähnliche Sprachen lernen. Wer C beherrscht, kann auch PHP, Java, JavaScript, Delphi, Basic usw. schnell verstehen.
- C Programmcode lässt sich relativ gut lesen, ohne dass jede Anweisung kommentiert werden muss. Bei Assembler ist der Code oft etwas kryptisch, wenn man nicht absolut firm ist.

Trotzdem kann es natürlich gute Gründe geben, in Assembler oder Basic zu arbeiten und es wird sogar vereinzelt Fälle geben, wo im C Code Assembler integriert wird, weil es in Extremfällen darauf ankommt, die Ausführungszeit exakt zu kennen. Für Basic spricht eigentlich ein sehr gutes Entwicklungstool für AVRs: BASCOM AVR (http://www.mcselec.com) und die wirklich einfache Erlernbarkeit. Der erzeugte Maschinencode ist auch nicht wesentlich schlechter, als der von C. Der große Nachteil ist aber, dass der Compiler kostenpflichtig ist und die Demo nur für sehr kleine Programme ausreicht.

Sowohl bei der Hard-, als auch bei der benutzten Software ist es empfehlenswert, wenn Sie sich anfangs genau an die vorgestellten Aufbauten, Installationen und Programmcodes halten. Dadurch ist gewährleistet, dass sich möglichst wenige Stolpersteine auftun und Sie schnell Erfolge sehen. Sobald alles läuft und Sie das Prinzip verinnerlicht haben, dürfen Sie natürlich nach Herzenslust experimentieren – genau dazu soll Sie dieses Buch ja letztendlich auch befähigen.

2.1 Spannungsversorgung

Natürlich benötigen Sie einige Mikrocontroller für die eigenen Experimente. Für den Einstieg wird es ein Atmega8 sein, da dieser billig ist und bei Beschädigung ohne größere Verluste ersetzt werden kann. Für die weiteren Projekte wird dann auf das Mini-Mega-Board aus der Zeitschrift Elektor zurückgegriffen. Sowohl für den Einstieg, als auch für des Mini-Mega-Board gibt es eigene Kapitel (Seite 56 und 84).

Da für das Buch grundlegende Elektronikkenntnisse vorausgesetzt werden, haben Sie vermutlich auch eine kleine Grundausstattung, die unumgänglich ist:

- Lötkolben und Zubehör
- Spannungsversorgung (ca. 5-10 V/200 mA)
- Experimentiersteckboard
- Widerstandssortiment Reihe E12
- Standard LEDs

Für die einzelnen Projekte und Übungen werden dann natürlich noch weitere Bauteile benötigt.

2.1.1 Standard-Spannungsversorgung

Besondere Beachtung verdient die Spannungsversorgung . Da es sich dabei um eine grundlegende Funktion handelt, soll sie hier etwas näher betrachtet werden.

In der Regel werden die Mikrocontroller mit 5 V Gleichspannung versorgt. Je nach Modell kann es natürlich auch deutlich weniger sein, was vor allem bei Aufbauten, die von Batterien versorgt werden sollen, vorteilhaft ist. Beschränken wir uns zuerst einmal auf die üblichen 5 V, welche dem Mikrocontroller möglichst störungsfrei zugeführt werden muss. Eine unsaubere Betriebsspannung, die schwankt oder von Störungen überlagert ist, führt oft zu erheblichen Problemen bei der Programmausführung und zu schwer diagnostizierbaren Fehlerbildern.

Da die meisten Schaltungen nur relativ wenig Strom benötigen, kann die Versorgung sehr gut aus einem Steckernetzteil erfolgen, welches schon für wenige Euro zu haben ist. Verwenden Sie ein Labornetzteil mit hoher Belastbarkeit, dann stellen Sie einen ggf. vorhandenen Strombegrenzer auf ca. 100 mA, damit Sie im Fehlerfall nicht die ganze Schaltung mit hohen Strömen grillen. Billige Steckernetzteile haben allerdings einige Nachteile:

- Die Spannung ist nicht stabil und oft sind nur Vielfache von 1,5 V einstellbar.
- Die Spannung ist nur mäßig geglättet.

- Die üblichen Hohlstecker sind hinsichtlich der Polung nicht genormt: Masse kann sowohl außen als auch innen anliegen.

Mit einer kleinen Schaltung lassen sich alle Nachteile aber kompensieren:

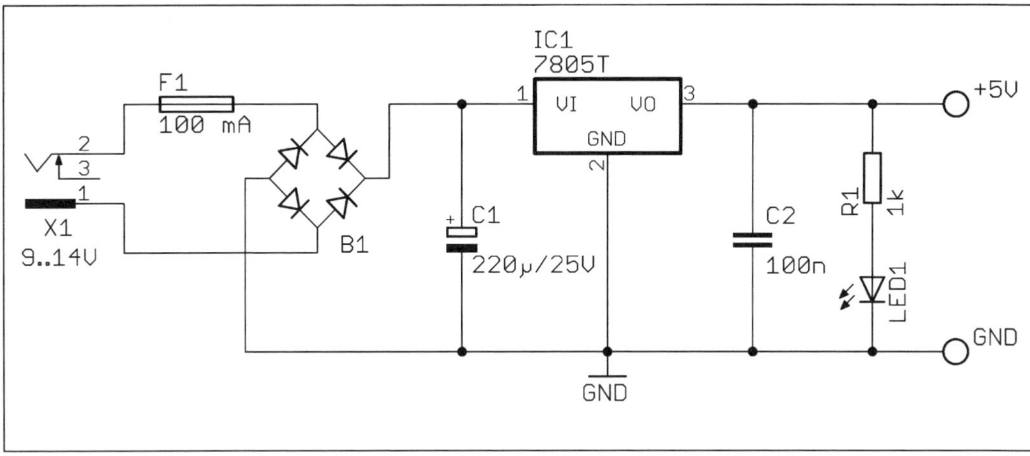

Abbildung 2.1: *Spannungsstabilisierung.*

Der Linear-Festspannungsregler 7805 stabilisiert eine Eingangsspannung ab ca. 9 V auf exakt 5 V. Je nach Leistungsaufnahme der folgenden Schaltung genügt ein 78L05 (Bauform TO-92) bei maximal 100 mA oder ein 78S05 für bis zu 2 A (TO-220). Bei größerer Belastung muss der Regler ggf. mit einem Kühlblech versehen werden. Die Sicherung am Eingang begrenzt die Leistungsentnahme und soll größere Schäden bei fehlerhaften Aufbauten verhindern. Je nach Schaltung ist sie natürlich entsprechend zu dimensionieren. Der Brückengleichrichter sorgt dafür, dass es egal ist, wie der Hohlstecker des Netzteils gepolt ist. Möchten Sie auf den Gleichrichter verzichten, so empfiehlt es sich dennoch, immer wenigstens eine Diode (1N4004 oder ähnlich) in Reihe zur Sicherung einzubauen, da es trotz größter Sorgfalt einfach immer wieder vorkommt, dass beim Anlegen der Eingangsspannung ein Versehen eintritt. C1 glättet die Eingangsspannung und C2 stützt die Ausgangsspannung noch etwas, um auch die letzten Störungen auszufiltern und er kompensiert zusätzlich die Schwingneigung des 7805. Handelt es sich bei der Eingangsspannung bereits um eine gut gesiebte Gleichspannung (oder gar Batteriebetrieb), dann kann für C1 auch ein 100 nF Kondensator wie bei C2 eingesetzt werden. Auf die LED1 mit Vorwiderstand zur Betriebsanzeige kann natürlich auch verzichtet werden.

Wesentlich aufwendiger wird die Spannungsversorgung bei Batteriebetrieb. Die naheliegende Lösung wäre, eine 9 V-Blockbatterie zu benutzen und dahinter die oben vorgestellte Spannungsstabilisierung mit 7805 zu benutzen. Dabei verliert man aber sehr viel Energie, denn immerhin verbrät der 7805 bei 9 V Eingangsspannung 4 V in Form von Wärmeabgabe (55 % Wirkungsgrad). Günstiger wäre eine Schaltung mit Step-Down Schaltregler (bspw. LM2576T -x), dessen Wirkungsgrad etwa bei 90 % liegt. Eine weitere Möglichkeit besteht darin, mit 4 in Reihe geschalteten Mignonzellen B 1,5 V eine Spannung von 6 V zu erzeugen und dann einen Low-Drop Linearregler zu verwenden, dessen Eingangsspannung nur ca. 0,5 bis 1 V über der Ausgangsspannung liegen muss (im Gegensatz zum 7805, bei dem es ca. 2,5 V sein müssen). Ein Low-Drop Regler hätte aber immerhin den Vorteil, dass er eine 9 V Batterie bis auf ca. 6 V entleeren kann, statt nur auf 7,5 V wie beim 7805.

Allen Ansätzen gemein ist aber, dass dabei die Batterien nie wirklich ausgereizt und geleert werden. Deshalb ist es günstiger auf einen Mikrocontroller zurückzugreifen, der schon mit geringer Versorgungsspannung auskommen kann. Möchte man sogar nur wenige oder kleine Batterien verwenden, dann wird es noch aufwendiger. Je nach Eingangsspannung und benötigter Leistung werden unterschiedliche Schaltungen wie Step-Up Schaltregler oder Ladungspumpen benötigt, deren einzelne Betrachtung den Rahmen an dieser Stelle sprengen würden.

2.1.2 Spannungsversorgung im Fahrzeug

Häufig sollen Mikrocontroller-Schaltungen auch im Auto eingesetzt werden. Viele Anwender rüsten so Funktionen nach, die teilweise nur in neueren Modellen oder Oberklassefahrzeugen angeboten werden, wie zum Beispiel dimmbare Innenbeleuchtung, Komfortblinker oder Standheizungen mit Fernaktivierung.

Theoretisch könnte man natürlich auch hier die bereits vorgestellte Schaltung auf Basis eines 7805 einsetzen. Allerdings gibt es zwei erhebliche Nachteile:

- Der schlechte Wirkungsgrad der Schaltung belastet die Fahrzeugbatterie unnötig und führt zu viel Abwärme. Angesichts der meistens erheblich längeren Standzeiten gegenüber den relativ kurzen Fahryzklen, in denen die Batterie aufgeladen wird und unter Berücksichtigung des heutzutage sowieso schon immensen Stromverbrauchs im Fahrzeug, ist eine ausgefeilte, sparsame Lösung ratsam.
- Im Fahrzeug treten zahlreiche (hochfrequente) Störspannungen von bis zu einigen hundert Volt auf. Hohe Spannungsspitzen können den 7805 zerstören und Interferenzen können zum Absturz des Mikrocontrollers führen.

Der Wirkungsgrad lässt sich mit einem Step-Down Schaltnetzteil auf etwa 80 % optimieren. Mit wesentlich teureren Bauteilen wären sogar bis über 90 % möglich. In beiden Fällen entsteht bei Strömen, wie sie im Mikrocontroller-Umfeld benötigt werden, keinerlei Abwärme.

Der Nachteil von Schaltnetzteilen ist allerdings ein höherer Bauteilaufwand und der Einsatz von Spulen. Vor allem eingefleischte Digitaltechniker schrecken da gerne mal zurück, da sie sich mit Spulen nicht so gut auskennen. Allerdings gibt es genügend fertige Induktivitäten, und so lange man nicht extreme Stromleistungen benötigt, kann man auf kleine Bauformen zurückgreifen, die nicht mehr Platz benötigen, als ein ½ Watt-Widerstand. Zudem erzeugt ein Schaltnetzteil immer selber ein hochfrequentes (Schalt-) Signal, welches aber mit einem entsprechend dimensionierten Siebelko am Ausgang eliminiert werden kann.

Wie die Informationsschrift *Protection Standard Applicable to Automobiles* (siehe unter http://www.st.com/stonline/products/literature/an/3583.htm) zeigt, können elektrische Störsignale bei Anwendungen im Auto erhebliche Probleme darstellen. Wann immer sich eine elektrische Komponente ein- oder ausschaltet, können Impulse im Bordnetz auftreten. Geräte mit hoher Leistungsaufnahme und -abgabe wie die Lichtmaschine oder die Zündung führen zu besonders starken elektrischen Verunreinigungen. Geraten diese Störimpulse an den Eingang der Spannungsversorgung für Ihren Mikrocontroller, kann es zur Zerstörung der Spannungsversorgung und der nachfolgenden Bauteile kommen.

Es lohnt sich also, eventuell etwas mehr Aufwand in die Absicherung der Spannungsversorgung zu investieren. Die folgende Schaltung nutzt deshalb ein Step-Down Schaltnetzteil und sichert den Eingang gegen Störungen ab:

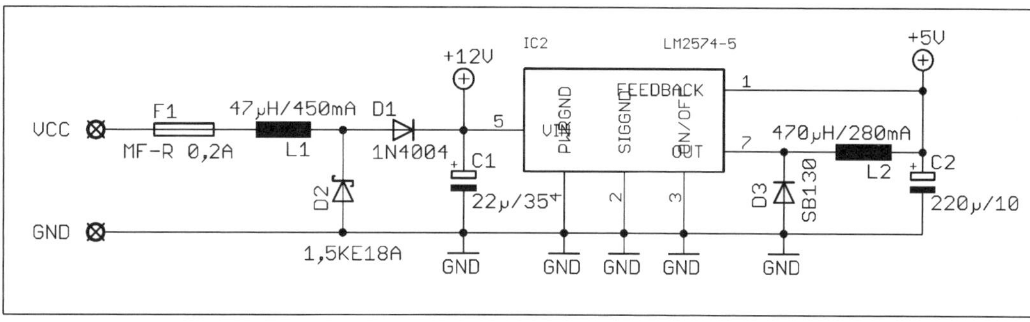

Abbildung 2.2: *Step-Down Schaltnetzteil.*

Die Suppressordiode (Überspannungsschutzdiode) 1,5KE schließt bei Spannungen oberhalb ihrer Durchbruchspannung (im Beispiel 18 V) die beiden Eingänge kurz. Damit es durch den daraus resultierenden hohen Strom zu keiner weiteren Beschädigung kommt, ist die sich selbständig rückstellende Sicherung (Polymer PTC: Positive Temperature Coefficient; Kaltleiter) integriert, die den Stromfluss ab 0,2 A Belastung unterbricht und sich nach wenigen Sekunden wieder zurückstellt, was genügen sollte, damit sich die auslösende Spannungsspitze abgebaut hat. L1 filtert hochfrequente Störungen im Eingangssignal heraus. Die restliche Beschaltung entspricht dem Standardaufbau gemäß Datenblatt zum LM2574. Für andere Ein- und Ausgangsspannungen und höhere Ströme müssen die Komponenten um den Schaltregler angepasst werden, wozu das Datenblatt Auskunft gibt. In der vorgestellten Form ist die Schaltung also nur für PKW und nicht für LKW mit üblicherweise 24 V Bordspannung geeignet.

Beim Nachbau sollten Sie die Hinweise des Herstellers in Bezug auf die Masseverbindungen am Schaltregler beachten: möglichst kurze Anschlussleitungen für C1 und D3 sowie eine gute, zentrale Masseverbindung für diese Bauteile und C2.

2.1.3 Brownout-Erkennung

Auch wenn die Atmel AVRs eine eingebaute Brownout-Erkennung mit sich bringen, soll hier zum besseren Verständnis kurz darauf eingegangen werden. Bei Mikrocontrollern spricht man von einem Brownout, wenn die Versorgungsspannung für einen (kurzen) Moment unter eine kritische Schwelle absinkt. Bei den AVRs hängt der Schwellwert von der zulässigen Versorgungsspannung und dem Fuse Bit (siehe Seite 73) BODLEVEL ab.

Ein Brownout kann dazu führen, dass die Programmausführung unterbrochen oder an einer beliebigen Stelle fortgesetzt wird, was zu unkontrollierbarem Verhalten führt. Ebenso können Teile des Speichers gelöscht oder beliebig verändert werden, so dass die Programmausführung ebenfalls gestört wird. Um diese Effekte zu vermeiden, gibt es eine Brownout-Erkennung, die bei kritischen Spannungen den Mikrocontroller per Reset zurücksetzt und so lange dort hält, bis die Spannung sich für eine gewisse Zeit wieder auf dem vorgesehenen Level stabilisiert hat.

Abbildung 2.3: *Signalverlauf Brownout-Erkennung.*

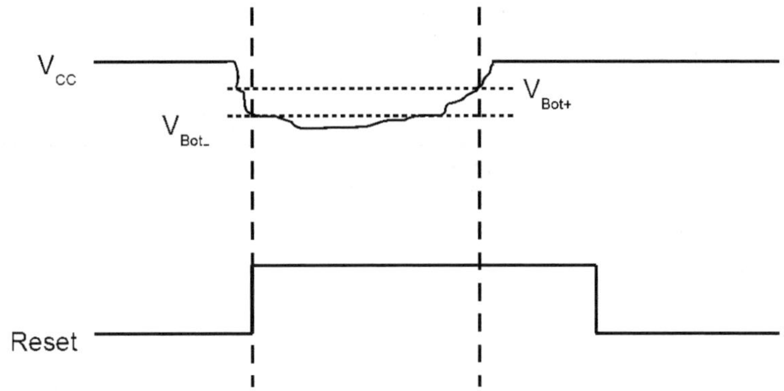

Wird das entsprechende Fuse Bit im AVR programmiert, dann ist die interne Brownout-Erkennung aktiviert und ein internes Reset schützt vor Datenverlust und ungewollten Programmzuständen. Mikrocontroller, die über keine eigene Erkennung verfügen, benötigen eine einfache externe Beschaltung des Reset-Pins beispielsweise mit einem MC34064 oder einem TL7757:

Abbildung 2.4: *Externe Brownout-Erkennung.*

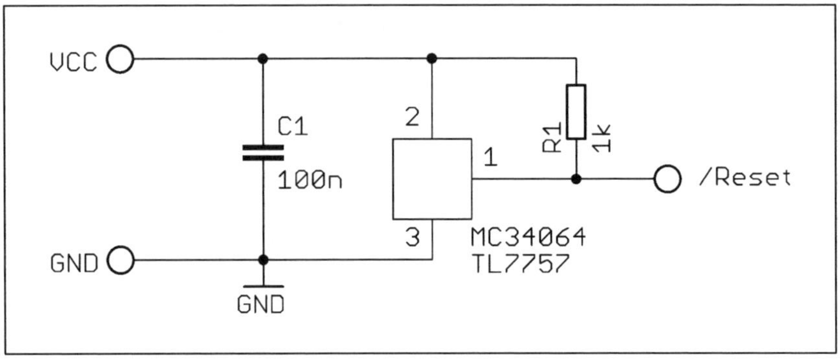

2.2 Programmieradapter

Erstaunlicherweise treten beim Aufbau einer Mikrocontroller-Schaltung heutzutage aufgrund der Komplexität der Schaltkreise kaum noch Probleme auf. Wesentlich mehr Fallen gibt es hingegen beim Programmiergerät, mit dem der vom Compiler erzeugte Maschinencode in den μC übertragen wird. Folgende Abbildung zeigt das Ablaufschema, nach dem ein Mikrocontroller programmiert wird:

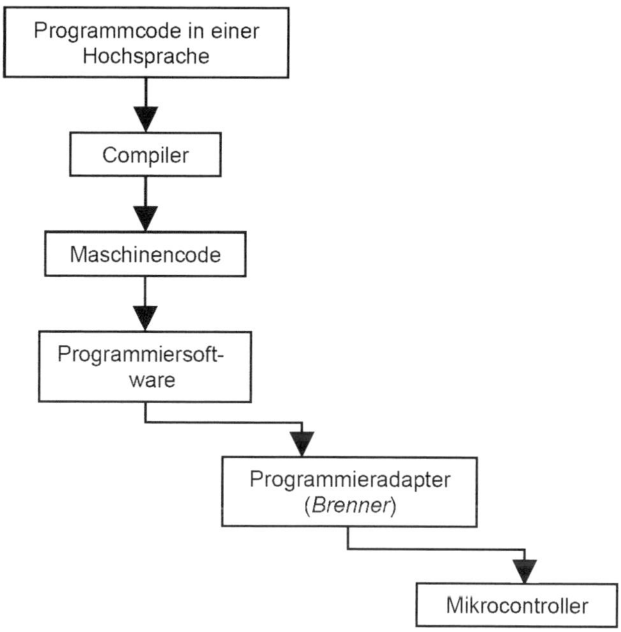

Abbildung 2.5: *Mikrocontroller-programmierung.*

Der Entwickler erstellt den Programmcode am Computer. Bei Verwendung einer Hochsprache wie beispielsweise C werden die Anweisungen vom Compiler in für den Mikrocontroller verständlichen Maschinencode übersetzt. Dieser Byte-Code wird dann mit Hilfe einer Programmiersoftware an den externen ISP-Programmieradapter übertragen, welcher die Daten im Flash-Speicher des Mikrocontrollers abspeichert.

Die Programmieradapter werden in zwei große Funktionsgruppen unterteilt: aktive und passive Brenner. Aktive Brenner sind schaltungstechnisch aufwendiger und teurer, da sie die Kommunikation mit dem Mikrocontroller übernehmen. Der Vorteil liegt darin, dass sie weniger Probleme beim Datenaustausch mit dem Entwicklungscomputer bereiten, da sie unabhängiger von der Qualität der Schnittstelle und der Programmiersoftware sind. Aufgrund des hohen Aufwandes beim Eigenbau und der damit verbundenen Risiken, dass sich für den Einsteiger eine weitere Fehlerquelle eröffnet, wird hier vorerst ein passiver Brenner benutzt. Ab Seite 44 wird aber ein Brenner für die JTAG-Schnittstelle vorgestellt. Passive Brenner sind einfach im Aufbau und sehr preiswert. Primitivgeräte verbinden lediglich die parallele Computerschnittstelle mit dem Mikrocontroller. Etwas aufwendigere Brenner besitzen zudem noch eine einfache Signaltrennung.

Die meisten passiven Brenner werden über die serielle oder parallele Computerschnittstelle angesteuert. Sollte Ihr Entwicklungscomputer keine dieser Schnittstellen mehr aufweisen und nur noch USB-Anschlüsse (Universal Serial Bus) besitzen, so empfiehlt es sich, für den Einstieg einen USB-Seriell- oder PCMCIA-Seriell-Adapter zu verwenden oder Ihren PC mit einer Schnittstellenkarte aufzurüsten, da Sie dann alle im weiteren Verlauf gezeigten Schritte bei der Programmierung ohne weitere Adaptionen durchführen können, was Ihnen vor allem den Einstieg erleichtern soll.

Es gibt selbstverständlich auch Programmieradapter für USB (wobei hier nicht die Modelle gemeint sind, die lediglich einen USB-RS232 Konverter benutzen) und diese können auch selber aufgebaut werden. Allerdings ist es dazu immer notwendig, den auf dem Brenner vorhandenen Mikrocontroller mit einer Firmware zu programmieren, da es sich dabei stets um aktive Brenner handelt. Es macht also keinen Sinn, für den Einstieg einen Brenner vorzustellen, den Sie erst mit einem anderen Programmiergerät zum Leben erwecken können. Sollten Sie sich ein USB-Programmiergerät kaufen wollen, dann empfiehlt sich beispielsweise der Atmel AVRISP mkII für ca. 40 Euro.

Sollte es bei Ihnen einmal zu Problemen beim Brennen kommen, obwohl bisher alles funktionierte, dann kann es daran liegen, dass ein (anderes) Programm die Schnittstelle noch blockiert. Bevor Sie lange auf Ursachensuche gehen, starten Sie einfach Ihren Computer einmal neu.

2.2.1 ISP-Anschluss

Zwischen Programmieradapter und Mikrocontroller werden die Daten über eine serielle Verbindung ausgetauscht. Zum Anschluss des Mikrocontrollers sieht Atmel in der Application Note AVR042 (http://www.atmel.com/dyn/resources/prod_documents/ doc2521.pdf) zwei verschiedene alternative Pfostenverbindungen vor: ISP6PIN und ISP10PIN.

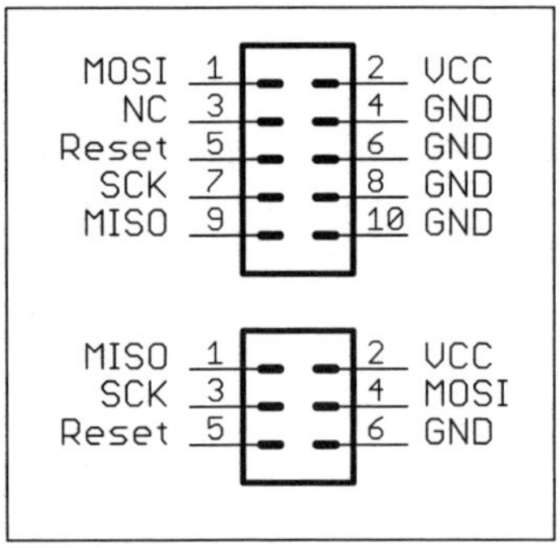

Abbildung 2.6:
Pinbelegung ISP-Anschluss.

Ausgeführt werden diese in der Regel durch eine entsprechende 6- oder 10-polige Stiftleiste in Form eines Wannensteckers, wodurch die Verpolungssicherheit garantiert wird. Während die 10-polige Variante sehr verbreitet ist, wird die Platz sparendere 6-polige Version eher selten verwendet. Einige Programmieradapter weisen an Pin 3 des 10-poligen Anschlusses eine LED auf, über die dem Benutzer bei Verwendung einer entsprechenden Software, die dies auch unterstützt, die Programmiertätigkeit signalisiert werden soll. Da dies nur wenig nützlich ist, wird der Anschluss in den meisten Fällen nicht beschaltet oder auf Masse gelegt.

Selbstverständlich ist es im Prinzip Ihnen überlassen, wie Sie den Brenner mit Ihrem Mikrocontroller verbinden. Eine weitere Lösung bietet sich auf Basis einer preiswerten 6-poligen Stift- und Buchsenleiste an. Dabei gilt es aber stets Vorsicht walten zu lassen, da diese Verbindung nicht verpolungssicher ist und auch kein einheitlicher Standard existiert.

Die weiter unten vorgestellten Geräte zum Nachbau benutzen die 10-poligen Lösung mit Wannensteckern. Damit Sie flexibel bleiben, bietet es sich an, ggf. ein einfaches Adapterkabel wie das abgebildete herzustellen.

Abbildung 2.7: *Adapterkabel: ISP10PIN zu Stiftleiste.*

Der VCC-Anschluss kann einerseits den Programmieradapter aus dem Aufbau des Mikrocontrollers heraus mit Strom versorgen, wie es bei vielen Parallelport-Adaptern der Fall ist. Er kann aber auch dazu verwendet werden, die zu programmierende Schaltung aus dem Programmieradapter mit Strom zu versorgen. Werden jedoch beide Seiten separat mit Strom versorgt, sollten die Stromversorgungen nicht über den VCC-Pin des ISP-Anschlusses miteinander verbunden werden.

SCK (SPI Bus Master clock Input) überträgt den Takt zur Synchronisation der seriellen Übertragung, während der Pin MOSI (SPI Bus Master Output/Slave Input) der Dateneingang des μC ist und via Pin MISO (SPI Bus Master Input/Slave Output) Daten gesendet werden.

Bis auf wenige Ausnahmen (ATtiny11 und ATtiny28) kann bei allen AVRs mit 8-Bit RISC Architektur die ISP-Schnittstelle benutzt werden, um auf den Flash-Speicher und das EEPROM schreibend und lesend zuzugreifen. Ebenso können die Lock-Bits (siehe Seite 80) und die meisten Fuse-Bits (siehe Seite 73) programmiert werden.

2.2.2 Low-Cost Programmieradapter

Als Programmieradapter darf man diese Schaltung eigentlich nicht bezeichnen: Sie besteht aus lediglich vier Widerständen, über welche die parallele Schnittstelle mit dem Mikrocontroller verbunden wird. Für den täglichen Einsatz ist dringend von der Verwendung abzuraten, da es keinerlei Schutz vor Störsignalen und falschen Signalpegeln etc. gibt.

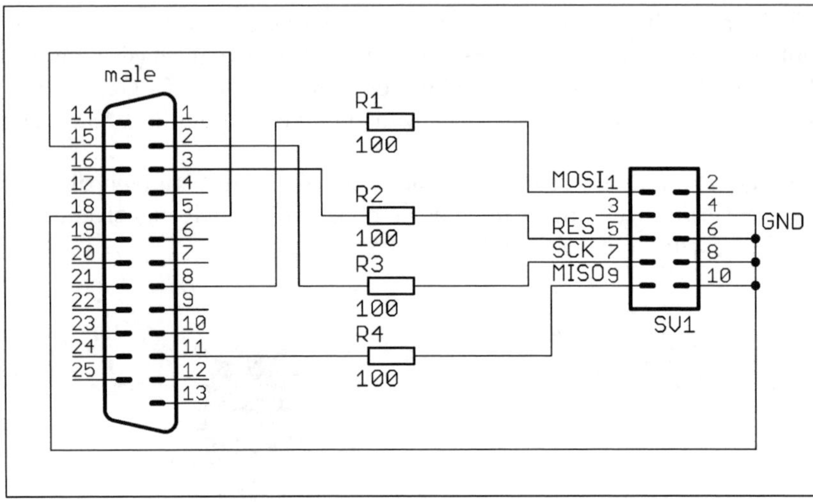

Abbildung 2.8: *Low-Cost Programmieradapter.*

Aufgrund des einfachen Nachbaus kann der Adapter aber genutzt werden, falls im Notfall mal keine anderen Bauteile vorhanden sind oder Sie die Fehlersuche eingrenzen wollen, wenn Sie nicht sicher sind, ob Ihr ISP-Adapter oder der Aufbau des Mikrocontrollers fehlerhaft ist.

2.2.3 STK200-kompatibler Programmieradapter

Fast alle erhältlichen Parallelport-Programmieradapter sind kompatibel zum Brenner der sehr weit verbreiteten STK200 /STK300 Experimentierboards vom Hersteller Kanda (http://www.kanda.com). Wesentliches Merkmal dieser einfachen aber zuverlässigen Brenner für den Parallelport ist die Verwendung eines Tri-State-Buffer ICs. Aufgrund dieses

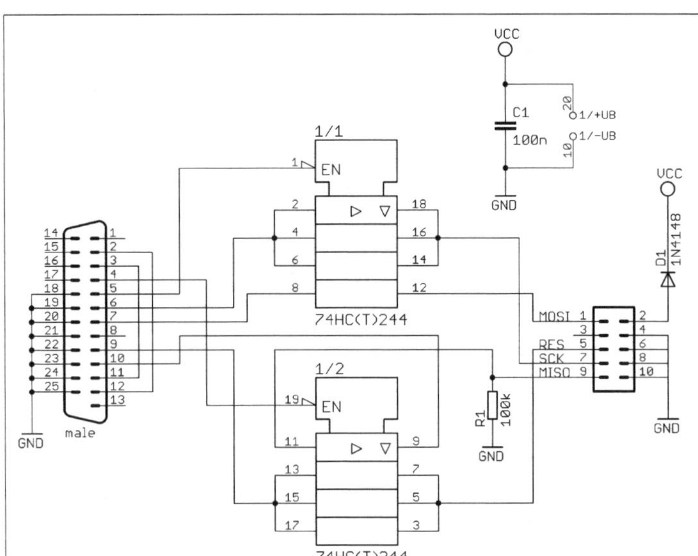

Abbildung 2.9: *Parallelport ISP Adapter.*

Schaltkreises kann der Controller auch im Betrieb mit dem Programmieradapter verbunden bleiben.

Mit etwas Geschick lässt sich die Schaltung auf einer einseitigen Platine unterbringen, die dann in das Gehäuse eines 25-poligen Sub-D Steckers passt.

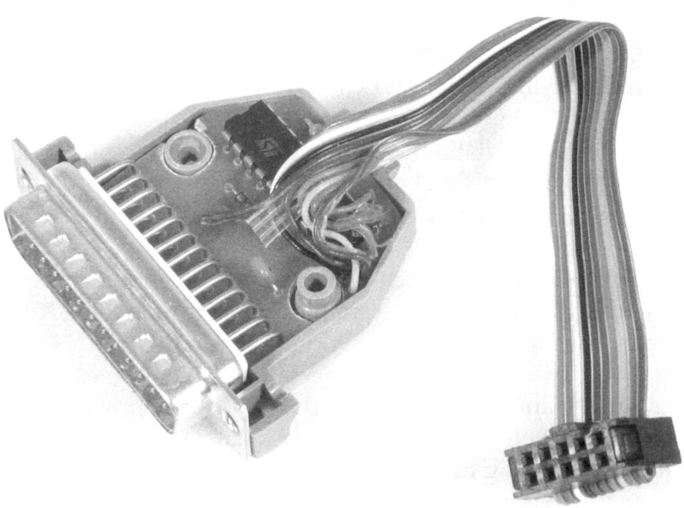

Abbildung 2.10: *Paralleler ISP Brenner in Sub-D Gehäuse.*

Für stets viel Verwirrung sorgt bei diesem Modell die einzusetzende CMOS-Familie für den 74244. Abhängig vom zu programmierenden Mikrocontroller ist entweder ein HC- oder ein HCT-Typ zu verwenden. Da die Signalpegel bei CMOS normalerweise nicht TTL-Kompatibel sind, bedarf es eines HCT-Typen für AVRs, die mit 5 V Spannung betrieben werden, da bei HCT die Signalpegel für die logischen Zustände High und Low denen von TTL entsprechen. Bei ca. 3 V Betriebsspannung für den AVR, muss ein HC-Typ zum Einsatz kommen, da nur so gewährleistet werden kann, dass der High-Zustand sicher signalisiert wird.

2.2.4 Serieller Programmieradapter

Ab Seite 88 wird Ihnen der serielle ISP-Adapter aus der Zeitschrift Elektor, Ausgabe 5/2006 vorgestellt. Diesen können Sie einzeln aufbauen oder zusammen mit dem Mini-Mega-Board, da Sie die kleine Platine für den Programmieradapter bei Bestellung der Platine für das Mini-Mega-Board mitgeliefert bekommen.

2.3 C-Compiler WinAVR

Als kostenlose Programmiersprache wurde für dieses Buch AVR-GCC (GNU compiler-collection) gewählt, der schwerpunktmäßig zur Programmierung in C konzipiert ist, aber auch etwas C++ Syntax beherrscht. Für MS Windows-Nutzer gibt es ein komplettes Installationspaket als Distribution, die neben dem eigentlichen Compiler noch einige nützliche Tools und Erweiterungen enthält:

- Binutils: Präprozessor, Assembler, Linker und weitere Hilfsprogramme.
- Die C-Standardbibliothek avr-libc in der oft benötigte, AVR-spezifische, Funktionen integriert sind.
- Die Programmiersoftware AVRDUDE mit welcher der fertige Maschinencode in den Mikrocontroller übertragen werden kann etc.
- Den einfachen aber nützlichen Editor Programmer's Notepad.

Mit Installation dieses Pakets haben Sie eigentlich alle zur Softwareentwicklung notwendigen Tools an der Hand. Allerdings bietet die Programmiersoftware nur wenig Komfort, so dass im nächsten Kapitel noch Erweiterungen hierzu vorgestellt werden.

Der Vollständigkeit halber sei erwähnt, dass es auch das AVR-Studio von Atmel gibt (http://atmel.com/dyn/products/tools_card.asp? tool_id=2725). Dabei handelt es sich eigentlich um eine Entwicklungsumgebung für Assembler, mit der man aber auch (nach der Installation von AVR-GCC) in C programmieren kann. AVR-Studio bietet einige hilfreiche Tools, wie zum Beispiel einen Simulator .

2.3.1 WinAVR Installieren

Das kostenlose Installationspaket für Windows von WinAVR bekommen Sie bei http://sourceforge.net/projects/winavr/. Dort gibt es unterschiedliche Versionen (so genannte Releases); damit Sie alle weiteren Beispiele problemlos nachvollziehen können, wird das Release WinAVR 20060421 benutzt, da dieses stabil und zuverlässig funktioniert. Wenn Sie später genügend Erfahrung haben und experimentieren wollen, können Sie auch gerne mit einem Update zu einer neueren Version wechseln.

Öffnen Sie die Seite http://sourceforge.net/project/showfiles.php?group_id=68108&package_id=66543, klicken Sie auf den Link „20060421" und dann auf „WinAVR-20060421-install.exe". um die ca. 24 MB große Datei herunterzuladen. Sie können aber auch direkt http://downloads. sourceforge.net/ winavr / WinAVR-20060421- install.exe? modtime=1147450029& big_mirror=0 als URL eingeben.

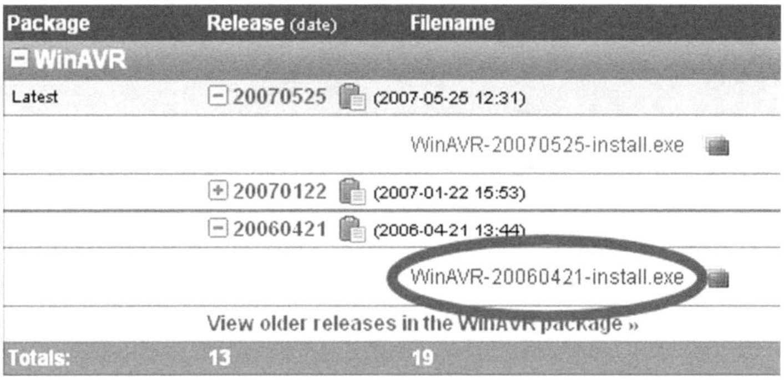

Abbildung 2.11: *Downloadlink WinAVR (http://sourcefor-ge.net/ project/ showfiles.php? group_id=68108).*

Starten Sie die Installationsroutine nach dem Download mit einem Doppelklick auf den Dateinamen im Explorer und folgen Sie den üblichen Schritten, wobei Sie bitte alle Programmteile analog zur Standardvorgabe installieren.

Ältere Pakete von WinAVR enthielten noch eine Datei namens `AVR-MEM.SH` im Ordner `BIN` des Installationsverzeichnis. Diese sorgte nach dem Compilieren dafür, dass Ihnen angezeigt wurde, wie viel Speicher durch den Maschinencode im jeweiligen Mikrocontroller belegt wird.

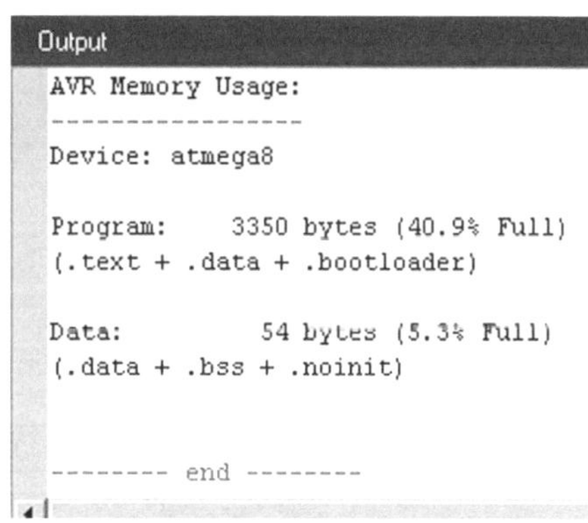

Abbildung 2.12: *Ausgabe des Speicherbedarfs eines Programms.*

Die Beispielabbildung zeigt u. a., dass knapp 41 % des Flash-Speichers eines ATmega8 durch diesen Code belegt werden wird. Mit dieser Information hat man einen sehr guten Überblick über die noch verfügbaren Ressourcen. Wenn es eng wird, kann man probieren, durch Umgestaltung des Codes Platz zu sparen oder man weiß, wann es Zeit wird, auf den nächst größeren Prozessor umzusatteln.
Damit auch Sie diesen Vorteil nutzen können, benötigen Sie lediglich die genannte Datei.
Suchen Sie einfach im Internet nach einer Quelle (beispielsweise http://www. kieltech. de/ ~ufechner/avr-mem-3.zip) und kopieren Sie sie in den Ordner `BIN` des Installationsverzeichnis' von WinAVR. Sobald Sie Ihr erstes Programm erfolgreich übersetzt haben, werden Sie die Ausgabe des Speicherbedarfs zu sehen bekommen. Beachten Sie dabei, dass sich die einhundert Prozent auf den gesamt verfügbaren Speicher beziehen. Je nach Einstellung der Fusebits wird davon ein gewisser Bereich auch für den Bootloader belegt.

In der Textdatei werden hauptsächlich für alle gängigen AVRs die vorhandenen Speichergrößen aufgeführt. Neuere Mikrocontroller können aber durchaus noch fehlen – so zum Beispiel der ATmega644. Fügen Sie dann einfach am Anfang, nach den Zeilen

```
# Table of AVR memory sizes.
case "$2" in
```

eine Zeile mit den bisher fehlenden Angaben ein. Zum Beispiel für einen mega644 mit 64 KB Flash, 4 KB RAM und 2 KB EEPROM:

```
„atmega644") PROGMAX=${AVR64K}; DATAMAX=${AVR4K}; EEPROMMAX=${AVR2K};;
```

Jetzt haben Sie die komplette C Entwicklungsumgebung installiert.

2.3.2 Der Editor Programmers Notepad

Die meiste Zeit über werden Sie bei der Softwareentwicklung den Editor benutzen. Natürlich können Sie dazu jeden beliebigen Editor benutzen, der genügend Komfort bietet. Als Alternative bietet sich zum Beispiel auch UltraEdit (http:// www. ultraedit.com) an.

Alle Beispiele und Erklärungen werden sich aber auf den mit WinAVR installierten Editor Programmers Notepad (PN) beziehen. Dieser Editor bietet die wichtigsten Funktionen, wie Syntax-Highlighting, die Möglichkeit, Textblöcke für mehr Übersichtlichkeit optisch zusammenzufalten und die Integration des Compilers und der Programmiersoftware.

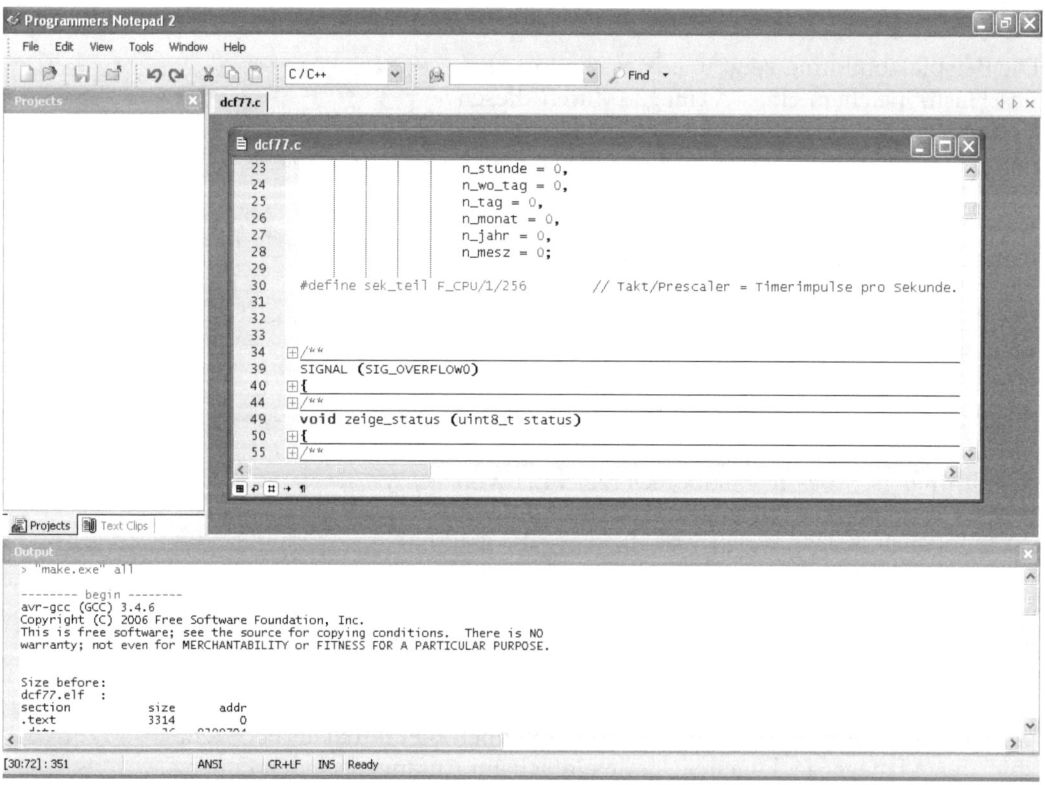

Abbildung 2.13: *Programmers Notepad.*

Da Sie schon Erfahrung beim Programmieren gesammelt haben sollten, wird Ihnen die Bedienung eines Editors sicherlich geläufig sein. Die meisten Funktionen sind selbsterklärend und Sie können die Oberfläche an Ihren eigenen Geschmack anpassen. So benötigen Sie beispielsweise das Fenster *Projects* vorerst nicht, dafür aber das Fenster Output, welches Sie über *View/Output* einblenden und anschließend in der Größe anpassen können. Ebenso hilfreich sind i. d. R. Zeilennummern: *View/Line Numbers*.

Da Sie im späteren Verlauf Ihr Programm immer wieder neu compilieren und in den Mikrocontroller übertragen werden, ist es praktisch, die hierfür vorgesehenen Menüeinträge (im Menü Tools mit [WinAVR] gekennzeichnet) noch mit einem Shortcut zu versehen:

- Öffnen Sie Tools / Options
- Wählen Sie in der linken Rubrikenauswahl den Eintrag Tools und anschließend bei Scheme den Eintrag (None-Global Tools).
- Erledigen Sie folgende Schritte für alle drei Einträge: Klicken Sie auf einen Menütext, um ihn auszuwählen und dann auf Edit.

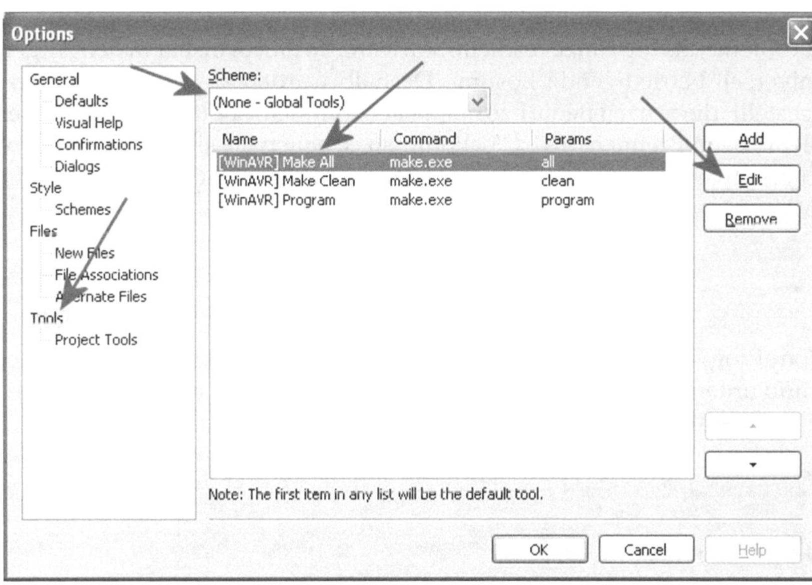

Abbildung 2.14: *Optionen einstellen.*

- Klicken Sie in das Feld Shortcut und drücken Sie die Tastenkombination, die Sie benutzen wollen.
- Nach dem Sie dies für die drei Einträge erledigt haben, werden die Tastaturkürzel auch im Menü Tools angezeigt.

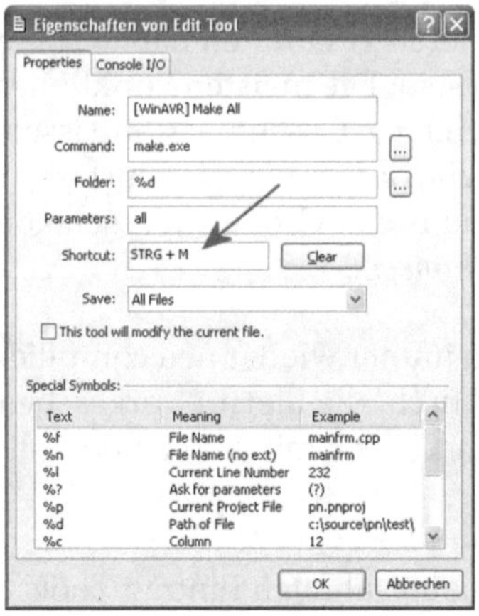

Abbildung 2.15 *Tastenkürzel.*

2.4 Programmiersoftware

Die Software, mit der Sie den fertig erzeugten Maschinencode in den Prozessor übertragen, bereitet leider mehr Probleme, als die ganze restliche Software. So gibt es bisher in den Augen des Autors keine universell befriedigende Lösung. Deshalb werden an dieser Stelle verschiedene Tools vorgestellt, die je nach Bedarf zum Einsatz kommen. Sollten Sie trotz dieser Ausführungen Probleme beim Brennen des μC bekommen, scheuen Sie sich nicht und probieren Sie weitere Alternativen aus, die Sie im Internet finden – vielleicht ist da ja auch Ihr persönlicher Favorit dabei.

2.4.1 PonyProg

Sehr verbreitet ist PonyProg (http://www.lancos.com/prog.html). Das Programm bietet viele Möglichkeiten und unterstützt so gut wie alle AVR-Typen und auch andere Mikrocontroller sowie serielle und parallele Programmieradapter.

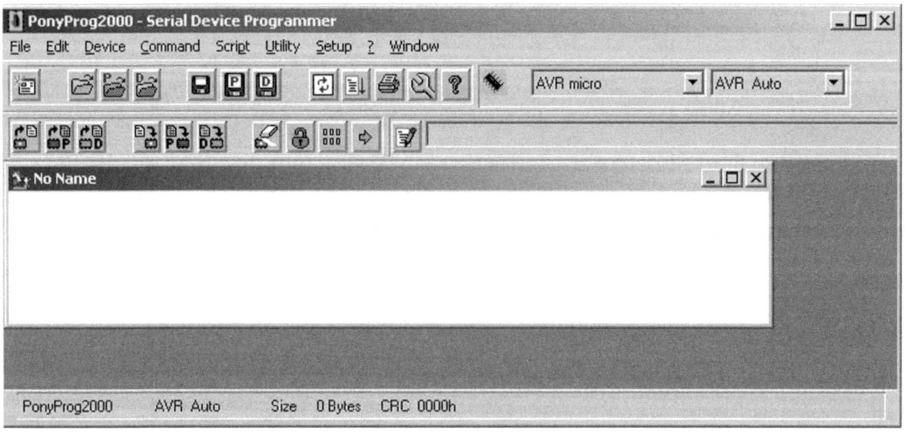

Abbildung 2.16: *PonyProg.*

Da der Autor dieses Buches das Programm trotz seiner Stärken aber unkomfortabel und vor allem irreführend bei der Benutzerführung findet, wird es hier nur erwähnt, um Ihnen eine weitere Alternative aufzuzeigen.

2.4.2 yaap

yaap (yet another AVR programmer) stellt eines der vielen, sehr einfachen Brennprogramme dar. Das Programm ist leider nicht ganz zu Ende entwickelt worden, bietet aber in seiner derzeitigen Fassung die wichtigsten Funktionen für einen Parallelportprogrammer und ist kostenlos verfügbar (http:/ / www. myplace.nu / avr / yaap / index.htm). Auch wenn die noch vorgestellte Kombination avrdude mit AVR8 Burn-O-Mat (ab Seite 43) komfortabler und leistungsfähiger ist, bietet yaap den Vorteil, dass es ein eigenständiges Brennprogramm ist und nicht noch auf ein anderes Zusatzprogramm angewiesen ist.

Auf der Webseite finden Sie neben yaap auch noch eine Kopie des DLPortIO Treibers, den Sie installieren müssen. Das eigentliche Brennprogramm *YAAP.EXE* wird nur auf die Festplatte entpackt und nicht installiert. Es empfiehlt sich deshalb, eine Verknüpfung im Startmenü zum Programm anzulegen.

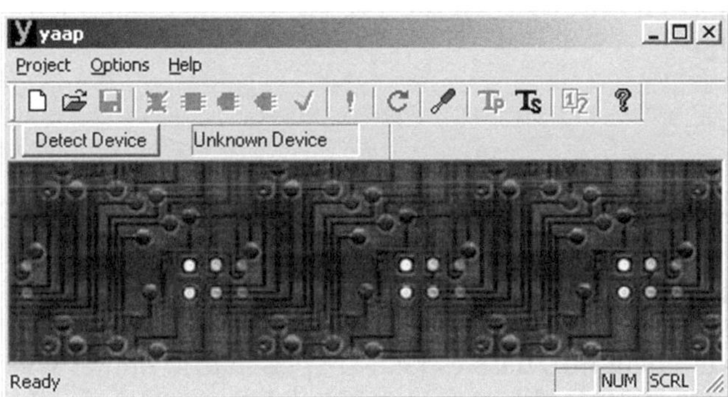

Abbildung 2.17: *Programmiersoftware yaap.*

Im Menü *Options/Preferences* müssen Sie beim ersten Start einmal einstellen, welchen Programmieradapter Sie an welchem Port verwenden. Wählen Sie den passenden Parallelport und belassen Sie es bei *Interface Type* am einfachsten bei *<AutoDetect>*.

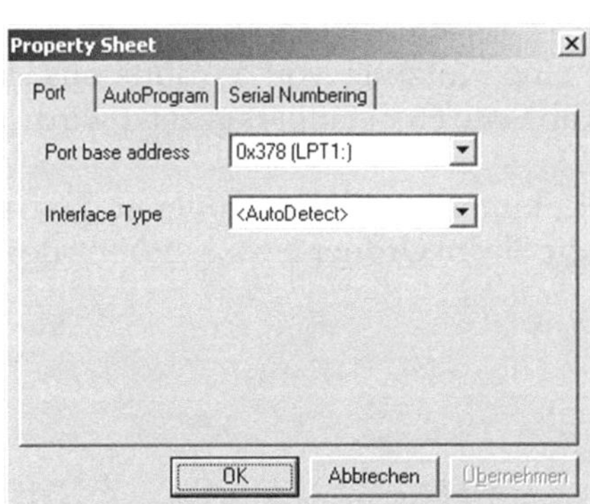

Abbildung 2.18: *yaap Optionen.*

yaap beherrscht von Hause aus nur die AVR-Typen, die seinerzeit am Markt existierten. Dazu gehörte beispielsweise nicht der ATmega16. Sie können aber die dem Programm beigefügte Datei `YAAP.INI` jederzeit um die notwendigen Angaben erweitern. Ergänzen Sie dazu am Anfang im Bereich [Devices] die Auflistung um einen weiteren Eintrag, der dann in der Form in der Prozessorbeschreibung im Fenster von yaap erscheint. Beispielsweise:

```
Dev23=ATmega16
```

Am Dateiende ergänzen Sie dann einfach die Angaben zu diesem Mikrocontroller in einem gleichnamigen Abschnitt:

```
[ATmega16]
ProgramSize=16384
DataSize=512
Signature=0x9403
Algorithm=3
PageSize=128
LockBits=XxxFEDCBA
Fuses=FELKDCBA
FusesHi=TUGNMJIH
```

Für andere Prozessoren finden Sie im Internet sicherlich auch die notwendigen Werte oder eine fertige, erweiterte Ini-Datei.
Im Kapitel *Programmiersoftware* ab Seite 40 wird die Verwendung der einzelnen Brennprogramme exemplarisch gezeigt.

2.4.3 avrdude

Im WinAVR-Paket ist auch *avrdude* enthalten und bereits installiert. Diese Programmersoftware kann eigentlich alles, was Sie benötigen: Unterstützung aller AVRs sowie serieller und paralleler Programmiergeräte. Allerdings weist das Programm einen eklatanten Nachteil auf: Es ist in der ausgelieferten Version lediglich per Kommandozeile (MS-DOS Eingabeaufforderung) bedienbar. Nicht nur, dass es keinen Spaß macht, immer wieder ellenlange Aufrufe einzutippen, die ganze Sache ist auch wenig intuitiv und fehleranfällig. Aus diesem Grund wird avrdude hier auch selten direkt genutzt, sondern entweder über den Editor Programmers Notepad oder mit dem Hilfe der im folgenden gezeigten Benutzeroberfläche. Lediglich beim Setzen der Lock Bits wird ein Aufruf aus der Eingabeaufforderung vorgestellt (s. S. 80).

Die notwendigen Anweisungen für eine Nutzung von avrdude aus dem Editor heraus werden im makefile angegeben, was ab Seite 65 detailliert gezeigt wird.

Sollten Sie sich für die Bedienung per Kommandozeile interessieren, dann seien Sie auf die installierte Dokumentation verwiesen, die Sie im Ordner `DOC/AVRDUDE` des WinAVR Installationsordners finden.

2.4.4 AVR8 Burn-O-Mat

Bei diesem Programm handelt es sich um eine sehr leistungsfähige grafische Benutzeroberfläche (GUI, Graphical User Interface) für das eigentliche Programmiertool avrdude, welches bei WinAVR mitinstalliert wurde. Da avrdude sehr viele serielle und parallele Programmieradapter beherrscht, können diese auch über die GUI benutzt werden.

AVR8 Burn-O-Mat ist Freeware (http://avr8-burn-o-mat. aaabbb.de) und als Java-Applet auf jedem Computer lauffähig. Allerdings ist dazu eine vorherige Installation von Java erforderlich. Je nach Windows-Version und verwendetem Webbrowser kann es sein, dass Sie Java bereits installiert haben. Wenn nicht, bekommen Sie die Java Runtime Environment (JRE) auf der Webseite http://java.sun.com/javase/downloads des Herstellers Sun kostenlos als Download.

Nach der Installation von Java brauchen Sie das AVR8 Burn-O-Mat Zip-Archiv nur noch an eine beliebige Stelle zu entpacken und können über die MS-DOS Batchdatei `START.BAT` (Doppelklick im Explorer) das Interface starten.

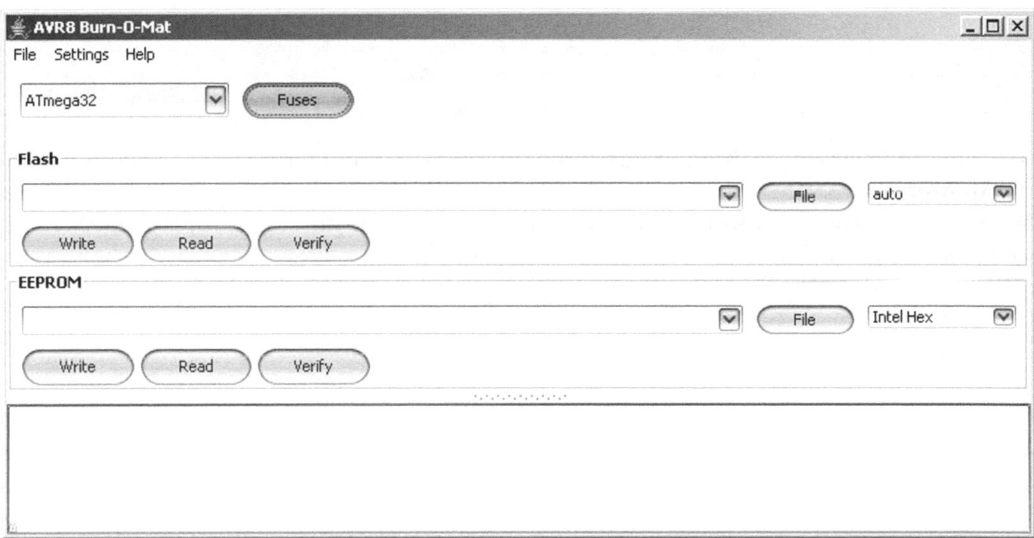

***Abbildung 2.19:** AVR8 Burn-O-Mat.*

Über *Settings/AVRDUDE* kommen Sie zu den Programmeinstellungen, wo Sie zuerst einmal den Pfad zu den Dateien `AVRDUDE.EXE` und `AVRDUDE.CONF` angeben müssen. Beide Dateien finden Sie im Ordner `BIN` unterhalb des Installationspfades von WinAVR. Es kann notwendig sein, AVR8 Burn-O-Mat jetzt erst einmal vollständig zu beenden und neu zu starten, bevor Sie den folgenden Schritt durchführen können.

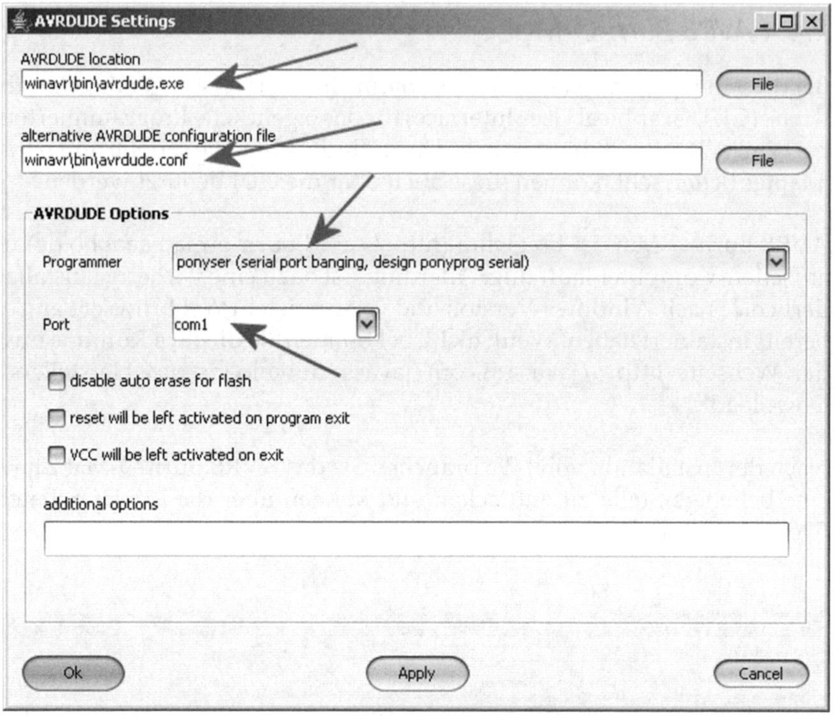

Abbildung 2.20: *Konfiguration avrdude in AVR8 Burn-O-Mat.*

Anschließend wählen Sie ihren Programmieradapter aus. Der hier im Buch vorgestellte Parallelportbrenner (Seite 34) wird als *STK200* bezeichnet. Für den seriellen Adapter von Seite 36 wählen Sie bitte den Eintrag *ponyser* aus. Nun brauchen Sie nur noch die passende Schnittstelle (*lpt1* oder *com1* in den meisten Fällen) einzustellen.

2.5 Brennen und Debugging per JTAG

Neben der bereits vorgestellten Möglichkeit, den Controller per ISP zu brennen, gibt es bei zahlreichen AVRs auch noch eine Schnittstelle nach dem JTAG (Joint Test Action Group) Standard. Bis auf den ATmega8 verfügen zum Beispiel alle AVRs der mega-Reihe über die notwendige Hardware. Über JTAG können sie alle Änderungen am Speicher und den Fuse Bits vornehmen – ebenso wie per ISP – mit dem kleinen Vorteil, dass die Verbindung hochwertiger ist und deshalb Programmierfehler seltener auftreten, was aber auch bei ISP so gut wie nie ein Problem sein sollte.

Hauptanwendung von JTAG ist aber das Debugging . Der Mikrocontroller ist über das JTAG Interface permanent mit dem PC und der Entwicklungsumgebung verbunden. Vom PC aus können Sie dann die Codeausführung auf dem μC anhalten, schrittweise fortsetzen und jederzeit den Inhalt aller Register usw. auslesen. So ist es möglich, Fehlern auf die Spur zu kommen und zu verifizieren, ob das Programm auch wirklich das macht, was man sich als Entwickler vorstellt.

Bevor Sie sich mit JTAG beschäftigen, ist es hilfreich, wenn Sie schon etwas Erfahrung mit Mikrocontrollern gesammelt haben und auch per ISP programmieren können, denn die folgenden Ausführungen setzen dieses Grundwissen voraus.

Gleich vorweg noch ein deutlicher Hinweis: Wenn Sie das JTAGEN Fuse Bit programmieren und dadurch die JTAG Schnittstelle im Mikrocontroller aktivieren, werden die entsprechenden I/O Pins für JTAG verwendet und stehen nicht mehr als normale Datenleitungen zur Verfügung. Dies ist ein Unterschied zu ISP, wo die I/O Leitungen ohne Komplikationen sowohl für die Programmierung, als auch für normale I/O Funktionen benutzt werden können.

2.5.1 JTAG Interface

Zuerst einmal benötigen Sie ein Interface zwischen PC und Mikrocontroller. Das JTAG Interface besteht selbst hauptsächlich aus einem Mikrocontroller, in den ein Programm gebrannt wird, welches dann die Kommunikation zwischen PC und der eigentlichen Applikationsschaltung übernimmt. Damit das Programm in den Mikrocontroller des Interface gelangt, benötigen Sie auf jeden Fall ein (einfaches) ISP Interface.

Abbildung 2.21: *Fertig aufgebautes JTAG Interface.*

Es gibt von Atmel verschiedene fertige Interfaces und Hinweise für Eigenentwicklungen, die teilweise von anderen Nutzern aufgegriffen wurden. So entstanden im Laufe der Zeit einige Nachbauten des original Modells, welches von Atmel als JTAG ICE vertrieben wurde. Auf der Webseite http://www.embedded-projects.net/index.php?page_id=135 finden Sie beispielsweise USBprog – ein Interface mit USB Schnittstelle, welches auch in der Zeitschrift Elektor vorgestellt wurde. Die hier gezeigte Schaltung basiert auf einem Entwurf von Michal

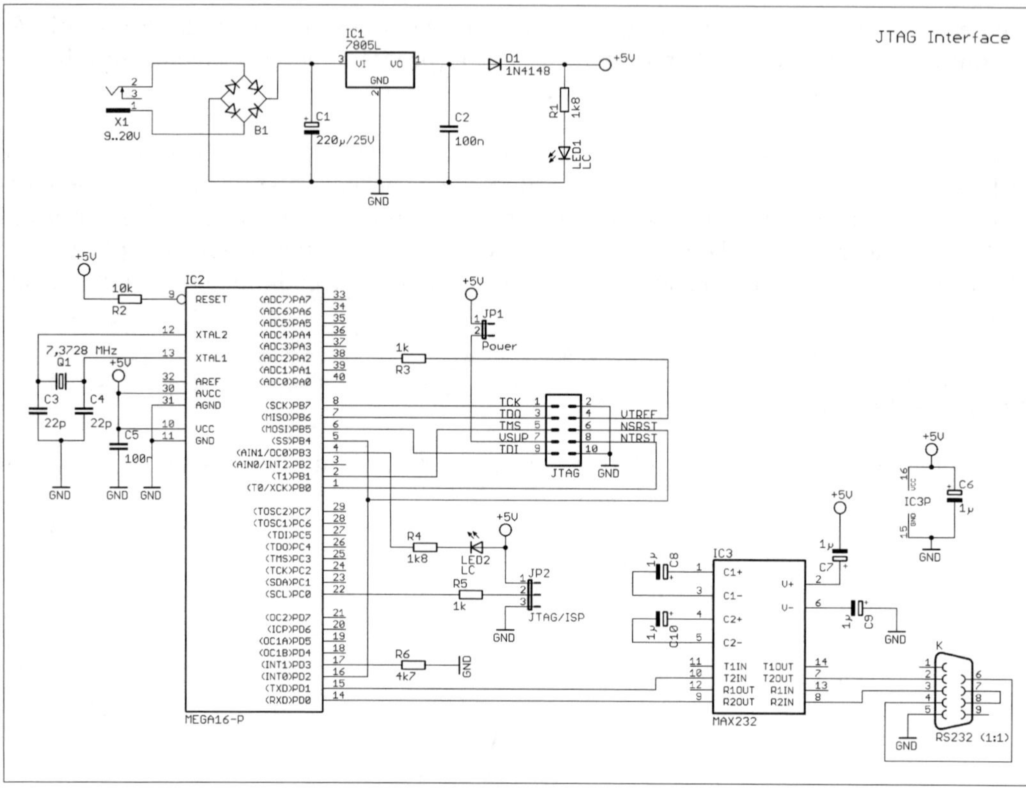

***Abbildung 2.22:** Schaltplan serielles JTAG Interface.*

Bauteil	Wert
B1	Gleichrichter
C1	220µ/25V
C2	100n
C3, C4	22p
C5	100n
C6, C7, C8, C9, C10	1µ
D1	1N4148
IC1	7805L
IC2	MEGA16-P
IC3	MAX232
K	9pol. Sub-D female
LED1, LED2	3mm, LC
Q1	7,3728 MHz
R1, R4	1k8
R2	10k
R3, R5	1k
R6	4k7
X1	Niedervolt Buchse

Goralczyk (http://aquaticus.info/jtag) und ist für die serielle Schnittstelle geeignet. Der Aufbau ist relativ einfach und lässt sich mit Mitteln des Hobbybereichs verwirklichen, da nur Standardbauteile und eine einseitige Platine benötigt werden. Im Ordner `JTAG_INTERFACE` der Übungsdateien finden Sie den Schaltplan, ein Platinenlayout und den Bestückungsplan als PDF, so dass Sie eine eigene Platine fertigen können.

Die Schaltung besitzt die Möglichkeit, eine externe Spannungsquelle anzuschließen – üblicherweise ein einfaches Steckernetzteil mit ca. 9…20 V. Sie können das Interface auch aus der Schaltung versorgen, die an das Interface beim Programmieren über den zehnpoligen JTAG-Stecker angeschlossen wird. Oder Sie versorgen die Applikationsschaltung aus dem JTAG Interface heraus. Dazu schließen Sie den Jumper JP1 – achten Sie aber darauf, dass dann nur eine der beiden Schaltungen die Spannungsversorgung übernimmt und auch die zulässige Belastung nicht überschritten wird. Der 78L05 des JTAG Interface liefert maximal 100 mA. Die LED1 leuchtet, wenn das Interface mit einer Spannung verbunden ist.

Werfen Sie auch einen Blick in das Datenblatt des MAX232 den Sie verwenden. Je nach Typ kann es sein, dass Sie andere Werte für die Kondensatoren benötigen. Für die LEDs wurden Low-Current Typen vorgesehen.

Für die Pinbelegung gibt es bei JTAG verschiedene Vorschläge, wobei Atmel einen zehnpoligen Wannenstecker verwendet, der wie folgt belegt ist:

Pin	Bezeichner	Beschreibung
1	TCK	Test Clock
2	GND	Masse
3	TDO	Test Data Output
4	VTREF	Spannungsreferenz
5	TMS	Test Mode Select Input
6	NSRST	Reset
7	VSUPP	externe Spannungsversorgung
8	NTRST	Reserviert/NC
9	TDI	Test Data Input
10	GND	Masse

2.5.2 AVR Studio

Zum Debuggen benötigen Sie natürlich noch die passende Software. Hier bietet sich AVR Studio von Atmel an, denn das ganze Paket können Sie nach einer kurzen Registrierung kostenlos herunterladen und nutzen. Auf der Webseite http://www.atmel. com/dyn/products/tools_card.asp?tool_id=2725 finden Sie die derzeit aktuelle Version 4.13 und das Service Pack SP2 (enthält auch SP1).
Installieren Sie die Software bitte, bevor Sie weiterarbeiten, da Sie zur Inbetriebnahme des JTAG Interface eine Datei aus der Installation benötigen werden und auch die Programmierung des Mikrocontroller im Interface teilweise von AVR Studio aus erfolgen wird.

Die Version 4.13 bringt mit dem Service Pack 2 leider auch einen Fehler mit, der Ihr neues JTAG Interface betrifft. Dazu gibt es einen so genannten Fix: AVR Studio 4.13 SP2 JTAGICE Fix. Laden Sie sich das Zip-Archiv aus dem Forumsbeitrag http://www.blafusel.de/phpbb/viewtopic.php?p=2092#2092 herunter und entpacken Sie die darin enthaltene Datei `STK500DLL.DLL` in den Unterordner STK500 des Installationsverzeichnis von AVR Studio, um die dort vorhandene gleichnamige Datei zu ersetzen.

2.5.3 JTAG Interface programmieren

Nachdem Sie die Hardware aufgebaut haben, müssen Sie den Mikrocontroller im Interface programmieren. Dazu sind mehrere Schritte notwendig. Zuerst wird wie sonst auch per ISP ein so genannter Bootloader installiert. Vereinfacht ausgedrückt handelt es sich dabei um ein Programm, welches zwei Aufgaben hat: Es kann ein weiteres (Haupt-) Programm im Mikrocontroller starten oder es wartet darauf, dass über die serielle Schnittstelle des JTAG Interface dieses andere (Haupt-) Programm auf den Mikrocontroller eingespielt und gebrannt wird. Vor dem Anlegen der Versorgungsspannung wählen Sie mit dem Jumper JP2, welche Funktion Sie wünschen:

JP2	Funktion
1-2	Hauptprogramm ausführen – Gerät als JTAG Interface nutzen
2-3	Bootloader wartet auf Update des Hauptprogramms

Haben Sie erst einmal den Bootloader installiert, können Sie die erste Installation (und spätere Updates) des Hauptprogramms mit der JTAG-Funktionalität bequem über die serielle Schnittstelle erledigen und es wird kein ISP-Adapter mehr zusätzlich benötigt.

Da das JTAG Interface nur einmal mit einem ISP Adapter verbunden werden muss, sind die notwendigen Leitungen nicht zusätzlich auf einen Stecker geführt worden. Bis auf *Reset* können Sie alle Leitungen am JTAG Stecker abgreifen. Verbinden Sie Ihren ISP Adapter mit dem JTAG Interface über die entsprechenden I/O-Pins und greifen Sie zusätzlich Reset direkt am Pin 9 des ATmega16 ab:

ISP Adapter	JTAG Interface
SCK	TCK (1)
MOSI	TDI (9)
MISO	TDO (3)
Reset	siehe Text (ATmega16 Pin 9)
GND	GND (2 oder 10)

Während des ersten Programmierens per ISP ist die Stellung des Jumpers JP2 beliebig. Starten Sie ein Brennprogramm Ihrer Wahl und verbinden Sie sich mit dem ATmega16. Die Fuse Bits werden gemäß der Abbildung eingestellt, damit sie zu dem verwendeten Quarz etc. passen.

Anschließend wird der Bootloader gebrannt. Dazu finden Sie im Projektordner `JTAG_INTERFACE` die Datei `AVRBOOT.HEX`, die von der Webseite Aquaticus stammt. Dies ist eine fertig übersetzte Version des von einigen Anwendern weiterentwickelten Bootloaders, den einst Atmel publizierte. Auf der Webseite http://www. siwawi. arubi. uni-kl. de/avr_projects/ #avrprog_boot finden Sie den Quellcode dazu, wenn Sie sich mit der Materie etwas tiefer gehend auseinandersetzen wollen. Laden Sie diese Datei im Brennprogramm und übertragen Sie sie in den AVR. Damit haben Sie den ersten Programmierschritt erledigt und Sie können den ISP Adapter abtrennen.

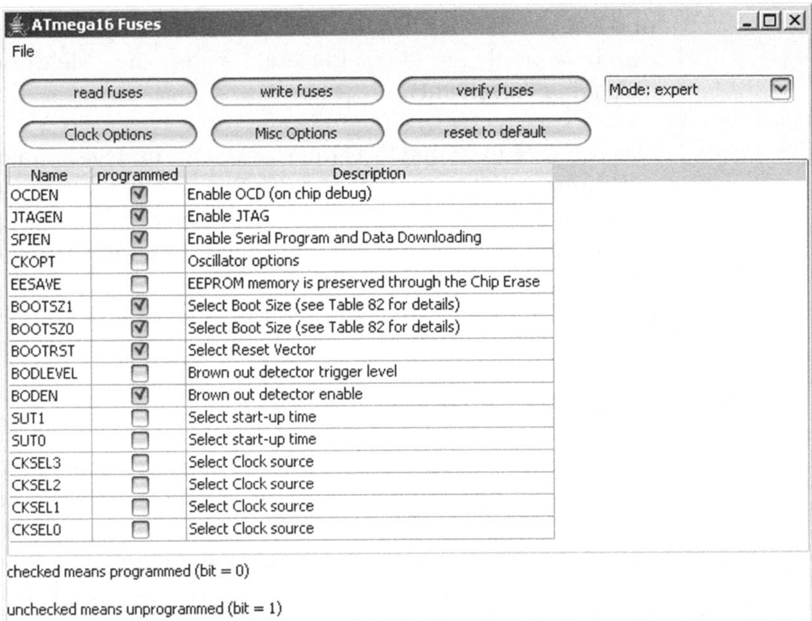

Abbildung 2.23: *Fuse Bits für das JTAG Interface.*

Sie können jetzt prüfen, ob bis hierher alles geklappt hat: Setzen Sie den Jumper JP2 auf die Position 2-3. Trennen Sie die Stromversorgung vom JTAG Interface kurz und stellen Sie sie dann wieder her. Verbinden Sie das JTAG Interface über ein serielles 1:1 Datenkabel mit dem PC. Starten Sie auf dem PC ein einfaches Terminalprogramm (wie beispielsweise ab S. 152 gezeigt) und stellen Sie es auf 19.200 Bd, 8N1 ein. Geben Sie ein großes „S" ein, um sich die Softwarekennung anzeigen zu lassen („AVRBOOT"). Mit „V" bekommen Sie die Softwareversion angezeigt („07").

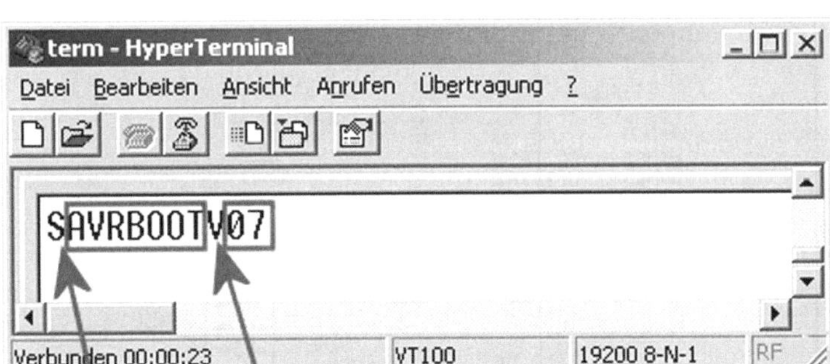

Abbildung 2.24: *Serielle Verbindung mit JTAG Interface.*

Nun geht es mit AVR Studio weiter. Dieser letzte Schritt ist auch erforderlich, wenn Sie später eine neue Version des AVR Studio installieren und Ihr Interface updaten wollen. Beenden Sie ggf. das Terminalprogramm aus dem vorherigen Test, belassen Sie aber die Verbindung mit der seriellen Schnittstelle und auch den Jumper JP2 auf Position 2-3. In AVR Studio wählen Sie den Menüpunkt *Tools/AVRprog*. Im Installationsordner von AVR Studio finden Sie im Unterordner `JTAGICE` die Datei `UPGRADE.EBN`. Diese müssen Sie im Dialogfenster über die Schaltfläche Browse selektieren. Anschließend klicken Sie im Abschnitt Flash auf Program

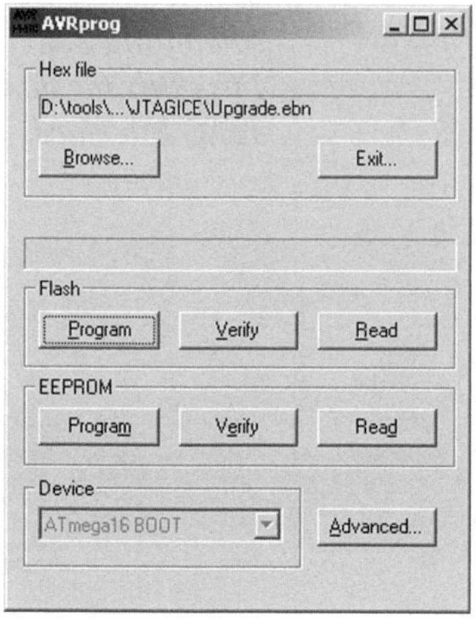

Abbildung 2.25:
Übertragen des JTAG Systems.

und warten, bis der Brennvorgang beendet ist (zwischendurch einmal auf OK klicken, wenn die Meldung „Flushing“ erscheint).

Das war's. Nun ist Ihr JTAG Interface fertig, und Sie können den Jumper JP2 dauerhaft auf die Position 1-2 setzen, so dass (nach trennen und erneutem Anlegen der Spannung) fortan die Systemsoftware mit den JTAG Funktionen ausgeführt wird. Die LED2 leuchtet dann auch auf und blinkt später, wenn auf das Interface zugegriffen wird.

2.5.4 JTAG Testprojekt

Damit Sie Ihr neues Interface kennen lernen und auch das Debugging üben können, hier ein einfaches Projekt mit einem ATmega16, da dies der kleinste Typ mit JTAG

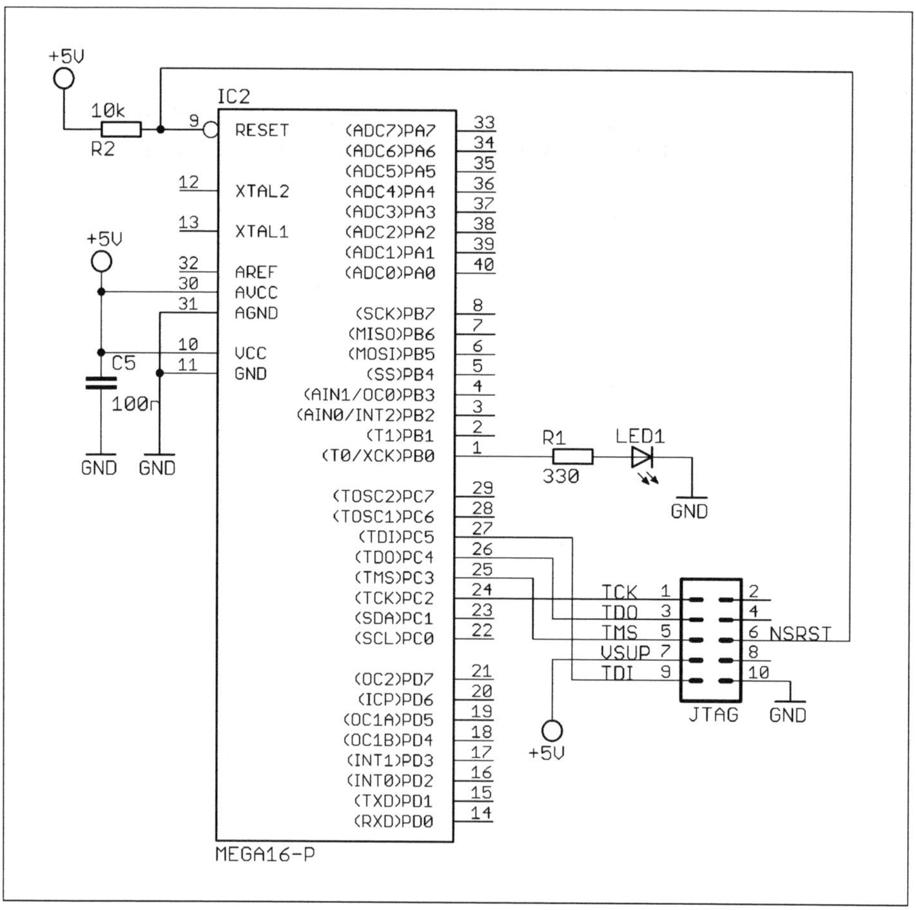

Abbildung 2.26: *Testschaltung für JTAG Interface.*

Schnittstelle ist. Diese ist im Auslieferungszustand auch aktiviert, so dass Sie gleich loslegen können. Sie können die Schnittstelle aber auch über das Fuse Bit JTAGEN deaktivieren. Dann können Sie nur noch per ISP auf den Prozessor zugreifen bzw. mit einem Hochspannungsprogrammierer, wenn Sie auch noch das Bit SPIEN auf 1 setzen.

Die Beschaltung des μC ist denkbar einfach und ähnelt der aus dem Einführungsprojekt ab Seite 56: Der AVR soll mit dem internen Taktgenerator betrieben werden und das Programm lässt später die LED blinken.

Im Ordner `JTAG_LED` finden Sie ein kurzes Programm, welches einen Zähler hoch zählt (0...255) und den Zählerstand an Port B ausgibt. Da nur an PB0 eine LED angeschlossen ist, zeigt diese nur das LSB an, leuchtet also bei jedem zweiten Zählschritt auf.

```
#include <avr/io.h>

void main()
{
   uint8_t cnt = 0;

   DDRB = 0xFF;      // PORTB als Ausgang
   while (1)         // endlos
   {
      cnt++;         // Zaehler inkrementieren (Ueberlauf bei 0xFF)
      PORTB=cnt;     // Zaehlerstand ausgeben
   }
}
```

1. Dieses Programm compilieren Sie wie gewohnt mit AVR-GCC.

2. Anschließend starten Sie AVR Studio und wählen dort *File/Open File*.

3. Wählen Sie nun die zuvor mit AVR-GCC compilierte Datei `LED.ELF` aus. Es ist wichtig, das Sie stets die Datei mit dem Suffix `.ELF` verwenden, da die folgenden Schritte beim Debuggen sonst nicht funktionieren.

4. Sie werden aufgefordert das Projekt, welches AVR Studio nun anlegen will, zu speichern. Geben Sie einen Dateinamen und einen Ort hierfür an – am besten gleich im Projektverzeichnis.

5. Verbinden Sie Ihr Testprojekt mit dem JTAG-Interface und dieses mit der seriellen Schnittstelle Ihres PCs und der Versorgungsspannung. Das Testprojekt können Sie über die JTAG-Schnittstelle mit Spannung versorgen, wozu Sie Jumper JP1 schließen müssen. Jumper JP2 verbleibt (in Position 1-2).

6. Wählen Sie im AVR Studio im nächsten Schritt den Interface-Typ: *JTAG ICE* und stellen Sie den richtigen Prozessortyp ein: *ATmega16*. Sollte es zu Verbindungsproblemen kommen, können Sie auch den seriellen Port vorgeben. Mit der Einstellung *Auto* sollte es aber auch funktionieren. Klicken Sie nun auf *Finish*.

Abbildung 2.27.

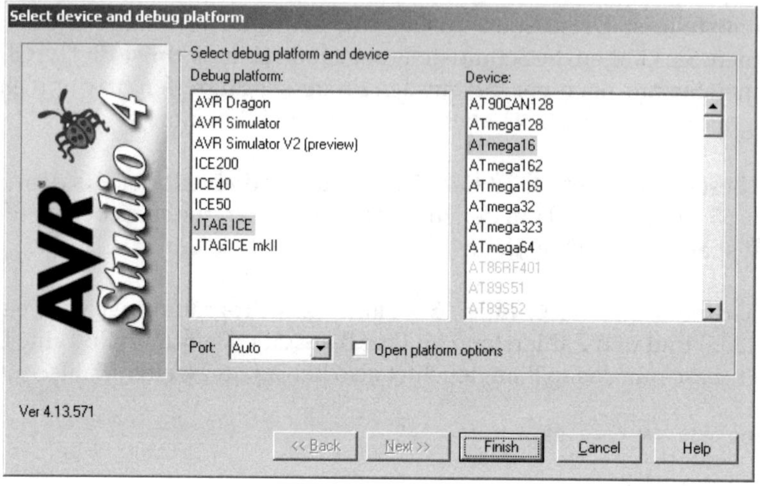

7. AVR Studio öffnet nun den Quellcode in einem Fenster und zeigt mit dem gelben Pfeil an, an welcher Stelle gerade der Programmcode ausgeführt wird. Im Fenster I/O View können Sie alle Register etc. und deren Zustände einsehen. Klappen Sie zum Beispiel PORT B auf, um zu sehen, wie das Datenrichtungsregister DDRB konfiguriert ist und welcher Zustand an den einzelnen Ausgängen (PORTB) herrscht. Während des gleich folgenden Programmlaufs können Sie hier sehen, dass tatsächlich der Zählerstand ausgegeben wird, und immer wenn die LED leuchtet ist das Kästchen für das LSB (PB0) schwarz ausgefüllt.

Abbildung 2.28.

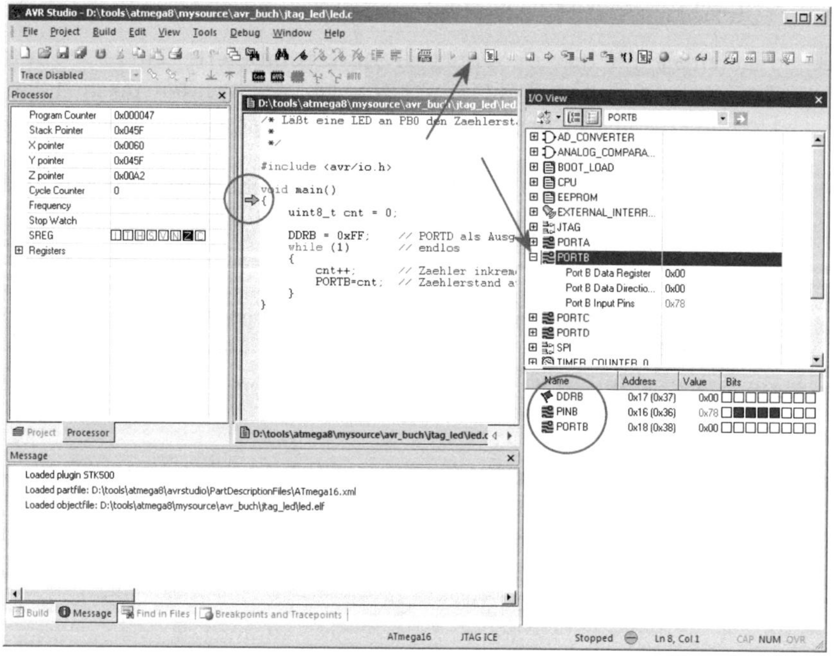

8. Zusätzlich soll AVR Studio auch noch den Inhalt der Variablen cnt anzeigen, so dass Sie zu jeder Zeit sehen, welcher Wert gerade gespeichert ist. Öffnen Sie dazu das Fenster *Watch* über das Menü *View/Watch*. Das Fenster können Sie beliebig verschieben und andocken.

9. Klicken Sie im Fenster mit dem Sourcecode mit der rechten Maustaste auf den Variablennamen cnt (es ist egal welches Vorkommen der Variable Sie anklicken). Im Kontextmenü wählen Sie dann bitte *Add Watch: „cnt"*. Dadurch haben Sie die Variable in die Beobachtungsliste aufgenommen. In der Spalte *Value* wird Ihnen der Zahlenwert und das äquivalente ASCII Zeichen angezeigt.

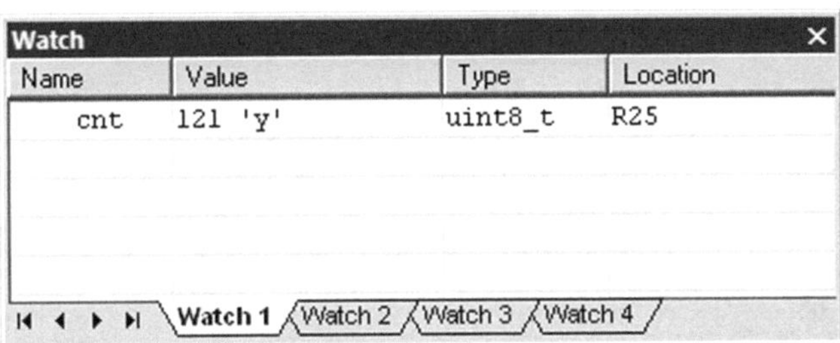

Abbildung 2.29.

10. Das Programm befindet sich bereits in der Ausführung. Um es anzuhalten, klicken Sie auf die Stop-Schaltfläche unterhalb des Menüs. Dies ist wichtig, da sonst der nächste Schritt scheitert.

11. Wählen Sie den Menüpunkt *Tools/Program AVR/Auto Connect*. Über Ihr JTAG Interface verbindet sich AVR Studio nun mit dem Testprojekt.

12. Stellen Sie auf der Registerkarte Fuses zuerst die passenden Fuse Bits ein. JTAGEN muss aktiviert sein, damit Sie per JTAG auf den μC zugreifen können. OCDEN ist wichtig, damit Sie den Code im Prozessor debuggen können. Allerdings aktiviert AVR Studio das Fuse Bit auch automatisch, wenn es nicht gesetzt ist und Sie den Debugger nutzen. Bei SUT_CKSEL aktivieren Sie den internen Taktgenerator mit einer Rate von 1 MHz.

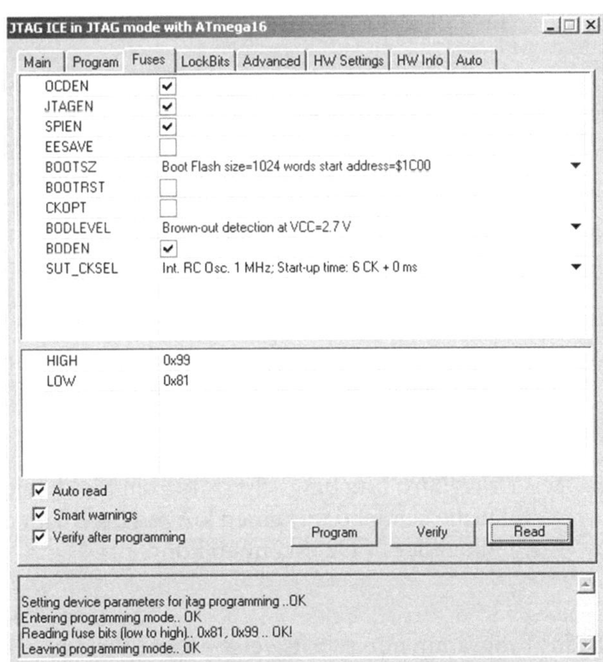

Abbildung 2.30.

13. Wechseln Sie auf die Registerkarte *Program*. Im Bereich ELF Production File Format sollte die oben geöffnete Datei bereits angezeigt werden, so dass Sie nur noch auf *Program* zu klicken brauchen, um den Mikrocontroller im Testprojekt zu brennen.

Abbildung 2.31.

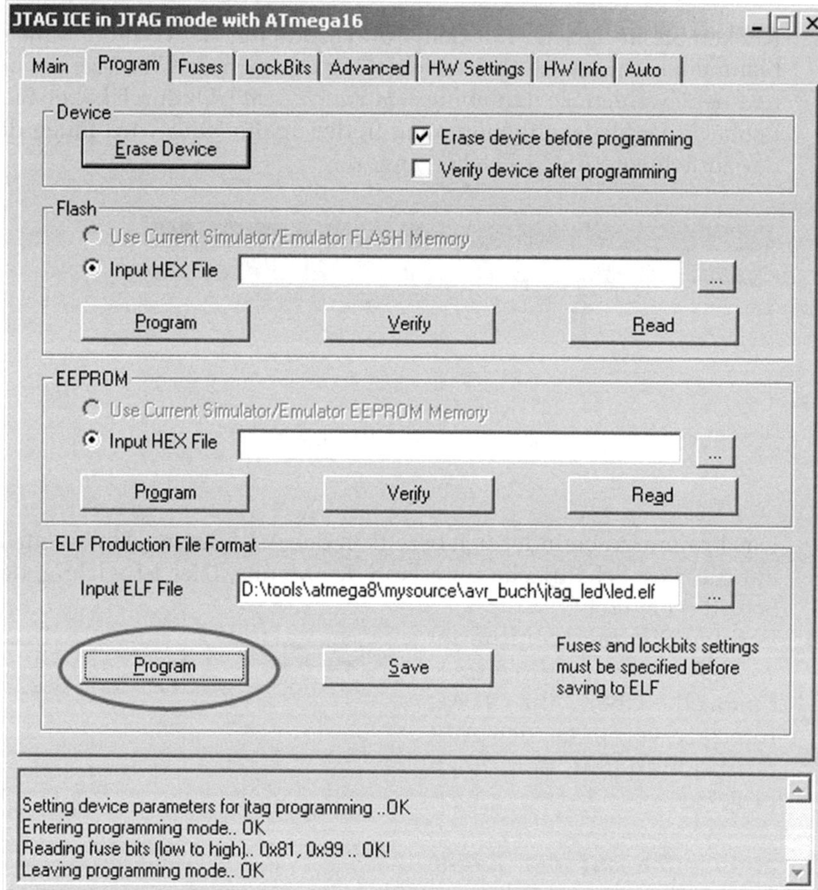

14. Nun können Sie das Programm genau analysieren. Starten Sie dazu die Ausführung durch Anklicken der Symbolschaltfläche mit dem Play-Pfeil oder wählen Sie *Debug/Start Debugging*.

15. Mit *Debug/Step Into* bzw. <F11> führen Sie den jeweils nächsten Programmschritt aus. AVR Studio sendet dabei einen kurzen Befehl an das JTAG-Interface, was Sie am kurzen Aufblinken der LED2 erkennen können.

Da das Programm nun schrittweise ausgeführt wird, können Sie genau verfolgen, wann die Zählervariable initialisiert und inkrementiert wird. Ebenso lassen sich die Registerzustände gut verfolgen, so dass Sie sehen können, wie an Port B der Zählerstand in Binärform ausgegeben wird. Da das Programm nicht nur simuliert, sondern tatsächlich auch auf der Hardware ausgeführt wird, geht die LED im Testprojekt auch genau dann an und aus, wenn PB0 High oder Low wird.

Mit den weiteren Debug-Funktionen können Sie das Programm u. a. auch automatisch schrittweise oder bis zu einem bestimmten Punkt (Breakpoint oder Cursorposition) ausführen lassen. So können Sie genau nachvollziehen, was Ihr Programm macht und wo es vielleicht Probleme gibt, da vielleicht ein Register nicht richtig gesetzt wurde oder eine Variable falsche Werte benutzt.

3. Erste Schritte mit dem μC

Nachdem nun alle Vorbereitungen getroffen wurden, kann es mit der Entwicklung einer eigenen Applikation losgehen. Hierbei lernen Sie auch gleich den Einsatz aller Tools kennen und können die Funktionsweise ausprobieren. Wie schon angesprochen, wird dazu erst einmal ein ATmega8 eingesetzt, da dieser preiswert und aufgrund seiner reduzierten I/O-Pins handlich ist. Noch gibt es nämlich ein paar kleine Untiefen zu umschiffen, und es wäre ärgerlich, wenn Sie durch eine Unachtsamkeit gleich einen teureren Chip in die ewigen Jagdgründe schicken. Zudem bietet der stark minimalisierte Aufbau ein hohes Maß an Sicherheit, dass Ihr erster Versuch auch zum Erfolg wird, damit Sie motiviert und mit Freude weiter machen.

3.1 μC Minimalistisch

Für den ersten Versuch benötigen Sie wirklich nicht viel: Einen ATmega8 , eine LED mit Vorwiderstand, einen Pull-Up Widerstand und einen Keramik- oder Folienkondensator. Das Ganze können Sie auf einer kleinen Lochrasterplatine oder – noch einfacher – einem Experimentiersteckbrett aufbauen.

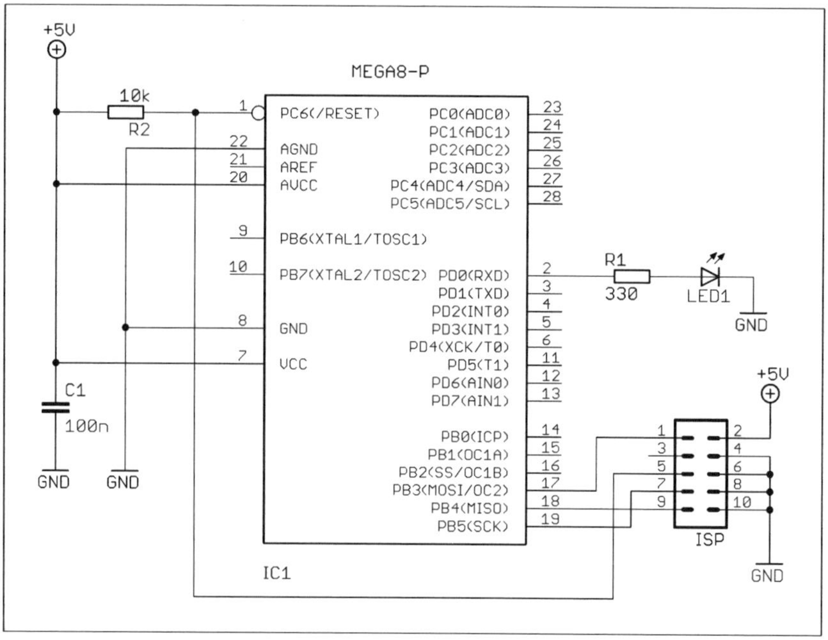

Abbildung 3.1: ATmega8 Miniprojekt.

Wie Sie sehen, wird der mega8 (wie alle AVRs) an mehreren Pins mit der Versorgungsspannung und Masse verbunden. Der Pin AVCC wird für den internen A/D-Wandler benötigt und sollte auch an VCC angeschlossen sein, wenn der Wandler nicht benötigt wird. Pin 22 wird in einigen Bauteilbibliotheken von Schaltplaneditoren als AGND bezeichnet, obwohl Atmel selbst dies bei den ATmegas nicht unterscheidet und es sich dabei einfach um einen Masseanschluss handelt. Auch wenn diese intern miteinander verbunden sind, genügt es nicht, nur einen Massepin anzuschließen.

Da der Reseteingang Low-Aktiv ist, wird er über einen Pull-Up-Widerstand nach VCC gezogen. Während des Programmiervorganges wird dann vom Brennprogramm das notwendige Reset durchgeführt, indem der Pin auf Masse geschaltet wird.

Die ATmegas sind allesamt in der Lage, an den digitalen I/O-Pins Lasten mit bis zu jeweils 20 mA zu treiben, wenn dabei eine Gesamtbelastung aller Pins von 200 mA nicht überstiegen wird. Die Einzelheiten dazu finden Sie im Datenblatt im Abschnitt *Electrical Characteristics.* Deshalb können Sie eine LED direkt anschließen und müssen nur einen passenden Vorwiderstand wählen. Für Standard-LEDs genügen ca. 330...1.000 Ohm.

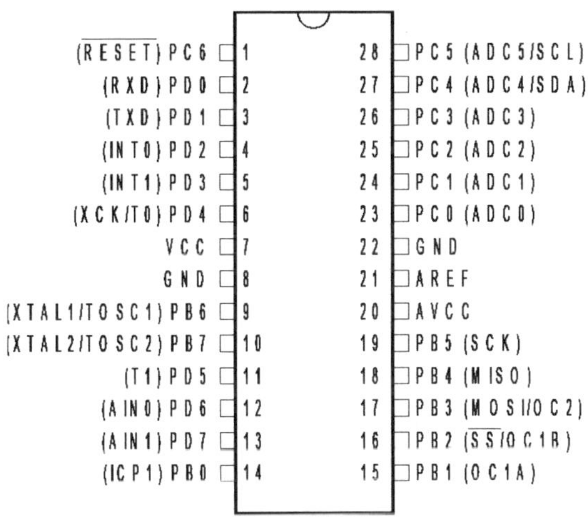

Abbildung 3.2: *ATmega8 DIL Gehäuse Pinout.*

Versorgen Sie die Schaltung mit einer 5 V Gleichspannung gemäß dem Kapitel *Spannungsversorgung* ab Seite 26. Da auf ein normales Steckbrett kein Wannenstecker passt, können Sie natürlich auch mit einem Adapterkabel die Verbindung zum ISP herstellen. Im fotografierten Musteraufbau wird eine (nicht standardisiert belegte) sechspolige Stiftleiste und ein entsprechend angepasster Adapter zum Wannenstecker eingesetzt.

Abbildung 3.3: *Versuchsaufbau Miniprojekt auf Steckbrett.*

3.1.1 Exkurs: Abblockkondensator

Zwischen Masse und VCC sollten Sie stets einen kleinen Kondensator möglichst dicht am Mikrocontroller einplanen. Dieser siebt noch einmal die letzten Störungen heraus, die eventuell von äußeren Störquellen in die Versorgungsspannung eingekoppelt werden. Außerdem zieht ein Mikrocontroller impulsweise hohe Ströme, die zu minimalen Spannungseinbrüchen der Versorgungsspannung führen. Diese Schwankungen können auf andere Schaltungsteile (und auch auf den Mikrocontroller selbst) störend wirken und in instabilen Schaltungen bzw. Programmausführungen kulminieren.

Auch wenn Sie den Mikrocontroller noch nicht programmiert haben, können Sie die Messung selber durchführen. Allerdings werden die Störungen dann etwas geringer ausfallen.

Wie Sie in Abbildung 3.4 sehen können, treten am ATmega8 aus obiger Schaltung erhebliche Störsignale in der 5 V-Versorgungsleitung auf, wenn der Abblockkondensator C1 entfernt wird. Die Spannung schwankt um knapp 0,7 V zwischen ca. 4,54 V und 5,26 V. Bei 4,50 V würde aber schon die untere Spannungsgrenze erreicht werden, die für den Betrieb des μC zulässig wäre (4,5…5,5 V). Es ist also gar nicht so unwahrscheinlich, dass der Mikrocontroller in einen nicht kontrollierbaren Zustand gerät und dann die Programmausführung gestört wird.

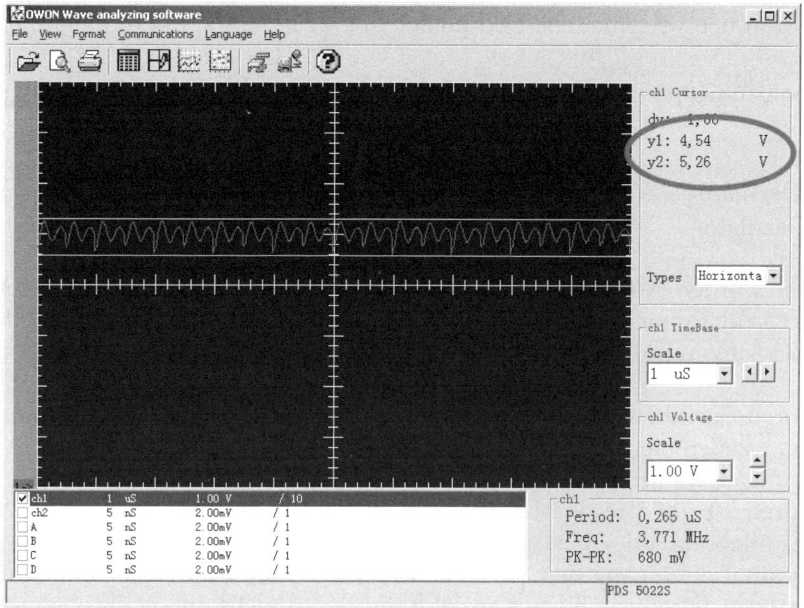

Abbildung 3.4: *Störungen in der Versorgungsspannung.*

Durch den Einsatz des kleinen Abblockkondensators verschwinden die Störimpulse fast vollständig bis auf das nicht (mit vertretbarem Aufwand) vermeidbare und nicht störende Grundrauschen. Die Spannung schwankt nur noch um wenige Millivolt, was sich grafisch auf dem Oszilloskop kaum noch als mehr als einen Strich darstellen lässt.

Ob Sie einen Keramik- oder einen etwas teureren Folienkondensator einsetzen, ist relativ unerheblich. Auch die tatsächliche Dimensionierung spielt bei den Frequenzen mit denen Sie es bei AVRs zu tun haben (bis 20 MHz) kaum eine Rolle, so dass ein Standardwert von 100 nF üblich ist. Wählen Sie aber nicht einen beliebig großen Kondensator oder gar einen Elektrolytkondensator (Elko), da diese einen hohen Innenwiderstand aufweisen (können) und Ihre Ladung dann nur zu langsam abgeben, um die kurzen Störspitzen auszugleichen.

3.1.2 Exkurs: Taktgenerator

Damit ein Mikrocontroller sein Programm überhaupt abarbeiten kann, benötigt er eine Taktquelle . Mit jedem Taktimpuls wird der nächste Schritt ausgeführt, wobei pro Befehl ein oder mehrere Takte benötigt werden. Da bei hoher Taktrate mehr Schritte in gleicher Zeit abgearbeitet werden können als bei niedriger Frequenz, dient die Taktrate oft als Indiz für die Prozessorgeschwindigkeit. Sie kennen das sicher von Ihrem PC: Vor gar nicht langer Zeit galten PCs mit 20 MHz als schnell und inzwischen ist man in den Gigahertzbereich vorgedrungen und die Werbung preist den Prozessortakt noch immer als wichtigstes Kriterium an. Dabei darf man aber nicht in den Irrglauben verfallen, dass eine Taktverdoppelung auch einen Geschwindigkeitsverdoppelung nach sich zieht. Auch andere Faktoren wie zum Beispiel Speicherzugriffe haben Einfluss auf die Geschwindigkeit der Programmausführung.

Für Mikrocontroller kommen verschiedene Taktquellen in Frage:

- Schwingquarz (umgangssprachlich meist einfach als Quarz bezeichnet)
- Quarzoszillator
- Signalgenerator
- Externer RC-Oszillator
- Interner RC-Oszillator

Die ersten vier Quellen werden extern aufgebaut und an den Mikrocontroller angeschlossen, während der interne Oszillator nicht unbedingt im μC vorhanden sein muss, bei allen AVRs aber in Form eines RC-Schwingkreises verfügbar ist.

Externe RC-Oszillatoren dürften aufgrund ihrer schlechten Frequenzstabilität kaum noch Anhänger finden und werden hier nicht weiter betrachtet.

Schwingquarze gehören zu den preiswertesten externen Lösungen. Ein Quarz und zwei Kondensatoren (Keramik oder Folie) genügen an Schaltungsaufwand, wobei die drei Bauteile möglichst dicht am Takteingang des Mikrocontroller platziert werden sollten, damit keine Störungen entstehen. Die empfohlene Kapazität für die Kondensatoren, die abhängig von der Frequenz des Quarzes ist, können Sie dem Datenblatt zum Prozessor im Abschnitt *Crystal Oscillator* entnehmen: Für AVRs sind dies i. d. R. 12…22 pF. Da ein Quarz von sich aus nicht zu schwingen anfängt, bedarf es einer internen Oszillatorbeschaltung. Zudem benötigt ein Quarz eine gewisse Einschwingzeit, bis die maximale Signalamplitude aufgebaut ist. Diese Zeit muss der Prozessor mit der Programmausführung nach Anlegen der Versorgungsspannung warten. Über die Fuse Bits (siehe Seite 73) kann diese Wartezeit eingestellt werden. Quarze sind extrem genau bei der Einhaltung ihrer Nennfrequenz und werden üblicherweise in zwei Bauformen angeboten: HC18 und HC49/U. Für die meisten Applikationen wird die eingesetzte Bauform keine Bedeutung haben.

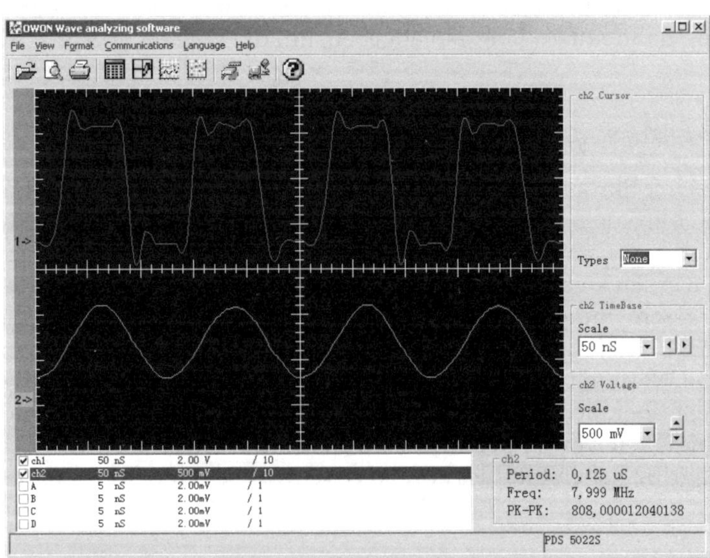

Abbildung 3.5: *Signalform Quarzoszillator (oben) und Quarz am Eingang des μC (unten).*

Quarzoszillatoren sind wie Schwingquarze sehr präzise und beinhalten in ihrem Gehäuse neben dem eigentlichen Quarz auch noch die benötigte Oszillatorschaltung, so dass ein Quarzoszillator durch anlegen der Versorgungsspannung von sich aus anfängt zu schwingen und am Ausgang ein annähernd rechteckiges Signal abgibt. Da Quarzoszillatoren wesentlich teurer als Quarze sind und auch noch mehr Platz benötigen, besteht in den meisten Fällen aber kein Grund, einen solchen Baustein zu verwenden.

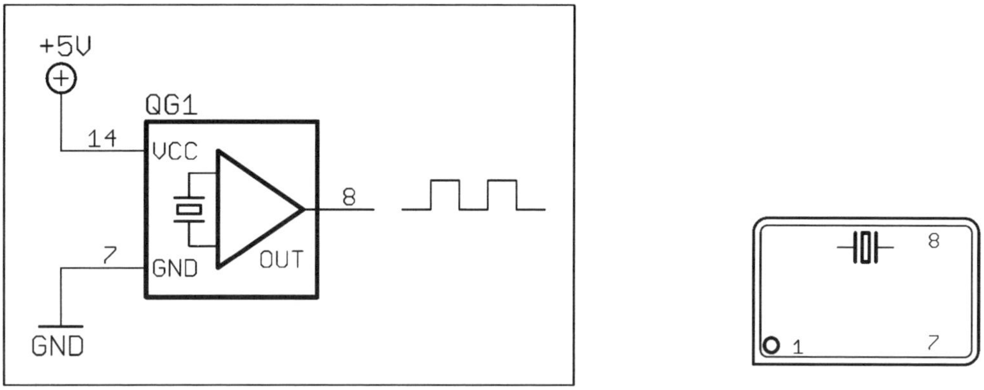

Abbildung 3.6: *Beschaltung und Pinout Quarzoszillator.*

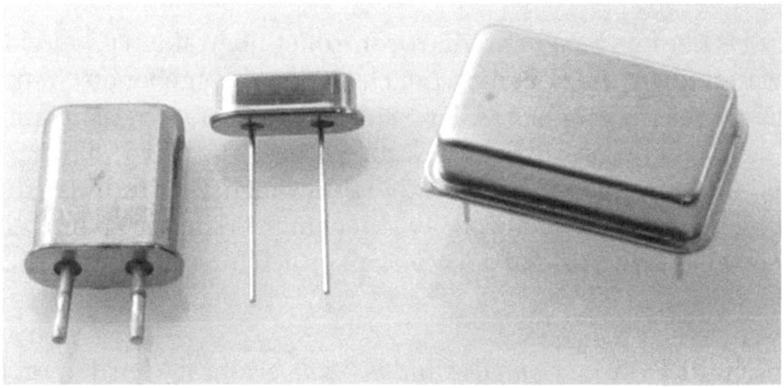

Abbildung 3.7: *Quarzbauformen (HC18 und HC49) sowie Quarzoszillator.*

Ein Signalgenerator (im Datenblatt als *External Clock* bezeichnet) liefert ähnlich dem Quarzoszillator ein fertiges Taktsignal mit Rechteckform. Eine einfache Schaltung kann beispielsweise aus dem sehr beliebten NE555 aufgebaut werden. Je nach Schaltungsaufwand wird dabei die gewünschte Frequenz aber meistens nicht sehr präzise erreicht und unterliegt zudem äußeren Einflüssen wie Temperaturschwankungen. Entgegen Lösungen mit Quarz benötigt ein Taktgenerator in den meisten Fällen keinerlei Einschwingzeit.

Quarzoszillator und Signalgenerator werden gemäß Datenblatt (Abschnitt External Clock) nur an den Pin XTAL1 der AVRs angeschlossen. Der Eingang XTAL2 bleibt dann unbeschaltet und wird auch nicht mit Masse verbunden.

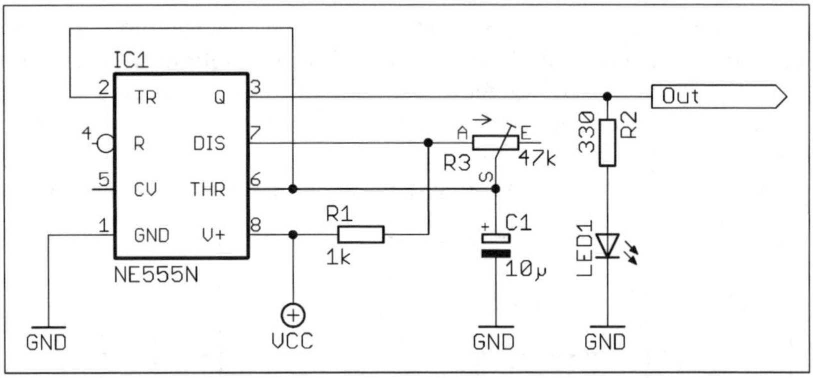

Abbildung 3.8: Einfacher Taktgenerator mit NE555.

Verfügt ein Mikrocontroller über einen internen Oszillator, dann können Sie komplett auf eine externe Zusatzbeschaltung verzichten. Das vereinfacht den Aufbau und spart natürlich vor allem etwas Geld und Platz. Allerdings ist der interne Oszillator nie so genau wie ein Taktgenerator auf Quarzbasis und eignet sich daher (genauso wie Signalgeneratoren) nicht für zeitkritische Applikationen, wenn es darum geht, ein präzises Timing einzuhalten. AVRs werden stets so ausgeliefert, dass der interne Oszillator mit einer Frequenz von 1 MHz als Taktquelle vorprogrammiert ist. Deshalb können Sie im ersten Versuchsaufbau auch auf eine externe Taktbeschaltung verzichten. Das setzt aber voraus, dass sie einen bisher unbenutzten ATmega8 benutzen oder diesen zuvor löschen und die Fuse Bits auf die Standardwerte zurücksetzen.

Wie auch bei Computer-CPUs können Sie einen Mikrocontroller übertakten (Overclocking) und ihn mit einer Frequenz betreiben, die über der vom Hersteller angegebenen Grenze liegt. In gewissen Grenzen ist dies meistens möglich. Allerdings bewegen Sie sich dann außerhalb der Spezifikation und es kann nicht gewährleistet werden, dass die Übertaktung, die an einem Chip funktionierte, auch an allen anderen zur fehlerfreien Programmausführung führt. Zudem liegt das Problem, welches Sie durch Overclocking versuchen zu umgehen, oft woanders: Ihr Programmcode ist nicht optimal oder Sie haben sich für einen falschen Prozessortyp entschieden.

Wie Sie ab Seite 65 im Abschnitt Exkurs: *Compiler und makefile* erfahren, wird beim compilieren auch die Taktrate angegeben, mit der ihr Mikrocontroller betrieben wird. Wenn die angegebene Taktrate nicht mit der tatsächlichen übereinstimmt, liefern Berechnungen für zeitliches Verhalten falsche Ergebnisse, und es kommt zu unerwarteten Phänomenen wie zum Beispiel dem zu schnellen oder langsamen Blinken der LED aus dem Miniprojekt oder zu Verbindungsproblemen bei der Kommunikation über die serielle Schnittstelle etc. Ändern Sie die Taktrate, müssen Sie also in den meisten Fällen auch Ihr Programm neu übersetzen und in den Mikrocontroller übertragen.

3.2 Das erste Programm compilieren

In diesem Kapitel geht es noch nicht darum, die Programmierung und den Programmcode im Einzelnen zu verstehen – das holen Sie dann in den folgenden Kapiteln nach. Als erste Aufgabe steht die Übersetzung eines vorgegebenen C Sourcecodes an. Das Programm ist kurz gehalten und lässt die angeschlossene LED mit ca. 2 Hz (also zweimal pro Sekunde) endlos blinken.

1. Starten Sie dazu den Editor (gemeint ist stets Programmers Notepad aus dem WinAVR-Paket) und öffnen Sie die Datei `LED.C` aus dem Verzeichnis `LED1`.

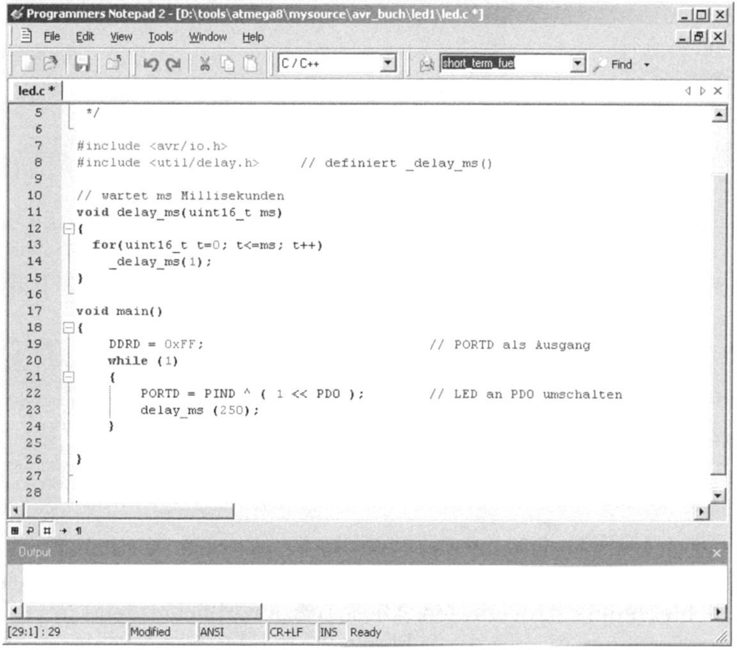

Abbildung 3.9: *Das erste Programm im Editor.*

2. Wählen Sie Tools/[WinAVR] Make Clean. Im Ausgabefenster (Output. Ggf. etwas vergrößern, indem Sie die Maus zwischen dem Programm- und dem Ausgabefenster auf den Übergang zwischen der hellgrauen Symbolleiste und dem dunklen Fenstertitel stellen, bis sie sich in einen Doppelpfeil verändert und dann den Rahmen in der Höhe verschieben) erscheinen ein paar Textausgaben.

3. Anschließend mit Tools/[WinAVR] Make All das Programm compilieren. Wieder gibt es Textausgaben, die Sie über den Fortschritt des Vorgangs informieren und mit der Anzeige des Speicherbedarfs und dem Exit Code, welcher „0" sein muss, enden sollte.

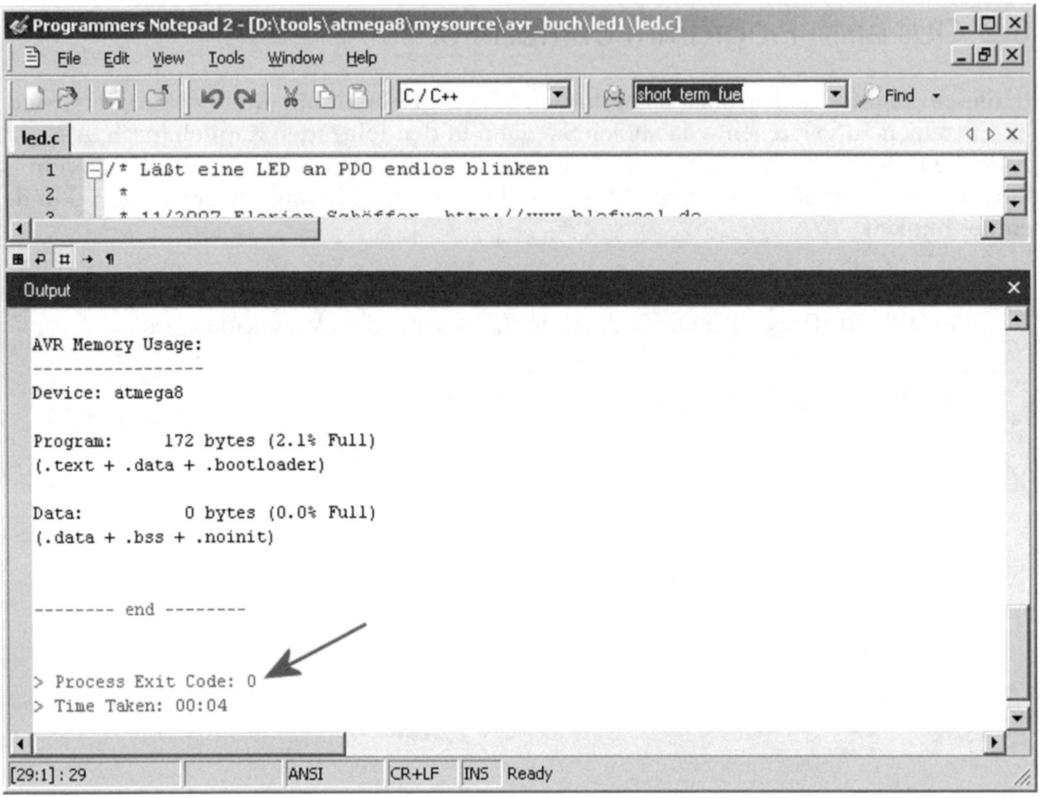

Abbildung 3.10: *Programm fertig compiliert.*

4. Sollte es zu einem Fehler beim Durchlauf des Compilers kommen, wird als Exit Code eine „2" ausgegeben. In den davor stehenden Ausgaben werden Sie dann Hinweise auf den Grund für den Fehler (engl.: error) finden. Diese werden üblicherweise in violetter Farbe hervorgehoben. Beginnen Sie mit der Fehlersuche bei der ersten Fehlermeldung. Warnungen (engl.: warning) können Sie erst einmal ignorieren. Klicken Sie auf den Fehlerhinweis und die verursachende Stelle im Quellcodefenster wird mit der Schreibmarke angesprungen. Nach dem Sie einen Fehler behoben haben, starten Sie den Compiliervorgang mit Tools/[WinAVR] Make All erneut, damit Abhängigkeitsfehler aus der Fehlerliste eliminiert werden. Korrigieren Sie eventuell vorhandene Fehler, bis der Compiler fehlerfrei durchläuft.

5. Im Verzeichnis, in dem sich die Datei mit dem Quellcode befand, sind nun verschiedene weitere Dateien entstanden. Dabei handelt es sich u. a. um die bei C üblichen Linker- und Objektdateien. Für die Programmierung des Mikrocontrollers ist lediglich die Datei `LED.HEX` interessant. Diese enthält den fertigen Maschinencode in Form von Bytes, welcher jetzt in den Flash-Speicher des µC übertragen werden muss. Wenn Sie wollen, können Sie die Datei mit einem Texteditor öffnen und sich die Bytes anschauen.

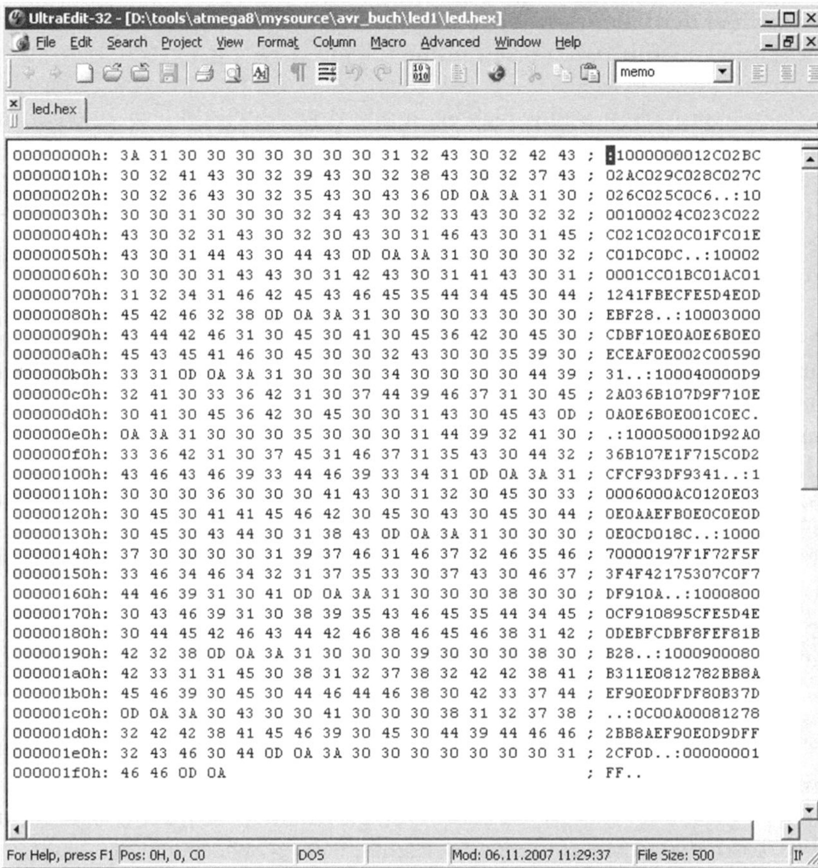

Abbildung 3.11: Inhalt der HEX-Datei.

Das INTEL Hex-Format dient zum Übertragen von binären Daten und stellt nicht ein 1:1 Speicherabbild des Flash-Speichers dar. Die Daten werden blockweise ASCII-codiert, so dass die Übertragung nur aus druckbaren Zeichen besteht. Eine ausführliche Beschreibung des Dateiformates finden Sie im Internet u. a. auf der Seite http://en.wikipedia.org/wiki/Intel_HEX.

3.2.1 Exkurs: Compiler und makefile

Je nachdem, wie Sie bisher in C entwickelt haben, kennen Sie vielleicht schon die Funktionsweise eines makefiles . Entwicklungsumgebungen wie Visual-C, die Programme nur für ein bestimmtes Betriebssystem erzeugen, nutzen üblicherweise ein anderes Konzept. *make* ist eine Arbeitserleichterung, wie sie hauptsächlich unter Unix benutzt wird. Wenn ein Paket aus mehreren Programmen oder Programmteilen auf einem Unix-System zum Einsatz kommen soll, dann muss es der Anwender oft zuvor erst compilieren. Das ist notwendig, da es sehr viele verschiedene Unix-Derivate auf vielen verschiedenen CPUs gibt – im Gegensatz zu beispielsweise MS-DOS/Windows auf einer x86-kompatiblen CPU. Der Softwareentwickler kann oder will nicht für alle Systeme ein fertiges Binärfile (das lauffähige Programm) erzeugen. Stattdessen stellt er den Code zur Verfügung, und der Anwender erzeugt sich die zu seinem System passenden ausführbaren Programme selber.

Üblicherweise muss dazu aber nicht nur eine Datei compiliert werden, sondern eine ganze Reihe von untereinander abhängigen. Es ist dann ziemlich mühsam, wenn man alle Aufrufe des Compilers, Linkers usw. von Hand in der Eingabeaufforderung (Shell) eintippen muss. Dazu gibt es make: In einer zusätzlichen Datei – dem makefile – stehen alle notwendigen Befehle, um das ganze Paket zu erzeugen und ggf. auch gleich zu installieren. make ist sehr mächtig und kann zum Beispiel auch diverse Skriptbefehle ausführen.

Der Compiler schickt den Quellcode zuerst durch den Präprozessor, um einige Änderungen am Code vorzunehmen (beispielsweise Ersetzen von Makros mit #define und Einbinden von Dateien über #include) und erstellt dann aus dem Programmtext ein (lesbares) Assemblerprogramm, das anschließend weiter in eine so genannte Objektdatei umgesetzt wird. Diese enthält zwar bereits den in Maschinensprache übersetzten Programmtext, ist aber noch nicht ablauffähig. Der Grund: Viele der Funktionen, die man in solch einem Programm aufruft, stehen bereits fertig übersetzt in den so genannten Bibliotheksdateien. Zudem werden bei größeren Projekten in der Regel mehrere Quelldateien erstellt, um die Übersicht zu verbessern und die Arbeit auf mehrere Programmierer verteilen zu können. Die Bibliotheken sind meist bei WinAVR Verzeichnis `AVR/INCLUDE` untergebracht. Der Linker sucht nun in den Objektdateien nach solchen Aufrufen und verbindet diese mit den Funktionen, die er in den Bibliotheksdateien findet. Aus alldem erstellt er dann das ausführbare Programm.

Bei der Mikrocontroller-Programmierung sieht es ähnlich aus: Im Grunde können Sie Quellcode schreiben, der auf jedem Prozessor lauffähig ist. Sie müssen aus Ihrem Programm aber für (fast) jeden Prozessor neuen Maschinencode erzeugen, denn zwischen den einzelnen Prozessoren gibt es meistens (oft nur kleine) Unterschiede. So können die Register anders benannt sein, es gibt mehr oder weniger Befehle, der Speicherausbau ist unterschiedlich usw. Ihr Compiler muss wissen, für welchen Prozessor er den Sourcecode übersetzen soll, damit der fertige Maschinencode optimal und lauffähig ist. Die meisten AVRs sind nicht Codekompatibel . Dies liegt an den unterschiedlichen Registern über die z. B. der Zugriff auf I/O-Ports abläuft oder die für die Interruptbehandlung (siehe Seite 168) entscheidend sind.

Bei AVR-GCC wird im makefile zum Beispiel angegeben, mit welcher Taktrate der Prozessor betrieben wird und um welchen AVR-Typen es sich handelt. Die Angabe der Taktrate ist vor allem für Programme wichtig, die zeitliche Berechnungen beinhalten. Dazu gehören z. B. Verzögerungen oder auch Baudratenberechnungen für die serielle Kommunikation. Um einen bestimmten Zeitabschnitt zu messen, muss das Programm nämlich wissen, wie viele Taktimpulse pro Sekunde am Mikrocontroller anliegen, um dann entsprechend berechnen zu können, wie viele Takte dem benötigten Zeitabschnitt entsprechen.

Wenn Sie im Editor den Menüpunkt *Tools/[WinAVR] Make All* aufrufen, dann nutzen Sie `MAKE` aus dem Ordner `UTILS/BIN` von WinAVR und übergeben die Option „all", welche nichts anderes als ein Sprungziel in der Datei `MAKEFILE` ist. Die Datei `MAKEFILE` (ohne Dateisuffix) befindet sich üblicherweise im gleichen Ordner wie auch Ihr Quellcode (im Beispiel `LCD.C`). Ebenso verhält es sich mit den Menüpunkten für *Clear* und *Program*. Im makefile stehen dann die Skriptbefehle, welche abgearbeitet werden sollen. Hier können Sie auch eigene Anpassungen vornehmen, wenn Sie beispielsweise bestimmte Optimierungsoptionen wünschen etc.

Die drei wichtigsten Sprungziele im makefile für Sie sind die folgenden, die Sie über die drei Menüpunkte *Tool/[WinAVR]...* im Editor auswählen können:

- **Make Clean**. Löscht alle Dateien, die während des Compilierens als Teilergebnis erzeugt wurden und die jederzeit wieder aus dem Quellcode heraus erzeugt werden können. Dazu gehören die dependencies (engl.: Abhängigkeiten – andere Module, die zuerst compiliert werden müssen, da dieser Code davon abhängig ist), Objektdateien und Dateien mit dem fertigen Maschinencode. Bei größeren Projekten, die Module beinhalten, die sich zwischen zwei Compiliervorgängen geändert haben (können), sollte Clean durchgeführt werden, damit keine alten dependencies genutzt werden.
- **Make All**. Erzeugt unter Berücksichtigung der Angaben im makefile die fertige Maschinencodedatei und gibt eventuell auftretende Fehlermeldungen des Compilers im Ausgabefenster aus.
- **Program**. Ruft avrdude aus dem makefile heraus auf und kopiert die fertige Maschinencodedatei mit Hilfe des Programmieradapters in den Mikrocontroller. Zum jetzigen Zeitpunkt ist das makefile dafür noch nicht vorgesehen. Ab Seite 71 werden Ihnen die notwendigen Anpassungen gezeigt.

Programmers Notepad benutzt beim Aufruf eines Eintrages aus dem Menü Tool immer das makefile, welches sich im gleichen Ordner befindet, in dem sich auch die Quellcodedatei befindet, die gerade aktiv ist, also in dessen Fenster der Cursor blinkt. Sie können also durchaus mehrere verschiedene C-Programme in verschiedenen Fenstern geöffnet haben und auch getrennt voneinander compilieren lassen. Damit Sie keine Probleme bekommen, empfiehlt es sich, für jedes eigenständige C-Programm einen eigenen Dateiordner anzulegen, in dem sich dann die Quelltextdatei (`*.C`), das zugehörige makefile (`MAKEFILE`) und nach dem Compilieren die fertige Hex-Datei (`*.HEX`) neben den beim Compilieren erzeugten Zwischendateien befindet.

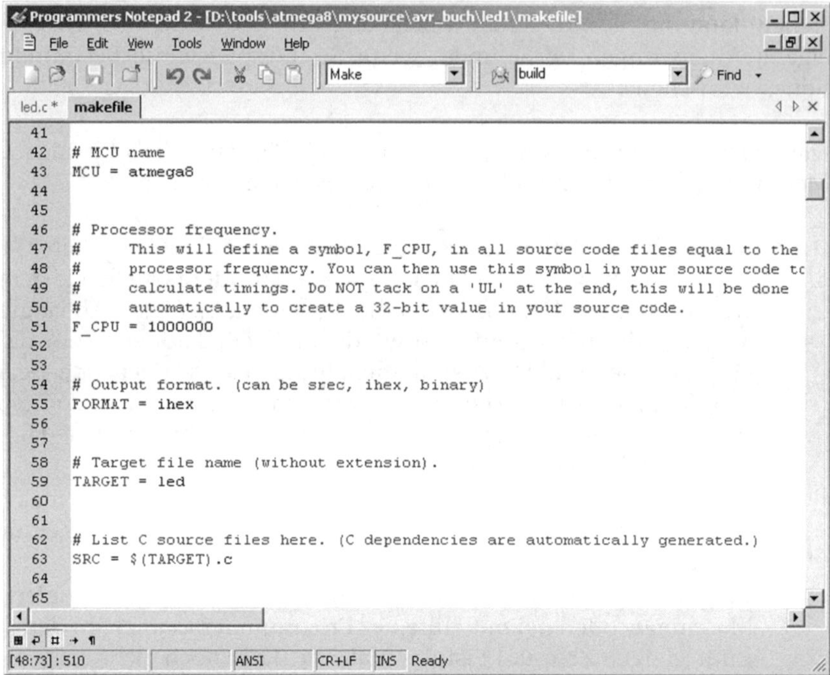

Abbildung 3.12: *Auszug aus dem makefile für das Miniprojekt.*

Anpassungen am makefile sind eine Wissenschaft für sich. Die in diesem Buch vorgestellten Programmcodes sind alle mit dem im jeweiligen Ordner beigefügten makefile übersetzbar, so dass Sie sich auf minimale Anpassungen beschränken können. Dazu gehören vor allem die ersten Angaben in der Datei `MAKEFILE`, wobei Kommentare mit einem „#" eingeleitet werden:

Variablenname	Funktion
MCU	Angabe des AVR-Typen. Bspw.: atmega8, atmega16
F_CPU	Taktrate des Prozessors in Hz
FORMAT	Ausgabeformat für die Maschinencodedatei. Für die meistens verwendete Form Intel-Hex: ihex
TARGET	Dateiname für die Zieldatei (Hexdaten) ohne Dateisuffix. Gleichzeitig auch Dateiname für den Sourcecode, da folgende Einstellung gewählt wurde.
SRC	Angabe der Quellcodedatei. Nutzt standardmäßig die Variable TARGET und ergänzt diese um „.c". Für C Quellcodedateien sollten Sie deshalb immer dieses Suffix benutzen. Hier können Sie ggf. auch noch weitere Dateien durch Leerzeichen getrennt auflisten, die für das Projekt gleich mitcompiliert werden müssen.

Kopieren Sie später für eigene Projekte einfach ein bestehendes makefile in den neuen Projektordner und passen Sie die Angaben MCU, F_CPU und TARGET entsprechend an – dann sollten Sie keine Probleme bei der Eigenentwicklung bekommen.

3.3 Den Mikrocontroller programmieren

Nach dem Sie die Hex-Datei für den Mikrocontroller vom Compiler haben erzeugen lassen, muss diese nur noch in den μC übertragen werden. Da hierbei erfahrungsgemäß einige Probleme auftreten können, werden hier alle Varianten detailliert betrachtet, die zu den vorgestellten Programmieradaptern und Brennprogrammen passen. Für welche Lösung Sie sich dann letztendlich entscheiden, bleibt Ihnen überlassen. Erfahrungsgemäß kann es sogar vorkommen, dass mit einer Programmiersoftware die Hex-Datei scheinbar fehlerfrei übertragen wurde, bei der Programmausführung sich dann aber herausstellt, dass dem nicht so ist und erst nach dem Brennen mit einer anderen Software der Code sauber ausgeführt wird.
Nach dem Sie diesen letzten Schritt dann durchgeführt haben, ist das Miniprojekt abgeschlossen und Sie sollten Ihren ersten erfolgreich aufgebauten und programmierten Mikrocontroller vor sich zu stehen haben. Zugegeben: Eine blinkende LED ist noch kein echtes Highlight, aber Sie haben jetzt schon eine Menge gelernt und kennen die wichtigsten Arbeitsabläufe. Lediglich Kapitel 3.4 wartet noch darauf, von Ihnen verinnerlicht zu werden, um die Einführung zu komplettieren.

3.3.1 yaap

Mit yaap haben Sie die Möglichkeit, Ihre Kombination aus Hard- und Programmiersoftware auf einfache Weise zu testen:

1. Verbinden Sie Ihren PC über den parallelen Programmer mit dem Mikrocontroller-Aufbau und versorgen Sie die Beispielschaltung mit der Betriebsspannung.
2. Klicken Sie in yaap auf die Schaltfläche *Detect Device*. Daraufhin sollte im Feld daneben die Typenbezeichnung des Prozessors erscheinen: *ATmega8*.

Abbildung 3.13: *Prozessorerkennung in yaap.*

3. Im Fehlerfall gibt es einen Hinweis per Dialogfeld und anschließend steht in dem Feld *Error*. Überprüfen Sie dann Ihre Hardware: Haben Sie den Programmer und das Miniprojekt richtig aufgebaut? Sollten Sie keinen Fehler finden können, probieren Sie die anderen Programmierprogramme aus, um einen Softwarefehler auszuschließen. Vielleicht haben Sie auch nur noch nicht die ab Seite 41 gezeigte Konfiguration vorgenommen.

Wenn der Mikrocontroller richtig erkannt wurde, können Sie sich eigentlich schon entspannen, denn alles scheint zu funktionieren. Übertragen Sie jetzt das Programm:

1. Wählen Sie Project/New Project oder klicken Sie auf das Symbol mit dem weißen Blatt. Es werden drei Fenster geöffnet: Eins für die Projektbeschreibung, eins für den Inhalt des EEPROMs und eins für den Flash-Speicher.

2. Wenn Sie in yaap Daten aus einer Datei laden möchten, müssen Sie zuvor immer das Fenster aktivieren, in welches die Daten geladen werden sollen. Da Sie den Flash-Speicher beschreiben wollen, holen Sie bitte das Fenster mit dem Titel *Untitled – Flash* nach vorne.

3. Wählen Sie File/Load File (nicht das Dateiöffnen-Symbol benutzen) und wählen Sie die im vorherigen Kapitel erzeugte Hex-Datei `LED.HEX` aus.

Abbildung 3.14: *Der zukünftige Inhalt des Flash-Speichers wurde in yaap geladen.*

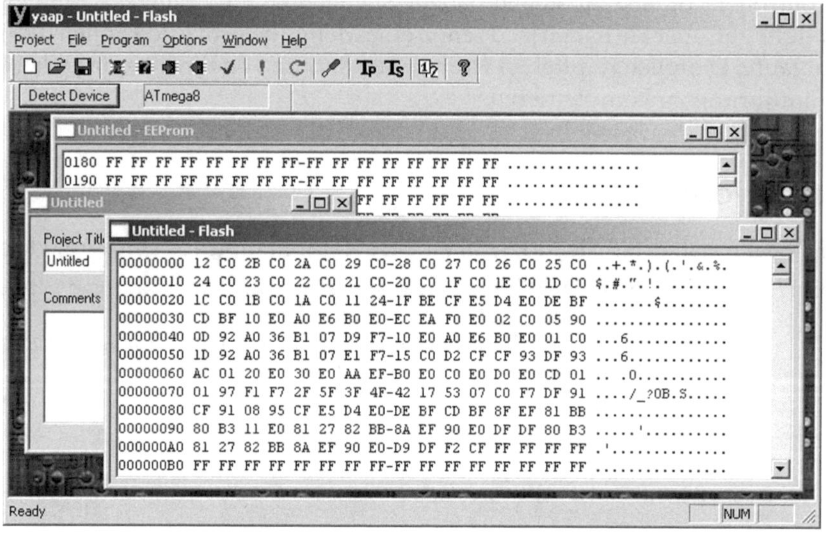

4. Im Fenster sehen Sie nun die Bytes aus der Datei, wie Sie tatsächlich im Flash-Speicher abgelegt werden sollen. Wählen Sie dazu *Program/AutoProgram* oder klicken Sie auf das Symbol mit dem Ausrufezeichen.

5. Während der Datenübertragung zeigen Ihnen die Fortschrittanzeigen den Verlauf an. Sobald die Prozedur abgeschlossen ist, sind Sie fertig, und wenn alles geklappt hat, fängt die LED nun an zu blinken.

3.3.2 AVR8 Burn-O-Mat

AVR8 Burn-O-Mat bietet keine Möglichkeit, die Signatur Bytes (siehe den gleichnamigen Abschnitt im Datenblatt des Mikrocontrollers) des AVRs auszulesen und dann den gefundenen Typen anzuzeigen. Aus diesem Grund müssen Sie dies selbst einstellen:

1. Verbinden Sie Ihren PC über den Programmer (seriell oder parallel) mit dem Mikrocontroller-Aufbau, und versorgen Sie die Beispielschaltung mit der Betriebsspannung.

2. Wählen Sie im oberen Listenfeld den exakten Typ aus, den Sie programmieren wollen. Vergessen Sie dies einmal, wird avrdude (das Programm, welches über die grafische Benutzeroberfläche AVR8 Burn-O-Mat ja eigentlich benutzt wird) eventuell mit einer Fehlermeldung den Vorgang abbrechen. Ähnelt sich der eingestellte und physikalisch vorhandene Prozessor, kann es sein, dass der Programmiervorgang aber auch reibungslos klappt. Vermeiden Sie es trotzdem, nicht den richtigen Typ eingestellt zu haben. Sämtliche Ausgaben von avrdude werden im unteren Textfeld von AVR8 Burn-O-Mat ausgegeben.

3. Wählen Sie im Abschnitt EEPROM im Listenfeld rechts neben der Schaltfläche *File* das Format Ihrer Datei mit dem Maschinencode aus: In diesem Fall Intel Hex oder auto für eine automatische Erkennung des Dateiformates.

4. Klicken Sie dann auf *File* im Abschnitt EEPROM, um die zuvor erzeugte Hex-Datei `LED.HEX` zu laden.

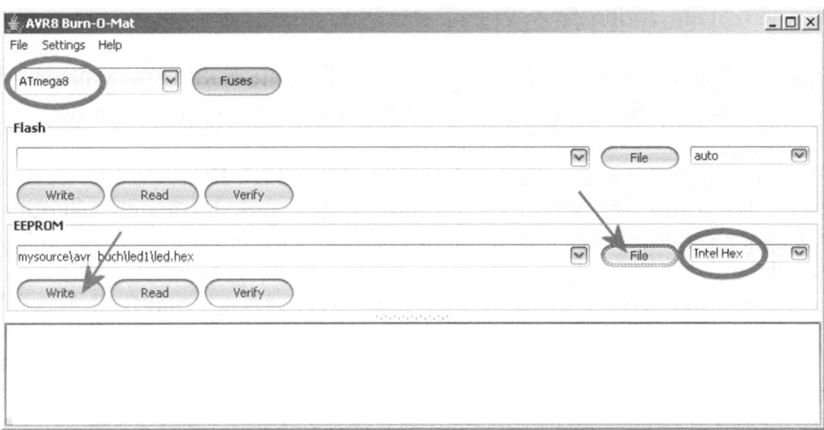

Abbildung 3.15: *Einstellungen in AVR8 Burn-O-Mat.*

5. Durch Anklicken von *Write* im Abschnitt EEPROM starten Sie den Brennvorgang des Flash-Speichers. Anschließend informiert Sie ein Dialogfeld über Erfolg oder einen aufgetretenen Fehler. Gab es einen Fehler beim Programmieren und die LED im Miniprojekt beginnt nicht zu blinken, prüfen Sie zuerst die Konfigurationseinstellungen analog zu den Ausführungen ab Seite 43.

3.3.3 avrdude aus dem Editor heraus aufrufen

Mit AVR8 Burn-O-Mat haben Sie bereits eine Möglichkeit an der Hand, das mächtige Programm avrdude komfortabel zu nutzen. Wirklich bequem wird es aber erst, wenn Sie Ihr Softwareentwicklungstool gar nicht mehr verlassen müssen. WinAVR bietet im Programmers Notepad diese Möglichkeit: Per Menüaufruf können Sie den zuvor compilierten Code auch gleich in den angeschlossenen Mikrocontroller übertragen. Dazu ist es allerdings erforderlich, das makefile zum Quellcode anzupassen, da Sie dort einstellen, welcher Programmieradapter an welcher Computerschnittstelle angeschlossen ist.

1. Öffnen Sie die Datei `MAKEFILE` in einem beliebigen Editor – am besten gleich im Programmers Notepad.

2. Für die Konfiguration von avrdude sind u. a. die folgenden beiden Parameter wichtig. Tragen Sie die zu Ihrem Brenner passenden Angaben ein und speichern Sie die Datei wieder ab.

Variablenname	**Funktion**
AVRDUDE_PROGRAMMER	Angabe des Programmiergerätbezeichner. stk200 oder ponyser für die beiden hier im Buch vorgestellten Geräte genau wie bei AVR8 Burn-O-Mat (siehe Seite 49).
AVRDUDE_PORT	Computerschnittstelle, an die das Gerät angeschlossen ist. Meistens lpt1 oder com1.

3. Öffnen Sie im PN entweder den Quellcode oder das makefile des Projektes, das Sie in den Mikrocontroller übertragen wollen.

4. Verbinden Sie Ihren PC über den Programmer (seriell oder parallel) mit dem Mikrocontroller-Aufbau und versorgen Sie die Beispielschaltung mit der Betriebsspannung.

5. Wählen Sie im Menü *Tool/Program*, um die (zuvor compilierte) Hex-Datei zu übertragen. Im Ausgabefenster wird der Verlauf des Brennvorganges und der anschließenden Überprüfung der geschriebenen Daten dokumentiert. Wie auch beim Compilieren bedeutet ein Exit Code von „0", dass alles geklappt hat. Wenn dem nicht so ist, so schauen Sie sich die Ausgaben von avrdude an, die Ihnen einen Hinweis auf den Fehlergrund liefern sollten.

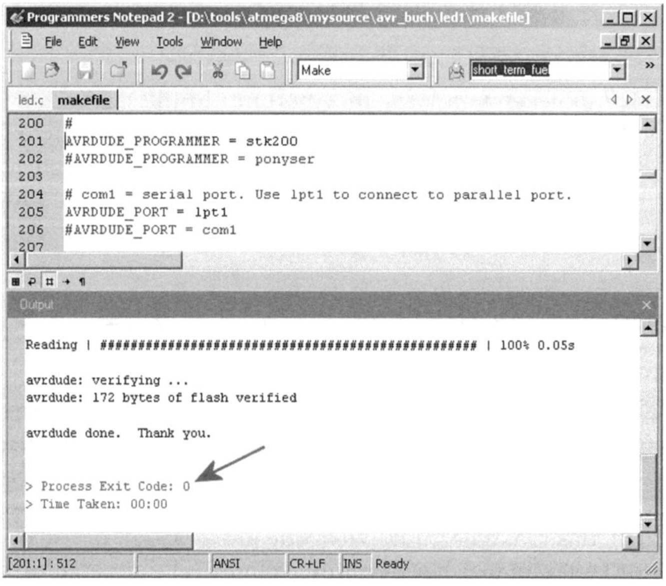

Abbildung 3.16: *Makefile und erfolgreiches Brennen mit avrdude.*

Direkt von PN aus den Brennvorgang zu starten ist während der Softwareentwicklung natürlich die bequemste Lösung, da Sie das Programm nicht zu wechseln brauchen. Mit avrdude können Sie natürlich auch die Fuse Bits programmieren. Allerdings macht dies keinen Spaß, und es wird dringend empfohlen, die in einem Programm mit grafischer Benutzeroberfläche zu erledigen. Zudem ist es auch bequem ein Programm zu haben, welches eine fertige Hex-Datei öffnen und dann brennen kann, weshalb die beiden anderen Varianten eben auch vorgestellt wurden.

3.4 Konfiguration des AVRs mittels Fuse Bits und Security Bits

Zu den wohl am meisten mit Rätseln verbundenen Eigenarten der AVRs gehören die Fuse Bits. Eigentlich sind sie relativ einfach zu verstehen und anzuwenden. Atmel hat es allerdings geschafft, aus einer aus technischer Sicht vielleicht richtigen Dokumentation ein großes Verwirrspiel zu gestalten. Als Folge dessen findet man in jedem Mikrocontroller-Forum regelmäßig Anwender, die es geschafft haben, sich von ihrem Mikrocontroller auszusperren und ihn nun nur noch in den Müll werfen können oder tief in die Trickkiste greifen müssen.

Die Fuse Bits übernehmen eine ganz einfache Aufgabe: Mit ihnen können Sie den AVR konfigurieren und an Ihr Projekt anpassen. Mit den Security Bits können Sie den Mikrocontroller und Ihren Programmcode vor dem Auslesen schützen.

3.4.1 Die wichtigsten Fuse Bits

Zu den wichtigsten Einstellungen gehören bei jedem AVR:

- Aktivierung und Konfiguration der Brownout-Erkennung.
- Konfiguration der Taktquellenart (vgl. S. 59) und ggf. der Taktgeschwindigkeit.
- Schutz des EEPROMs beim Beschreiben des Flash-Speichers.
- Umschalten zwischen der Funktionsweise des Reset-Pins: Als Reseteingang oder als I/O-Pin.
- Einstellen, über welche Schnittstelle der Mikrocontroller programmiert werden kann.
- Operationen für den Bootloader.

Die Informationen zu diesen und anderen Fuse Bits finden Sie im Datenblatt zum Prozessor im Abschnitt *Memory Programming* zusammengefasst aber auch oft an anderen kontextbezogenen Stellen ausführlicher behandelt.
Die Krux mit dem Datenblatt ist, dass dort im Grunde eine inverse Logik benutzt wird: Ein programmiertes Fuse Bit wird als „0" bezeichnet, ein unprogrammiertes als „1" – das widerspricht den Erwartungen, die man normalerweise hat. Um die Sache weiter zu verwirren, nutzen alle gängigen Brennprogramme Checkboxen zur Einstellung der Fuse Bits, die ein programmiertes Bit („0") mit einem sichtbaren Häkchen darstellen, was üblicherweise eher mit einer „1" assoziiert wird. Merken Sie sich deshalb die Regel:

Bit programmiert = „0" = Häkchen sichtbar ☑

Das Problem ist nämlich, dass falsch programmierte Fuse Bits dazu führen können, dass der Prozessor das Programm nicht oder mit der falschen Taktrate ausführt, Sie ihn gar nicht mehr umprogrammieren können oder ähnlich Ärgerliches. Deshalb wurde im Miniprojekt auch darauf verzichtet, die Fuse Bits zu ändern und Sie sollten wirklich erst sicherstellen, dass Sie mit einer der vorgestellten Brennprogramme yaap oder AVR8 Burn-O-Mat arbeiten können.

Mit welchem Programm Sie arbeiten ist egal, und beide sind weitestgehend identisch zu bedienen:

1. Wählen Sie zuerst den benutzten Controller aus. In yaap können Sie dazu die automatische Erkennung *Detect Device* nutzen.

2. In yaap müssen Sie nun zuerst ein neues Projekt beginnen (*Project/New Project*) bevor Sie *Program/LockBits & Fuses* wählen können. In AVR8 Burn-O-Mat klicken Sie gleich auf die Schaltfläche *Fuses* neben der Typenauswahl.

3. Jetzt kommt ein enorm wichtiger Schritt: Sie sehen nun die zum Prozessor passenden Fuse Bits. Allerdings liest nur yaap automatisch die derzeitigen Einstellungen aus dem Prozessor aus und zeigt sie an. AVR8 Burn-O-Mat und viele andere Programmer machen das nicht. Das führt dazu, dass Sie die tatsächlich vorhanden Einstellungen mit nur einem Klick auf die Schaltfläche für den Schreibvorgang völlig falsch überschreiben und danach garantiert Probleme beim Zugriff auf den Mikrocontroller bekommen. Klicken Sie also unbedingt als Erstes auf *Read Fuses* – am besten automatisch und in jedem Programmer, so dass es Ihnen ins Blut übergeht.

4. Sie sehen nun die tatsächlich programmierten Fuse Bits mit einem Häkchen markiert und können die Einstellungen ändern. In beiden Programmen werden die von Atmel vorgegebenen kurzen Bezeichner (ca. 4...8 Zeichen lang) angezeigt und in AVR8 Burn-O-Mat zusätzlich noch eine Kurzbeschreibung. In AVR8 Burn-O-Mat müssen Sie oben rechts im Listenfeld *Mode: expert* einstellen, wenn Sie die rot unterlegten Bits ändern möchten. Dies ist eine Schutzfunktion, da falsche Einstellungen an diesen Bits besonders problematisch sein können.

5. So lange Sie die Einstellungen nicht in den AVR übertragen (schreiben), haben die Änderungen keine Auswirkung, und Sie können mit der Oberfläche experimentieren.

6. Mit *Write Fuses* werden die gegenwärtigen Einstellungen dann umgehend in den AVR programmiert.

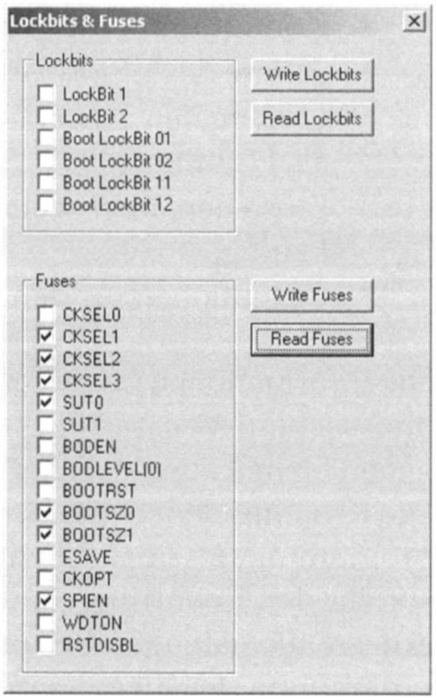

Abbildung 3.17: *ATmega8 Fuse Bits in yaap.*

Benutzen Sie einen kauffrischen AVR, dann sind die standardmäßigen Fuse Bits (wie im Datenblatt angegeben) program-

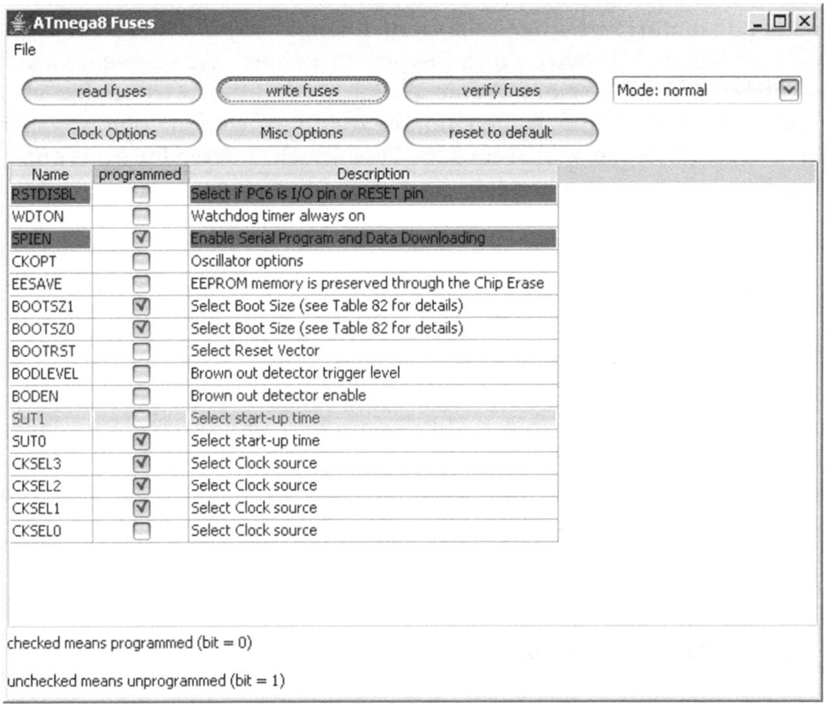

Abbildung 3.18: *ATmega8 Fuse Bits in AVR8 Burn-O-Mat.*

miert. Mit *Reset To Default* können Sie in AVR8 Burn-O-Mat diese Standardkonfiguration für alle Bits übernehmen (der AVR wird dabei noch nicht programmiert). In AVR8 Burn-O-Mat versteckt sich hinter den Schaltflächen *Misc Options* und *Clock Options* ein praktisches Hilfsmittel: Für gängige AVRs können Sie hier bestimmte Funktionen als Klartext lesen und konfigurieren. Mit Klick auf *Apply* oder *OK* werden dann die dafür notwendigen Bits programmiert bzw. gelöscht.

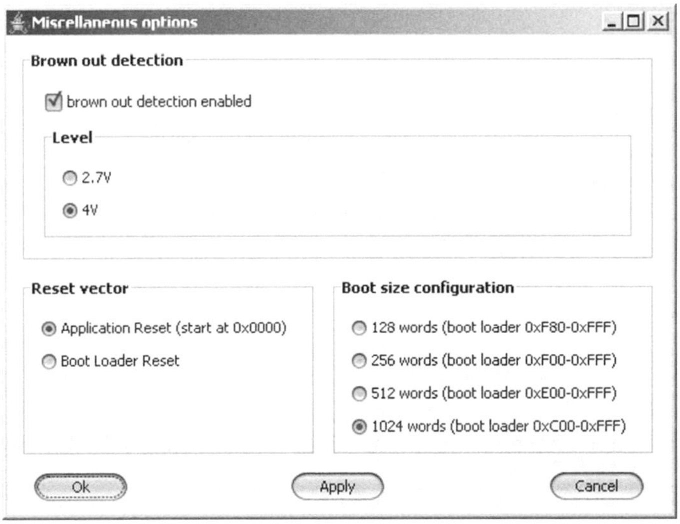

Abbildung 3.19: *Konfigurationshilfe in AVR8 Burn-O-Mat.*

Da nicht alle Parameter so komfortabel eingestellt werden können, sind Sie darauf angewiesen, die Fuse Bits auch ohne Hilfe setzen und löschen zu können. Aus diesem Grund werden hier alle wichtigen Fuse Bits eines ATmega8 kurz vorgestellt, wobei Sie aber trotzdem einen Blick ins Datenblatt werfen sollten, um die Ausführungen mit den Angaben dort zu vergleichen und so zu verstehen, zumal einzelne Typen auch anderen Fuse Bits unterstützen können und es sich hier um die Bits handelt, die den wichtigsten AVRs gleich sind.

Fuse Bit	Standard	Funktion
RSTDISBL	☐	Der Reset-Pin dient zum Reset oder als I/O-Pin

Im Normalfall können Sie über den Reset-Pin den Mikrocontroller zurücksetzen. Sie können diesen Pin aber auch als Datenleitung benutzen. In diesem Fall können Sie ihn aber nicht mehr wie bisher per SPI programmieren – also auch nicht die Einstellung der Fuse Bits ändern, da beim seriellen Programmieren zu Beginn des Vorgangs vom Brenner ein Reset ausgelöst werden muss. Dieses Fuse Bit sollten Sie anfangs nicht verändern.

Fuse Bit	Standard	Funktion
WDTON	☐	Watchdog Timer einschalten

Über den Watchdog kann der Prozessor automatisch zurückgesetzt werden, wenn sich beispielsweise das Programm aufgehängt hat (siehe Seite 176). Bei unprogrammiertem Fuse Bit wird im Programm ein expliziter Start des Watchdog Timers benötigt.

Fuse Bit	Standard	Funktion
SPIEN	☑	Serielle Datenübertragung beim Brennen erlauben

Bei deaktivierter Funktion können keine Daten per SPI zum Prozessor übertragen werden, und es wird ein Programmieradapter für das parallele High Voltage Programmieren benötigt (gemeint ist nicht die Computerschnittstelle, sondern die Schnittstelle auf der Seite des Mikrocontrollers). Dieses Fuse Bit sollten Sie anfangs nicht verändern.

Fuse Bit	Standard	Funktion
CKOPT	☐	Zusammen mit CKSELx Einstellen der externen Taktrate

Bei unprogrammiertem Bit ist der externe Takt auf maximal 8 MHz beschränkt. Ein programmiertes Bit erlaubt bis zu 16 MHz.

Fuse Bit	Standard	Funktion
EESAVE	☐	EEPROM vor dem Löschen schützen

Normalerweise wird der Inhalt des EEPROMs beim Beschreiben des Flash-Speichers automatisch geleert (s. auch Seite 204). Wollen Sie dort abgelegte Werte beibehalten, können Sie das Bit setzen und dann bei Bedarf das EEPROM manuell löschen.

Fuse Bit	Standard	Funktion
BOOTSZ1	☑	Größe des Bootloaders
BOOTSZ0	☑	

Entsprechend den Angaben im Datenblatt können Sie die Größe des Bootbereiches ändern, indem Sie die beiden Bits jeweils konfigurieren. Die Änderung ist in der Regel zu Beginn nicht erforderlich. Erst wenn Sie an die Grenze des verfügbaren Speichers kommen, lohnt es sich, den reservierten Speicher für den Bootloader zu minimieren, um so mehr Platz für den Programmcode zu bekommen.

Fuse Bit	Standard	Funktion
BOOTRST	☐	Sprungziel bei Reset festlegen

Mit diesem Fuse Bit können Sie einstellen, ob nach einem Reset der Programmcode ausgeführt werden soll, oder in den Bereich des Bootloaders gesprungen wird, um dort den Code auszuführen. Solange Sie keinen eigenen Bootloader benutzen, brauchen Sie hier nichts zu ändern.

Fuse Bit	Standard	Funktion
BODLEVEL	☐	Schwellspannung für Brownout-Erkennung
BODEN	☐	Brownout-Erkennung aktivieren

Die Vorgabe legt fest, dass beim Absinken der Versorgungsspannung auf 2,7 V die Brownout-Erkennung ein Reset auslöst, wenn auch das Bit BODEN programmiert ist. Bei programmiertem Bit BODLEVEL wird ein Reset bei 4,0 V ausgelöst. Da in allen Schaltungen in diesem Buch keine externe Brownout-Erkennung aufgebaut ist (vgl. S. 30), muss BODEN stets programmiert werden, um Datenverluste zu vermeiden. Bei dem Miniprojekt ist dies bisher nicht der Fall und das Risiko wird in Kauf genommen. Wird die Mikrocontroller-Schaltung mit 5 V betrieben, empfiehlt es sich, die Schwellspannung auf 4,0 V zu programmieren. Betreiben Sie den Prozessor mit ca. 3,0 V, müssen Sie natürlich auch einen niedrigeren Schwellwert für die Brownout-Erkennung einstellen, da ansonsten auch bei korrekt anliegender Spannung ständig ein Reset ausgelöst wird.

Fuse Bit	Standard	Funktion
SUT1	☐	Wartezeit beim Hochfahren
SUT0	☑	

Wie bereits auf Seite 59 ausgeführt, muss der μC je nach Taktgenerator ein wenig auf dessen vollständiges Anschwingen warten. Wenn es nicht unbedingt notwendig ist den Prozessor möglichst schnell anzufahren, dann empfiehlt es sich, die maximal mögliche und vorgegebene Zeit nach einem Reset oder dem Anlegen der Spannung etc. zu warten. Die Dauer der Verzögerung ist abhängig von der mit den Bits CKSELx eingestellten Taktquelle. Als Faustregel kann man sagen, dass die Vorgabe für alle Taktquellen bis auf Schwingquarze geeignet ist. Bei Verwendung eines Quarzes kann man in der Regel bei aktivierter Brownout-Erkennung davon ausgehen, dass die beiden Fuse Bits genau andersherum eingestellt werden sollten.

Fuse Bit	Standard	Funktion
CKSEL3	☑	Taktquelle einstellen
CKSEL2	☑	
CKSEL1	☑	
CKSEL0	☐	

Vom Werk her wird ein AVR so ausgeliefert, dass der interne Taktgeber mit einer Frequenz von 1 MHz benutzt wird. Aus diesem Grund benötigt das Miniprojekt auch keine Taktquelle und die Fuse Bits müssen nicht eingestellt werden. Die richtige Wahl der Zustände für diese vier Bits bereitet die meisten Probleme. Im Datenblatt sind die jeweiligen Kombinationen alle aufgeführt. Zuerst einmal muss man wählen, welche Taktquelle man angeschlossen hat. Wie bereits ab Seite 59 ausgeführt, gibt es verschiedene Wege. Wichtig ist dabei zu beachten, dass ein Quarzoszillator wie ein Signalgenerator arbeitet, da er ja an seinem Ausgang ein fertiges Rechtecksignal liefert. Im Datenblatt muss man dann deshalb im Abschnitt *External Clock* nach den Einstellungen für die Fuse Bits schauen und darf nicht etwa die Werte für einen Schwingquarz (engl. Crystal Oscillator) benutzen. Ebenso leicht zu verwechseln ist der Quarz mit einem RC-Schwingkreis, welcher im englischen als RC-Oscillator bezeichnet wird. Um Ihnen die Einstellungswahl etwas zu erleichtern, hier einige typische Kombinationen für die Prozessoren ATmega 8/16/32/64, die Sie aber stets für den von Ihnen eingesetzten AVR verifizieren sollten:

Taktquelle	SUT1	SUT0	CKOPT	CKSEL3	CKSEL2	CKSEL1	CKSEL0
Intern 1 MHz	☐	☑	☐	☑	☑	☑	☐
Intern 8 MHz	☐	☑	☐	☑	☐	☑	☑
Quarz 3...8 MHz	☑	☐	☐	☐	☐	☐	☐
Quarz 8...20 MHz	☑	☐	☑	☐	☐	☐	☐
Quarzoszillator/Taktgenerator	☐	☑	☐	☑	☑	☑	☑

Wenn Sie sich bei speziellen Taktquellen dennoch unsicher sind, fragen Sie lieber mal in einem Internetforum nach den passenden Einstellungen, bevor Sie etwas falsch konfigurieren. Auch der AVR Fuse Calculator auf der Webseite http://www.engbedded.com/cgi-bin/fc.cgi kann hilfreiche Dienste leisten.

Da der ATmega8 kein JTAG-Interface besitzt, hat er auch kein entsprechendes Konfigurationsbit. Die größeren AVRs kennen aber noch zusätzlich das folgende Fuse Bit, mit dem der Zugriff auf den Mikrocontroller per JTAG zugelassen wird:

Fuse Bit	Standard	Funktion
JTAGEN	☑	JTAG zulassen

Ebenso bieten auch erst die größeren Chips die Möglichkeit, den Programmcode im Prozessor zu debuggen. Dies wird möglich, wenn man das Fuse Bit OCDEN programmiert. Um unnötigen Stromverbrauch im Energiesparmodus zu vermeiden, sollte man OCDEN aber abstellen, wenn die Entwicklung abgeschlossen ist.

Fuse Bit	Standard	Funktion
OCDEN	☐	On-Chip debuggen zulassen

3.4.2 Der Fuse Bit Notfallplan

Haben Sie sich beim Setzen der Fuse Bits quasi den Ast abgesägt, auf dem Sie sitzen, und kommen nun mit der Programmiersoftware nicht mehr an den AVR heran, ist noch nicht alles verloren. Je nach dem, was Sie eingestellt haben, können Sie Ihren Mikrocontroller eventuell wiederbeleben. Eigentlich ist er ja auch gar nicht tot, sondern Sie haben nur eine Systemumgebung konfiguriert, die nicht den tatsächlichen Verhältnissen entspricht – per Fuse Bits können Sie den μC nicht beschädigen. Vorteilhaft ist es, wenn Sie jetzt wissen, was Sie genau eingestellt haben, da dies die Fehlerursache erleichtert und Sie nicht im Dunkeln herum raten müssen.

Aussichtslos wird es, wenn Sie Einstellungen verändert haben, welche die Art des Zugriffs durch den Programmieradapter beeinflussen: also zum Beispiel den Reset Pin zum I/O-Pin umkonfigurieren oder die serielle Datenübertragung deaktivieren. In solchen Fällen benötigen Sie einen Brenner, der die neu eingestellte Methode beherrscht. Besitzen Sie keinen, lohnt es sich finanziell nicht, ihn nur für einen Rettungsversuch anzuschaffen.

Einfacher wird es, wenn Sie nur die Taktrate und/oder die Taktquelle falsch eingestellt haben. Dies gehört zu den häufigsten Ursachen bei Problemen mit Fuse Bits. Im Grunde müssen Sie lediglich die eingestellte Taktquelle mit der in etwa passenden Frequenz an den

Takteingang anschließen. Es ist nicht immer notwendig, aber sicherer, wenn Sie die bisherige und eigentlich gewünschte Taktquelle dazu von den Anschlusspins vorübergehend entfernen. Dann läuft der AVR wieder richtig an und Sie können die richtigen Fuse Bits einprogrammieren und die Behelfstaktquelle entfernen.

Die Frequenz der provisorischen Taktversorgung ist i. d. R. unerheblich, wenn Sie nicht zu hoch oder niedrig ist und deshalb eine ganz spezielle Konfiguration an Fuse Bits erfordert. Mit ca. 4 MHz liegen Sie in einem Bereich, der bei den meisten Fuse Bit-Kombinationen den Prozessor zum laufen bringen sollte. Im Abschnitt *Exkurs: Taktgenerator* ab Seite 59 finden Sie den Aufbau der drei üblichen Taktquellen beschrieben. Ein einfaches Beispiel für einen RC-Schwingkreis ist im Datenblatt jedes AVRs gezeigt. Benötigen Sie temporär ein rechteckiges Taktsignal (bei eingestelltem Fuse Bits für External Clock) und Sie besitzen ein Oszilloskop, dann können Sie auch einen einfachen Trick ausprobieren, so lange die im Mikrocontroller eingestellte Frequenz nicht zu hoch ist: Benutzen Sie einfach das Kalibrierungsausgangssignal des Scopes, mit dem Sie normalerweise die Tastköpfe abgleichen. Bei den meisten Geräten liefert dieses ein 5 V Signal mit einer Frequenz von 1 KHz. Achten Sie aber darauf, dass die Ausgangsspannung nicht über der zulässigen Grenze liegt, die der Mikrocontroller verträgt.

3.4.3 Mit Lock Bits den Prozessorinhalt schützen

So lange Sie nur in Ihrem mehr oder weniger einsamen Kämmerlein mit Mikrocontrollern arbeiten, werden Sie keine Verwendung für Lock Bits haben. Anders sieht es aus, wenn Sie ein Projekt fertiggestellt haben und nun daran gehen wollen, dieses kommerziell zu vermarkten. Planen Sie, Ihre µC zu vertreiben, werden Sie vermutlich nur ein paar wenige verkaufen und dann feststellen, dass es schnell unzählig viele Kopien geben wird, an denen Sie nicht partizipieren. Ganz klar: Sobald jemand sich einen Ihrer Controller zugelegt hat, kann er mit einem eigenen Programmieradapter den Maschinencode aus dem Speicher auslesen, abspeichern und auf beliebig viele neue Prozessoren brennen. Ist das nicht in Ihrem Sinne, dann schieben Sie dem einen Riegel vor: Mit den Lock Bits können Sie den Speicher des AVRs gegen jegliches Auslesen schützen. Das Programm läuft völlig unbeeinträchtigt davon, aber wenn jemand den Code auslesen will, wird ihm lediglich eine wertlose Abfolge von aufsteigenden Bytewerten geliefert. Mit gängigen Mitteln ist da kein Rankommen, und ihr geistiges Eigentum ist gut geschützt. Natürlich gibt es keinen perfekten Schutz, wie auch immer wieder große Entwicklerfirmen feststellen müssen. Mit verschiedenen Methoden soll es gelingen, die Daten zu extrahieren. Die Mittel sind aber sehr aufwendig: Das Plastikgehäuse wird präzise bis auf das Die (der eigentliche Halbleiterchip) abgeschliffen und dann wird mit Licht oder Röntgenstrahlen der Zustand der Speicherzellen ausgelesen. Sie ahnen es schon: Das ist aufwendig und teuer und lohnt sicht nur bei wenigen sehr erfolgreichen Produkten.

Lock Bits schützen übrigens nur vor dem Auslesen. Es ist jederzeit möglich, den Prozessor und auch die Fuse und Lock Bits neu zu beschreiben. Dafür ist es aber notwendig, den Mikrocontroller zu löschen, was nicht nur alle Konfigurations- und Sicherheitsbits auf den Auslieferungszustand zurücksetzt, sondern auch alle internen Speicher leert. So lange Sie also im Besitz des Maschinencodes sind, der im Flash-Speicher abgelegt wird, können Sie problemlos mit den Lock Bits experimentieren. Selbstverständlich können Sie einmal gesetzte

Lock Bits nicht mehr nachträglich ändern, denn das würde ja den Schutz unterwandern – Sie können wie gesagt nur den ganzen μC löschen. Deshalb ist es auch notwendig, zuerst die Speicher des μC mit dem Programmcode zu beschreiben und anschließend erst die Lock Bits zu setzen.

Es gibt zwei Gruppen von Lock Bits: Diejenigen, die den Flash und EEPROM Speicher sichern und die, die den Bootblock schützen. Durch Setzten der einzelnen Bits erreichen Sie unterschiedliche Sicherheitsstufen, die teilweise noch einzelne Operationen zulassen. Die genauen Stufen können Sie dem Datenblatt im Bereich *Memory Programming* entnehmen. Solange Sie keinen Bootloader etc. schreiben, benötigen Sie die Boot Lock Bits nicht und können sie unprogrammiert belassen.

Für den optimalen Schutz des Programm- und Datenspeichers setzen Sie beide Lock Bits. In yaap ist die Bedienung intuitiv im Dialogfenster mit den Fuse Bits zu erledigen. AVR8 Burn-O-Mat bietet bisher noch keinen Zugriff auf die Lock Bits (was sich aber in einer zukünftigen Version nach Angaben des Programmautors ändern soll). Um deshalb mit avrdude die Lock Bits zu setzen, müssen Sie das Brennprogramm direkt aus der Eingabeaufforderung aufrufen. Dazu müssen Sie zuerst einmal den Zustand des gesamten Lock Bytes berechnen. Gemäß Datenblatt sind die einzelnen Lock Bits in dem einem Lock Byte folgendermaßen angeordnet:

Bit 7	**Bit 6**	**Bit 5**	**Bit 4**	**Bit 3**	**Bit 2**	**Bit 1**	**Bit 0**
-	-	BLB12	BLB11	BLB02	BLB01	LB2	LB1
(1)	(1)	1	1	1	1	1	1

Alle Bits sind unprogrammiert, also mit dem Wert 1 beschrieben. Um das gewünschte Schutzniveau zu erreichen, müssen Sie die entsprechenden Bits also programmieren (auf 0 setzen). Allerdings werden die beiden höchstwertigen, nicht genutzten Bits nicht verändert und bleiben beim Ermitteln des zu schreibenden Wertes unbeachtet. Wollen Sie beispielsweise den maximalen Schutz für Flash und EEPROM, dann programmieren Sie LB1 und LB2. Daraus ergibt sich 11 1100b oder 3Ch.

3.4.4 Fuse und Lock Bits mit avrdude

1. Starten Sie die Windows Eingabeaufforderung über Start / Programme / Zubehör.

2. Eigentlich sollte der Aufruf von avrdude aus jedem Verzeichnis möglich sein, da WinAVR bei der Installation eine entsprechende Pfadangabe im System installiert. Wenn dies nicht möglich ist, wechseln Sie in das Verzeichnis *bin* des Installationsordners von WinAVR.

3. Geben Sie den Aufruf von avrdude ein, wobei Sie unbedingt auf die Groß- / Kleinschreibung der Optionsschalter achten müssen. Zudem müssen Sie natürlich die Aufruf-

parameter an Ihre persönlichen Bedingungen anpassen. Ein Beispiel:

```
avrdude -p atmega8 -P lpt1 -c stk200 -U lock:w:0x3c:m -E noreset
```

Parameter	Funktion
-p	Prozessortyp. Siehe Datei avrdude.conf. In der Regel die gängige Bezeichnung.
-P	Schnittstelle. Üblicherweise lpt1 oder com1.
-c	Programmieradapter. stk200 oder ponyser (vgl. S. 43).
-U lock:w:0x??:m	Änderungen an den Lock Bits. Der gewünschte Wert wird in hexadezimaler schreibweise anstatt der zwei Fragezeichen angegeben.
-E noreset	Die Resetleitung des Programmieradapters wird nach dem Brennen deaktiviert, so dass die Mikrocontroller-Schaltung mit dem Brenner verbunden bleiben kann.

4. Nachdem Sie den Befehl ausgeführt haben, zeigt avrdude Ihnen den Programmierfortschritt an und meldet, ob der Vorgang und die Überprüfung erfolgreich waren. Sollte es zu einer Fehlermeldung kommen, wiederholen Sie den Vorgang einfach noch einmal.

Abbildung 3.20: *Lock Bits mit avrdude setzen.*

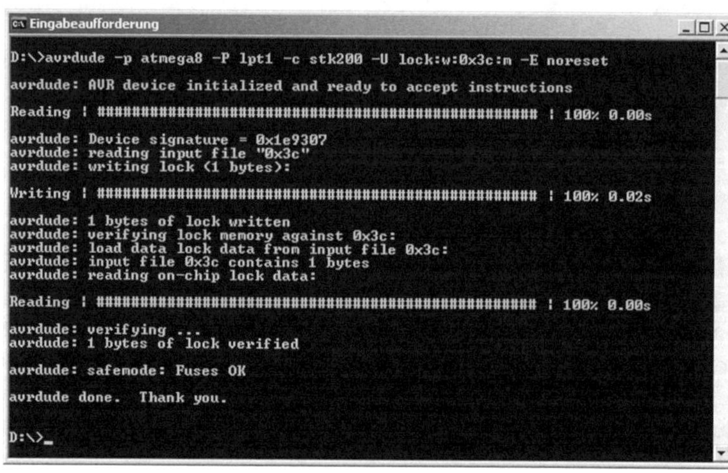

Sie können mit folgendem Aufruf den Zustand der Lock Bits jederzeit abfragen:

```
avrdude -p atmega8 -P lpt1 -c stk200 -U lock:r:-:i -E noreset
```

Wie zuvor müssen Sie natürlich die Werte für Ihren Prozessor und Ihren Programmieradapter verwenden. Ausgegeben wird das Lock Byte dann im Intel Hex-Format. Das Lock Byte steht an vorletzter Stelle (hexadezimale Byte-Schreibweise) der Ausgabezeile hinter dem Doppelpunkt.

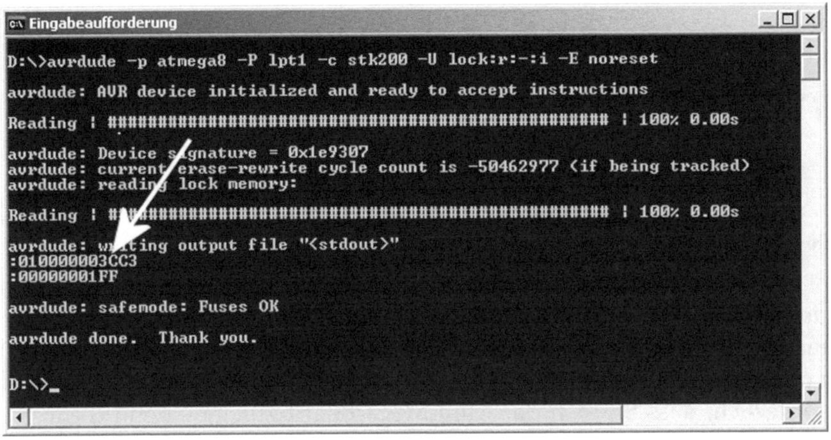

Abbildung 3.21: *Lock Bits mit avrdude auslesen.*

Möchten Sie Ihren Prozessor komplett löschen, um die Speicher zu leeren und dabei auch die Fuse und Lock Bits auf den Auslieferungszustand zurückzusetzen, dann ist das mit diesem Aufruf möglich:

```
avrdude -p atmega8 -P lpt1 -c stk200 -e
```

Die Option –e ist alles, was Sie zum Löschen neben den üblichen Parametern zusätzlich angeben müssen.

4. Das Mini-Mega-Board

In Heft Elektor 5/2006 wurde das Mini-Mega-Board, welches hier im Buch für viele Experimente als Basis dient, bereits vorgestellt. Im Folgenden finden Sie aber noch einmal die wichtigsten Abschnitte des Artikels, um Ihnen den Einstieg auch ohne Heft zu ermöglichen. Die Platinen und Bauteile können Sie alle über den Shop von Elektor (http://www.elektor.de) beziehen. Lediglich die Platinenlayouts finden Sie ausschließlich im Heft abgedruckt. Es ist nicht unbedingt erforderlich, dass Sie sich das Mini-Mega-Board zulegen, denn wenn Sie einen Blick auf den Schaltplan werfen, werden Sie erkennen, dass Sie alle Funktionen auch auf einer eigenen Platine oder Ähnlichem nachbauen können. Der Besitz des Boards vereinfacht aber Ihre eigenen ersten Gehversuche bei der Mikrocontroller-Entwicklung.

4.1 Aufbau des Mini-Mega-Board

Das Mini-Mega-Board ist eine kompakte Applikationsplatine mit LCD-Anschluss, serieller Schnittstelle und vielen I/O-Ports für die ATmega16- und ATmega32-Prozessoren aus der Atmel-AVR-Familie. Zur Programmierung verfügt das Board über ein Mini-Interface für die serielle PC-Schnittstelle.

Abbildung 4.1: *Die bestückte Musterplatine.*

4.1.1 Einfach und vielseitig

Als Standard-Bestückung des Boards ist der ATmega16 vorgesehen. Bei noch größerem Speicherbedarf lässt sich auch der pinkompatible ATmega32 auf dem Board einsetzen. Da er auch weitestgehend softwarekompatibel ist, braucht man die entsprechende Software in der Regel nur neu zu compilieren und muss keine weiteren Anpassungen vornehmen.

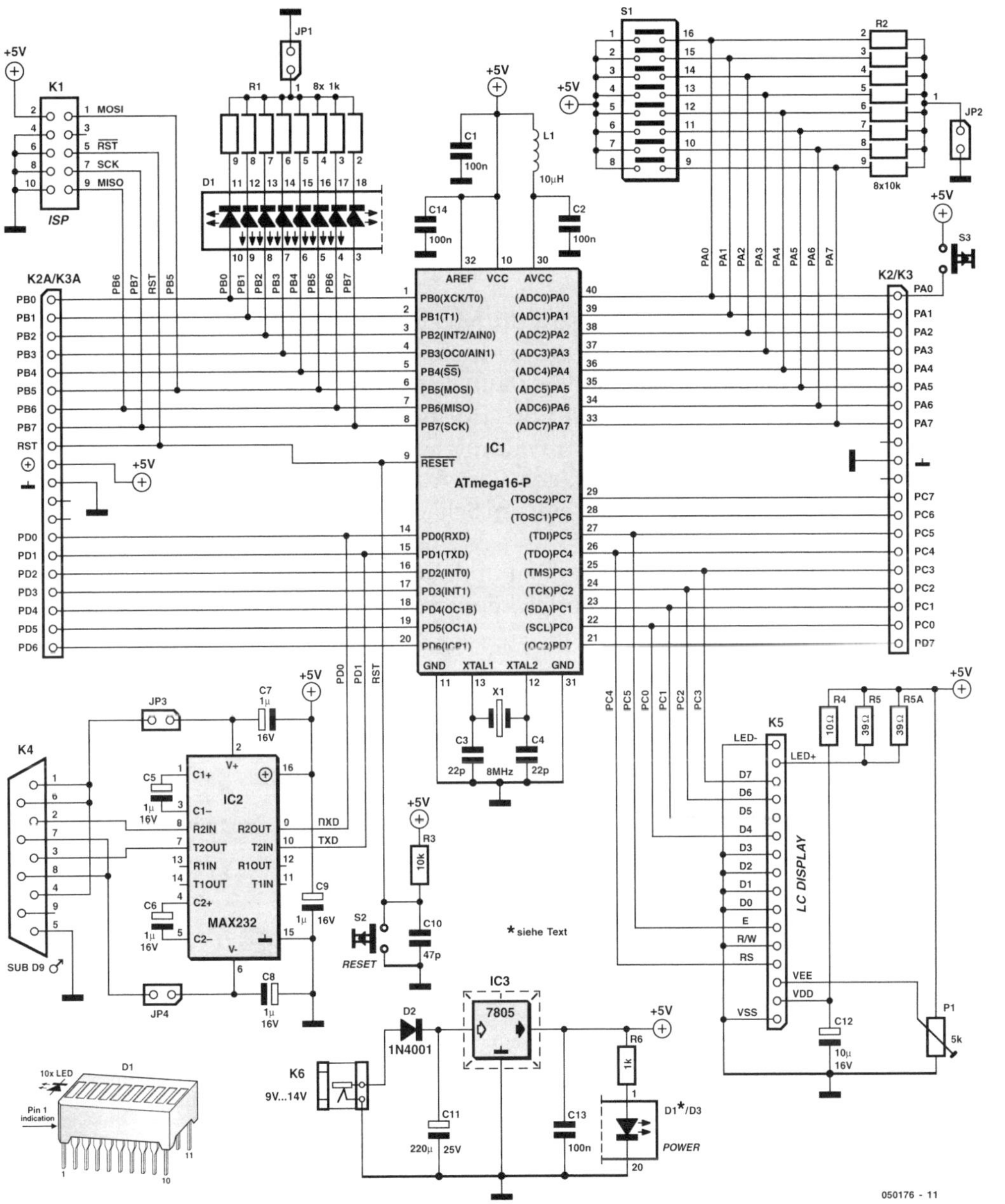

Abbildung 4.2: *Schaltbild des Mini-Mega-Boards.*

4.1.2 Alles an Bord

Wie der Schaltplan zeigt, beschränkt sich die Bestückung des Boards auf wenige Bauteile. Essentiell sind natürlich Strom- und Taktversorgung. Erstere übernimmt der 5-V-Spannungsregler IC3, und für den internen Oszillator des Controllers wird der 8 MHz-Quarz benötigt.

Fast alle anderen Bauteile dienen den verschiedenen Anschlussmöglichkeiten. K1 ist der Anschluss für den Programmieradapter. Die Beschaltung ist kompatibel zu den gängigen zehnpoligen Adaptern, wie sie auch für die STK-Boards von Atmel verwendet werden. Die RS232-Schnittstelle (K4) kann über den internen Software-USART programmiert werden und ermöglicht dank Interruptsteuerung und Pufferung auch eine hohe Übertragungsrate. Mit den beiden Jumpern JP3 und JP4 ist es möglich, die Spannungen +10 V und –10 V auf den D-Sub-Stecker aufzuschalten, um so genannte Vampirschaltungen zu versorgen. Für die Verbindung zum PC wird ein Nullmodem-Kabel benötigt, JP3/JP4 sollten dabei nicht gesteckt sein.

Für einfache Experimente mit dem Board dürfen ein paar Schalter und LEDs nicht fehlen. Dafür wurden die I/O-Ports mit LEDs (LED-Reihe D1) und DIP-Switches (S1) belegt. Der ATmega ist in der Lage, LEDs oder andere Bauteile mit bis zu 40 mA je Pin ohne zusätzliche Beschaltung direkt zu treiben. Sollen die Ports für andere Aufgaben benutzt werden, können sowohl die Pull-down-Widerstände (Array R2) als auch die LEDs mit den Jumpern JP2 beziehungsweise JP1 deaktiviert werden. Wenn Port A als Ausgang benutzt wird, müssen die DIP-Schalter ausgeschaltet (geöffnet) sein, um Schaden abzuwenden.

Um die Genauigkeit des A/D-Wandlers zu optimieren, sind L1, C2 und C14 vorgesehen. Wird kein präziser A/D-Wandler benötigt, können diese Bauteile auch weggelassen und L1 durch eine Drahtbrücke ersetzt werden.

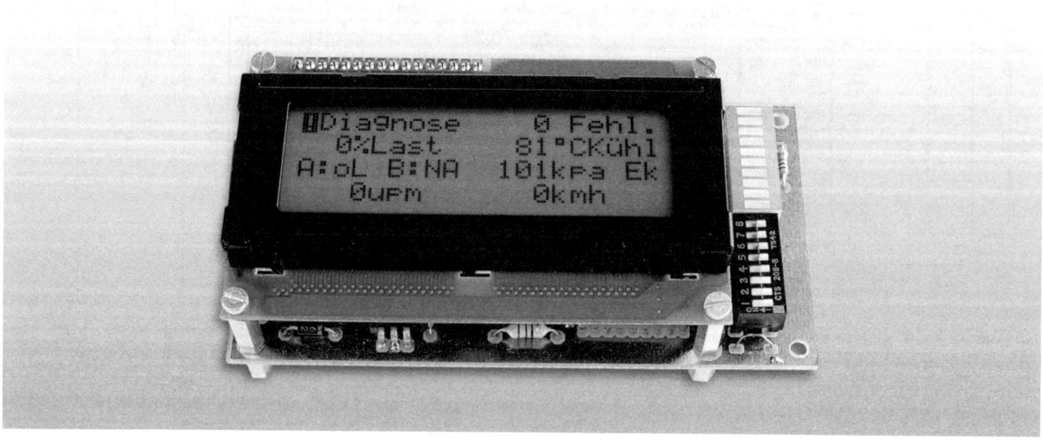

Abbildung 4.3: *Mini-Mega-Board mit aufgestecktem LCD.*

Als Display verwendet man vorzugsweise eine vierzeilige Ausführung mit 20 Zeichen pro Zeile (4x20). Die Platine wurde so ausgelegt, dass ein derartiges Display direkt passt. Das Display lässt sich mit ein paar Flachkabel-Drähten anschließen. Eleganter ist aber die Verwendung einer halben Wire-wrap-IC-Fassung, die in die Platine eingelötet wird. Die LCD-Platine wir dann mit einer Stiftreihe versehen, und schon lässt sich das LCD in die Fassung stecken. Da es viele sehr ähnliche Ausführungen dieser Standard-Displays gibt, sollte man gut darauf achten, dass die Anschlussbelegung übereinstimmt. Die modernen blauen Ausführungen sind optisch natürlich attraktiver als die üblichen grünen Ausführungen – aber es war schon immer etwas teurer, einen besonderen Geschmack zu haben!

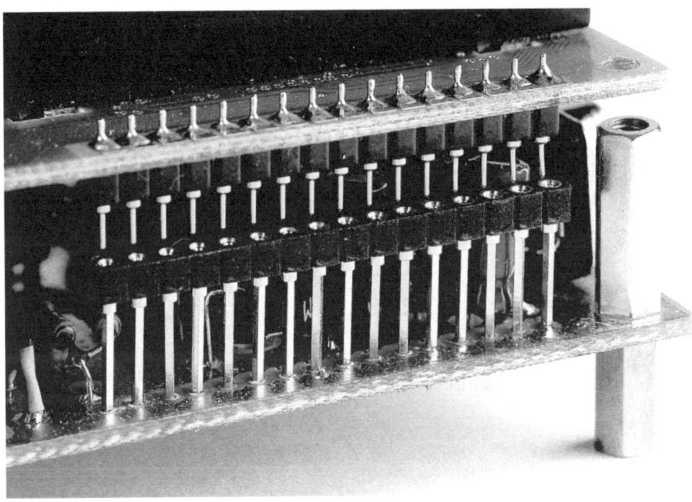

Abbildung 4.4: *Montagevorschlag für das LC-Display.*

Bei der Inbetriebnahme darf man nicht vergessen, den Kontrast mit P1 einzustellen. Sonst meint man noch, das Display wäre defekt, weil aufgrund einer falschen Einstellung nichts zu sehen ist. Für D1 wird ein LED-Array mit zehn LEDs empfohlen. D3 ist dann automatisch die zehnte (oberste) LED in diesem Array, die neunte LED wird nicht verwendet. Wenn man nur ein Array mit acht LEDs bekommen kann, bestückt man es in der untersten. Die neunte Position bleibt dann unbestückt, und an der zehnten Position montiert man für D3 eine normale LED. K3 und K3A kann man verwenden, um auf der Unterseite der Platine Stifte anzubringen. Dadurch lässt sich die ganze Platine als Ersatz für einen ATmega zum Experimentieren auf eine andere Platine aufstecken. K2 und K2A sind frei, um I/O anzuschließen.

Schließlich sind noch die Entkoppelkondensatoren unter dem Prozessor zu beachten. Wenn man für den Prozessor eine Fassung verwendet, ist auf der Platinenoberseite wahrscheinlich genug Platz, um noch kleine Kondensatoren unterzubringen. Sollte das nicht gelingen, lötet man auf die dafür vorgesehenen Pads auf der Platinenunterseite drei Kondensatoren der SMD-0805-Bauform.

Stückliste

Widerstände:
R1 = SIL-Widerstandsarray 8 x 1 k
R2 = SIL-Widerstandsarray 8 x 10 k
R3 = 10 k
R4 = 10 Ω
R5, R5A = 39 Ω
R6 = 1 k
P1 = Trimmpotentiometer 10 k

Kondensatoren:
C1, C2, C13, C14 = 100 n keramisch
C3, C4 = 22 p
C5...C9 = 1 µ/16 V radial
C10 = 47 p
C11 = 220 µ/25 V radial
C12 = 10 µ/16 V radial

Halbleiter:
D1 = LED-Array mit 10 LEDs
D2 = 1N4001
D3 = in D1 enthalten
IC1 = ATmega 16-PC (DIP40)
IC2 = MAX232 (DIP16)
IC3 = 7805 (TO220)

Außerdem:
JP1...JP4 = Drahtbrücke, Mikroschalter oder 2-polige Stiftleiste mit Kurzschlussstecker (Jumper)
K1 = 10-polige Stiftleiste 2-reihig mit Schutzkragen für Platinenmontage
K2, K2A = SIL-Stiftleiste, 20-polig
K3, K3A = frei zu bestücken
K4 = 9-poliger SUB-D-Stecker, gewinkelt, für Platinenmontage
K5 = SIL-Fassung, 16-polig (z.B. Teil einer 40-poligen Wire-wrap-Fassung) und SIL-Stecker, 16-polig
K6 = Anschlussbuchse für Steckernetzteil, für Platinenmontage
IC-Fassungen, 40-, 20- und 2 x 16-polig
S1 = 8-fach-DIPswitch
S2 = Taster, 1-poliger Schließer (z.B. Conrad 700665)
L1 = 10 µH (Festinduktivität, Widerstandsbauform)
X1 = 8-MHz-Quarz
LCD = LC-Display 4 x 20 Zeichen, 60 x 98 mm
16-poliges Flachkabel (einige Zentimeter)

Platine EPS 050176-1

4.2 In System Programming

Der hier vorgestellte Programmieradapter wird direkt mit einem seriellen 1:1-Kabel an den PC angeschlossen. Die andere Seite des Adapters ist mit dem ISP-Anschluss K1 des Mini-Mega-Boards zu verbinden, und schon lässt sich der Prozessor direkt vom PC aus programmieren.

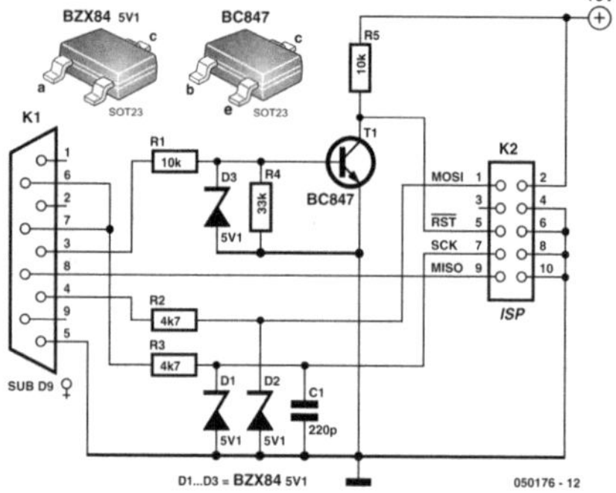

Abbildung 4.5: *Schaltplan serieller Programmieradapter.*

Lassen Sie sich nicht davon irritieren, wenn bei der Programmierung des Mini-Mega-Boards die LEDs blinken. Das liegt daran, dass der I/O-Port B doppelt genutzt werden kann, für die Programmierung und als Datenport, an dem in diesem Fall die LEDs angeschlossen wurden.

Der Aufbau der Schaltung auf der kleinen Platine (Bild 4.6) ist zwar nicht wirklich schwierig, erfordert aber eine ruhige Hand und etwas Sorgfalt. Noch vor dem Bestücken sollte man ausprobieren, ob die

Platine in das Gehäuse des Sub-D-Steckers passt. Dann bestückt man als Erstes die SMDs und dann auf der anderen Platinenunterseite (!) K2. Vor dem Einlöten des Sub-D-Steckers (K1) noch einmal die Platine einpassen. Bei unserem Muster haben wir die Rückwand des Steckergehäuses herausgenommen. K2 passte dann gerade hinein, und das Flachkabel ließ sich ohne Probleme nach außen führen. K1 darf man also erst einlöten, wenn man sicher ist, dass die Platine ins Steckergehäuse passt. Wahrscheinlich muss man die Anschlusspins von K1 etwas kürzen und die Platine etwas schräg nach unten einbauen. Da das Steckergehäuse aus Metall oder leitendem Kunststoff ist, sollte man die Innenseite mit Isolierband bekleben, um einen unerwünschten Kontakt mit der Platine zu vermeiden.

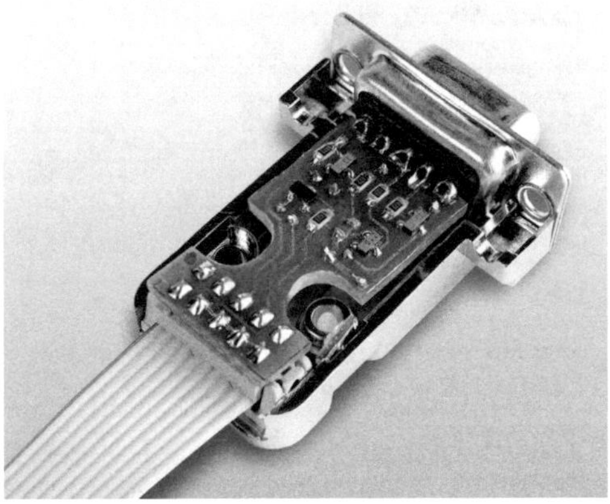

Abbildung 4.6: *Blick auf die SMD-bestückte Platine.*

Stückliste des Programmieradapters

Widerstände (SMD 0805):
R1, R5 = 10 k
R2, R3 = 4k7
R4 = 33 k

Kondensatoren (SMD 0805):
C1 = 220 p

Halbleiter (SMD):
D1...D3 = Z-Diode 5V1/250 mW SOT23
(z.B. BZX84 5V1 SOT23)
T1 = BC847 (SOT23)

Außerdem:
K1 = 9 polige SUB-D-Buchse mit Gehäuse
K2 = 10-polige 2-reihige Stiftleiste (2x5) für Platinenmontage
10-adriges Flachkabel (0,5 bis 1 m)
Pfostensteckverbinder 10-polig (2x5-polig), für Flachbandkabel
Platine wird mit der Hauptplatine mitgeliefert.

4.2.1 Standard Fuse Bits

Um mit dem Mini-Mega-Board und dem eingesetzten ATmega16 arbeiten zu können, bedarf es einer einmaligen Programmierung der Fuse Bits . Sie müssen u. a. den externen Quarz als Taktquelle einstellen und die Brown-Out-Erkennung aktivieren. Dazu programmieren Sie sämtliche Fuse Bits zur Taktquelleneinstellung (auf 0 setzen) und setzen das Bit BODEN auf *nicht programmiert*, so wie es die Abbildung zeigt:

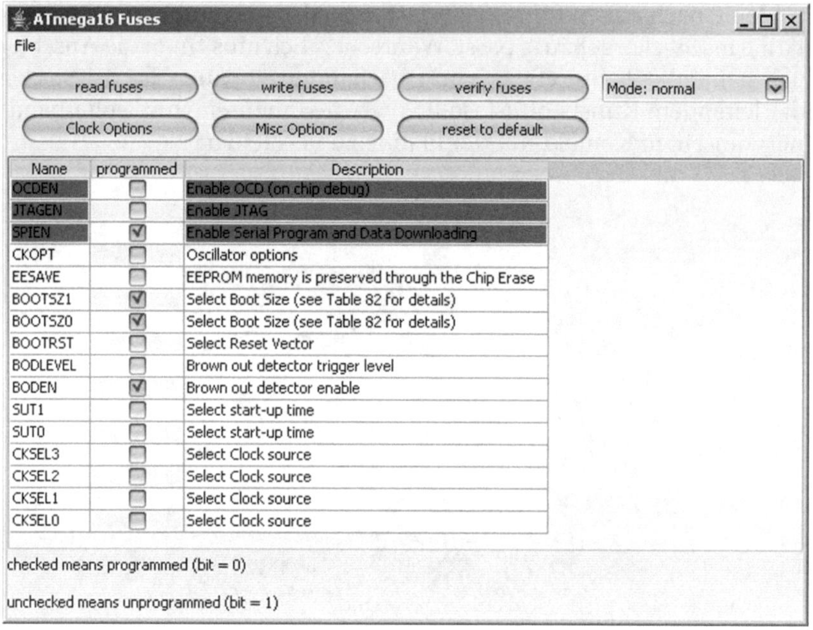

Abbildung 4.7: *Fuse Bits für den ATmega.*

4.2.2 Lesbarkeit und Anpassung des Codes erhöhen

Ein Programm sollte stets gut lesbar sein, damit ein Außenstehender aber auch der Programmierer selbst nach einiger Zeit immer noch schnell den Sinn der Anweisungen verstehen kann. Vor allem bei Mikrocontrollern kann es auch noch hilfreich sein, wenn sich der Code leicht an individuelle Bedingungen anpassen lässt.
So kann es immer wieder vorkommen, dass Sie ein Programm entwickeln, welches dann doch auf einem anderen μC laufen soll. Oder die in der ursprünglichen Version vorgesehenen I/O-Anschlusspins sind schon belegt und es sollen andere benutzt werden. Dann ist es hilfreich, wenn man nicht den ganzen Code nach jeder einzelnen Portzuweisung etc. durchsuchen muss, sondern seine Änderungen nur an einer Stelle einzutragen braucht.
Symboldefinitionen bzw. symbolische Konstanten sind ein probates Mittel, das Programm lesbar und wartungsfreundlich zu gestalten. Vor allem bei den häufigen Zugriffen auf I/O-Ports sind sie praktisch, da dann alle Änderungen schnell und einfach durchzuführen sind. Thematisch etwas vorgreifend, könnten Sie Folgendes schreiben:

```
DDRA = 255;
PORTA = (1 << PA2);
```

Ohne auf die Funktion einzugehen, sei nur so viel gesagt: Es handelt sich um Zugriffe auf den I/O-Port A eines AVRs. Was aber, wenn durch eine Modifikation in der Hardware nun im Programm auf Port D zugegriffen werden soll? Dann müssten Sie alle Zugriffe finden und ändern:

```
DDRD = 255;
PORTD = (1 << PD2);
```

Das ist mühsam und fehleranfällig. Einfacher wird es, wenn Sie am Programmanfang mit #define Konstanten definieren:

```
#define IO_PORT_RICHTUNG   DDRA
#define IO_PORT_AUSGABE    PORTA
#define IO_PORT_PIN2       PA2
```

Im weiteren Programmcode könnten Sie dann immer wieder auf die Konstanten zurückgreifen:

```
IO_PORT_RICHTUNG = 255;
IO_PORT_AUSGABE = (1 << IO_PORT_PIN2);
```

Das kostet nicht mehr Speicherplatz im Mikrocontroller, da der Präprozessor alle Symboldefinitionen vor dem compilieren ersetzt. Sobald sich etwas ändert, müssen Sie nur einmal die Zuweisungen bei #define anpassen und sich keine Gedanken mehr um den restlichen Code machen. Allerdings wird hier im Buch nur sporadisch von dieser Möglichkeit Gebrauch gemacht, da die kleinen Beispielapplikationen möglichst kurz und übersichtlich bleiben sollen.

5. I/O Grundlagen

Zu den wohl wichtigsten Aufgaben eines Mikrocontrollers gehört die Kommunikation mit der Außenwelt. Irgendwie müssen die Daten in den Prozessor gelangen, um verarbeitet und dann in Form eines Ergebnisses wieder ausgegeben zu werden. Nicht ohne Grund haben die meisten größeren Prozessoren deshalb auch eine große Zahl an Ein- und Ausgabe leitungen, den so genannten I/O - (Input/Output) Pins. Die Zahl der Anschlussbeinchen ist auch der Hauptgrund für die große Gehäusebauform, denn der eigentliche Chip ist immer mehr oder weniger gleich groß.

Während sich die AVRs der Baureihe ATtiny durch sehr kompakte Gehäuse mit entsprechend wenigen I/O-Pins auszeichnen, sind die ATmegas wahre Schnittstellen-Könige und unterstützen fast alle gängigen Schnittstellen und Protokolle und bieten zahlreiche Pins, so dass auch Projekte mit Bedarf an vielen Ein- und/oder Ausgabeleitungen realisiert werden können, ohne dass zusätzliche externe Schnittstellenbausteine benötigt werden.

Zu den einfachen aber dennoch fast immer benötigten Mitteln der Ein- und Ausgabe zählen Taster und Leuchtdioden. Andere einfache Eingabemöglichkeiten können aber auch weitere Signalquellen sein, die nur zwischen den zwei logischen Zuständen Ein und Aus differenzieren. Statt LEDs können Sie natürlich auch andere Aktoren einsetzen, die ebenfalls nur zwei Zustände kennen.

Ein Blick ins Datenblatt des AVRs wird Ihnen zeigen, dass 32 der vorhandenen 40 Pins bei der DIL Bauform als Datenleitungen ausgelegt sind. Die restlichen Pins dienen der Spannungs- und Taktversorgung bzw. dem Reset. Die 32 Pins verteilen sich auf vier acht Bit-breite Ports mit der Bezeichnung PA bis PD, wobei der Aufteilung keine allzu große Bedeutung zu kommt, denn Sie können jede einzelne Datenleitung (Px0...Px7) individuell ansteuern und als Ein- oder Ausgang benutzen. So ist es im Grunde egal, an welche Datenleitung Sie eine LED, einen Taster oder sonst etwas anschließen.

Allerdings sind sämtliche Leitungen mit einer zweiten, alternativen Funktion belegt und wenn Sie diese benutzen wollen, ist es erforderlich, sich die Belegung etwas genauer anzuschauen. In späteren Kapiteln werden einzelne Features dann noch gezielt besprochen. Sämtliche Funktionen finden Sie im Datenblatt im Unterabschnitt *Alternate Port Functions* im Kapitel *I/O Ports* aufgeführt.

5.1 Standardbibliotheken kennen lernen und LEDs ansteuern

Das einführende Miniprojekt hat Ihnen bereits aufgezeigt, dass AVRs in der Lage sind, kleinere Lasten wie eine LED direkt an einem I/O-Pin zu treiben. Mit LEDs soll es nun auch weitergehen, um Ihnen die grundlegende Funktionsweise und Programmierung der Schnittstellen zu zeigen. Erstellen Sie folgendes kleine Programm (`LED2` in der Beispielsammlung), compilieren Sie es für das Mini-Mega-Board, und übertragen Sie den erzeugten Code in den Prozessor. Wenn Sie das makefile selbst anlegen wollen und dazu vielleicht das Muster aus dem anfänglichen Miniprojekt benutzen, denken Sie bitte daran, dass Sie jetzt einen anderen Prozessor mit einer höheren Taktrate verwenden und die Angaben entsprechend modifizieren müssen.

Schließen Sie JP1 auf dem Mini-Mega-Board, damit die LEDs mit Masse verbunden werden. Daraufhin sollten die beiden LEDs an PB0 und PB7 abwechselnd blinken. Gleich vorweg: Das Programm ist noch nicht optimal, es soll aber als Grundlage für die folgenden Ausführungen dienen und dann schrittweise überarbeitet werden.

```
#include <avr/io.h>
#include <util/delay.h>      // _delay_ms()

// wartet ms Millisekunden
void delay_ms(uint16_t ms)
{
    for(uint16_t t=0; t<=ms; t++)
        _delay_ms(1);
}

int main()
{
    DDRB = 0xFF;                  // PORTB als Ausgang
    while (1)
    {
        PORTB = 0b00000001;       // LED an PB0 ein
        delay_ms (250);
        PORTB = 0x80;             // LED an PB7 ein
        delay_ms (250);
    }
    return 0;
}
```

5.1.1 LEDs am Mikrocontroller anschließen

Sie haben zwei Möglichkeiten, wie Sie eine Last vom Mikrocontroller ansteuern: Sie können den Ausgangspin gegen Masse oder die Versorgungsspannung schalten. Am Beispiel einer LED ergeben sich daraus diese beiden in Abbildung 5.1 gezeigten Anschlussmöglichkeiten.

Die Größe des Widerstandes ist natürlich abhängig von den Kenndaten der LED. Ob der Widerstand „vor“ oder „hinter“ der LED eingebaut ist, spielt elektrotechnisch keine Rolle.

Abbildung 5.1: *Beschaltungsvarianten I/O-Pin.*

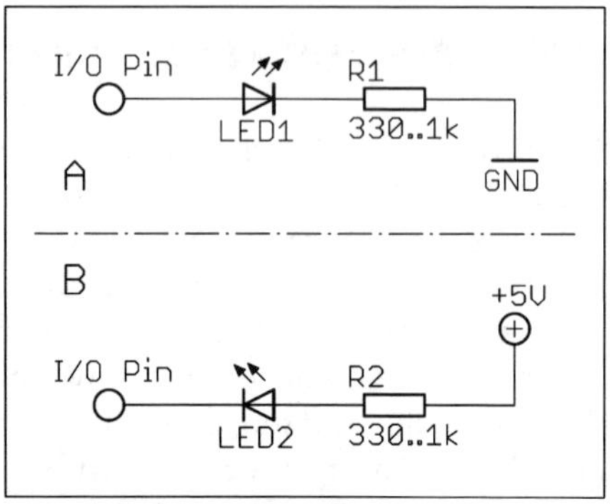

Variante A ist diejenige, die den meisten Entwicklern erst einmal natürlicher erscheint, da man diese eher gewohnt ist. Ein High-Signal (logisch 1) am Ausgang des I/O-Pins bedeutet, dass der Pin im Mikrocontroller intern mit der Versorgungsspannung (i. d. R. 5 V) verbunden wird und der Strom dann durch die LED nach Masse fließt und die LED leuchtet. Bei Low-Signal (logisch 0) liegt der Pin an Masse und die LED leuchtet nicht. Das Aufleuchten der LED bei einer logischen 1 am I/O-Pin entspricht dem üblichen Verständnis von Low und High.

Variante B invertiert die Funktionsweise von A: Eine 1 (High) am I/O-Ausgang lässt die LED verlöschen, da der Ausgang intern mit der Versorgungsspannung verbunden ist. Bei 0 kann der Strom durch die LED zur intern im μC verbundenen Masse fließen und die LED leuchtet auf.

I/O Pin	LED1	LED2
1	ein	aus
0	aus	ein

Welche Anschlussmöglichkeit Sie nutzen ist im Wesentlichen egal. Sobald Sie LED Sonderformen wie 7-Segmentanzeigen etc. benutzen (ab Seite 105), werden Sie sehen, dass beide Beschaltungen sinnvoll sind; die LEDs auf dem Mini-Mega-Board sind nach Variante A angeschlossen.

Auch wenn die Ausführungen sich hier auf LEDs bezogen haben, so gelten sie selbstverständlich für alle anderen Lasten auch. Zu beachten ist aber immer, dass die bereits angesprochene Maximalbelastung pro Pin und in der Summe nicht überstiegen wird (vgl. S. 57).

5.1.2 Register-Konstanten aus der I/O Standardbibliothek

Im Programmcode wird als Erstes die Header-Datei avr/io.h eingebunden. Da dies vermutlich in jedem Programm notwendig sein wird, lohnt es sich, einen ausführlichen Blick darauf zu werfen. Öffnen Sie dazu bitte im Explorer das Installationsverzeichnis von WinAVR und wechseln Sie in das Verzeichnis `AVR/INCLUDE/AVR`. Dort finden Sie die angegeben Datei `IO.H`, die Sie mal bitte in einem beliebigen Texteditor öffnen. Wir wollen jetzt gar nicht anfange, diese im einzelnen zu analysieren, aber blättern Sie doch bitte etwas nach unten, bis etwa Zeile 171, ab der eine lange Reihe von weiteren Include -Angaben beginnt. Hier wird abgefragt, welcher Mikrocontroller-Typ im makefile angegeben wurde (vgl. S. 65). Je nach Angabe wird dann eine weitere Datei eingebunden und beim Compilieren benutzt. Im Falle des ATmega16 heißt die Datei iom16.h. Öffnen Sie nun bitte einmal diese Datei im Editor.

Die Dateien, die von der io.h aus nachträglich eingebunden werden, beinhalten die wichtigen Konstantendeklarationen für die einzelnen, prozessorabhängigen Register. Beispielsweise wird ein I/O-Port über ein bestimmtes, aber bei jedem Mikrocontroller-Typen unterschiedliches Register angesprochen. In Ihrem Programm müssen Sie den Zustand der I/O-Leitungen in diesem Register abspeichern. Wenn also zum Beispiel alle Leitungen auf logisch 1 stehen sollen, müssen Sie in das entsprechende Register den Wert 1111 1111b bzw. FFh schreiben. Die erste Hürde dabei wird sein, welches Register Sie eigentlich beschreiben müssen. Die Antwort finden Sie im Datenblatt (des jeweiligen Prozessors). Beim ATmega16 haben Sie vier I/O-Ports zur Auswahl. Im Abschnitt *Register Description for I/O Ports* im Kapitel *I/O Ports* können Sie nun herausfinden, dass das Datenregister für Port B den Bezeichner PORTB hat. Mit diesem Wissen schauen Sie nun in der Tabelle *Register Summary* (im gleichnamigen Kapitel im Datenblatt) nach und sehen, dass dem Register PORTB die Speicheradresse 18h (der Wert vor der Klammer ist der entscheidende) zugeordnet ist. Um also den Zustand Ihrer Datenleitungen zu verändern, müssen Sie die Speicherzelle mit der Adresse 18h mit Ihrem Wert FFh beschreiben. Wie das geht, ist hier unerheblich zumal dies noch nicht einmal alle notwendigen Schritte sind, um Daten auszugeben – es geht erst einmal nur um das Verständnis für die Register und die io.h.

Jetzt stellen Sie sich aber mal vor, was passiert, wenn Sie irgendwann auf einen anderen Prozessor wechseln wollen: Es kann sein, dass dort der Port B existiert, aber über eine ganz andere Registeradresse angesprochen wird. Haben Sie in Ihrem Quellcode bisher die Adresse 18h benutzt (man spricht dabei oft aus historischen Gründen noch immer von „fest verdrahtet"), dann müssen Sie jetzt all diese Angaben finden und durch die neue Registeradresse ersetzten. Das ist nicht nur mühsam und fehleranfällig – auch der Quellcode wird durch die Angaben von reinen Adresswerten nicht gut lesbar.

Das ist jetzt der Punkt, an dem die io.h und die nachgeladenen, prozessorabhängigen Konstantendeklarationen ins Spiel kommen: Für alle (zum Zeitpunkt als das WinAVR-Paket zusammengestellt wurde) am Markt erhältlichen AVRs sind hier drin die Registeradressen einem kurzen, markanten Konstantennamen zugeordnet. Suchen Sie einfach mal selbst: Der (von den WinAVR-Entwicklern naheliegend benannten) Konstante PORTB wurde die Adresse 18h (in C-Schreibweise 0x18) zugewiesen. In Ihrem Programmcode können Sie also PORTB (da C Groß-/Kleinschreibung unterscheidet, die Konstante mit Großbuchstaben schreiben) notieren und je nachdem, für welchen Prozessor Sie den Code übersetzten, wird die passende Datei mit den Konstantendeklarationen benutzt und der Präprozessor ersetzt beim Compilieren die Konstanten durch die jeweils passende Adresse. Ihr Programm wird gut lesbar und Sie müssen keinen Gedanken mehr an die reale Adresse für das Register verschwenden. Aus diesem Grund werden Sie in wohl jedem C Programm für AVRs gleich zu Beginn die Einbindung der io.h vorfinden.

Sollten Sie sich jetzt fragen, warum diese Ausführungen so umfangreich waren, dann folgender Hinweis: Nicht immer stehen die gleichen Funktionen unter demselben Konstantennamen zur Verfügung. Durch die voranschreitende Entwicklung kann es sein, dass Sie die Konstantenbezeichner in Ihrem Programm doch einmal anpassen müssen. Dann ist es notwendig, dass Sie in der entsprechenden Header-Datei nachschauen und grundlegend wissen, wie sie aufgebaut sind, damit Sie den gesuchten Bezeichner finden.

5.1.3 Ein (zweiter) Blick auf die AVR Libc

Wie bei C üblich, gibt es für viele, sich oft wiederholende Programmierprobleme bereits fertige Lösungen, die in einer Bibliothek (engl. Library) zusammengefasst wurden. Für AVRs gehört die AVR Libc zu den wohl wichtigsten Librarys und im vorherigen Kapitel haben Sie auch schon einen Teil des (automatisch zusammen mit WinAVR installierten) Paketes kennengelernt. Die vollständige Dokumentation finden Sie im Web (http://www.nongnu.org/avr-libc) oder im Verzeichnis `DOC/AVR-LIBC` von WinAVR. Ohne auf die einzelnen Funktionen im Detail einzugehen (im weiteren Verlauf werden Sie sowieso ganz nebenbei zahlreiche kennenlernen), bietet die AVR Libc Zugriff auf viele ständig genutzte Routinen wie beispielsweise Speicherzugriffe, mathematische Operationen, Zeichenketten, Interrupts usw.

Wenn Sie einmal Code compilieren, der für eine ältere Version der Library entwickelt wurde, kann es sein, dass der Compiler Warnungen ausgibt, da sich der Speicherort einiger Header-Dateien im Laufe der Zeit geändert hat. Statt im Verzeichnis `AVR` finden Sie die Dateien dann z. B. im Ordner `UTIL`. Da im alten Ordner aber eine Header-Datei mit Verweis auf den neuen Speicherort abgelegt wurde, können Sie die Warnungen ignorieren.

5.1.4 Die Programmausführung verzögern

Im Beispielprogramm wird noch die Header-Datei util/delay.h geladen. In dieser befinden sich Routinen, mit denen der Prozessor zum warten gezwungen wird, indem einfach immer wieder Prozessorzyklen durchlaufen werden, ohne irgendwas Sinnvolles zu tun. Selbstverständlich sind in den Pausen nicht alle Funktionen auf Eis gelegt, wie das teilweise z. B. unter Windows der Fall ist, und Interrupts etc. können weiterhin abgearbeitet werden.

Die Funktion _delay_ms führt dazu, eine angegebene Zeit an Millisekunden zu warten. Allerdings ist die maximal mögliche Wartezeit von der Prozessortaktrate abhängig, da die Funktion einfach nur Taktzyklen zählt. Bei einem Prozessor mit 8 MHz kann die Funktion nur bis zu 32 ms warten (262,14 ms / 8). Aus diesem Grund ruft man i. d. R. die (sehr genaue) Wartefunktion meistens nicht direkt auf, sondern legt eine eigene Funktion an, die dann _delay_ms einfach entsprechend oft mit jeweils einer Millisekunde aufruft. Diese Aufgabe übernimmt die selbst geschriebene Funktion delay_ms (ohne Unterstrich am Anfang). Allerdings muss man dabei beachten, dass die for-Schleife etc. die Zeitberechnung minimal negativ beeinflusst und die Funktion dann etwas länger wartet als eigentlich angegeben. Im Beispiel kulminiert sich der Fehler zu einer zusätzlichen Wartezeit von einer Millisekunde, und statt der angegebenen 250 ms wird die Programmausführung um 251 ms verzögert. Im

Regelfall sicherlich kein Problem, zumal es für hochpräzise Verzögerungen auch andere Möglichkeiten wie zum Beispiel Timer gibt.

Benutzen Sie keine völlig leeren Schleifen, um Zeit zu vertrödeln und die Programmausführung vorübergehend anzuhalten. Der Compiler optimiert diese Schleifen eventuell weg und dann läuft Ihr Programm unverzögert weiter, ohne dass Sie den Grund dafür auf die Schnelle finden werden.

An dieser Stelle wird es notwendig, sich die Programmierung dieser so simplen Funktion einmal genauer anzuschauen und sich zu überlegen, ob es nicht auch noch eine andere Programmiermethode gibt.

```
void delay_ms(uint16_t ms)
{
    for(uint16_t t=0; t<=ms; t++)
        _delay_ms(1);
}
```

Das Prinzip ist einfach: Die Schleife prüft immer wieder, ob der Wert in der Variablen t (Startwert gleich 0) kleiner oder gleich dem Wert in ms ist. Ist dies der Fall, wird t immer weiter um eins erhöht, und in der Schleife dann eine Millisekunde gewartet. Es ginge auch anders:

```
void delay_ms(uint16_t ms)
{
    while (ms--)
        _delay_ms(1);
}
```

Das sieht eigentlich viel eleganter aus. Zudem wird die Zählvariable gespart. So lange der Wert in ms ungleich 0 ist, wird die Schleife durchlaufen und dann wird ms um eins dekrementiert.

Welche Methode ist nun günstiger und gibt es überhaupt einen Unterschied? Assemblerprogrammierer würden jetzt ggf. anmerken, dass die While-Schleife optimaler ist, da hierbei der Vergleich bereits impliziert ist und nicht erst die Konstante 0 (wohin auch immer) „geladen" werden muss, wie bei For. Demzufolge würden weniger Maschinenbefehle benötigt werden. Das mag sein, aber wir programmieren in C und nicht in Assembler. Der Compiler generiert für uns die benötigten Maschinenbefehle und zwar zum Mikrocontroller passend, der ebenfalls für die Programmierung in einer Hochsprache optimiert wurde und daher (trotz seiner RISC-Architektur) einige komplexe Befehle besitzt. Deshalb ist die Angelegenheit nicht so einfach, zumal Sie sich mit den internen Registern eines Mikrocontrollers zum Programmablauf kaum beschäftigen wollen und müssen.

Also probieren Sie es doch einfach mal aus und lassen Sie beide Programmversionen gegeneinander antreten. Dabei kommt nämlich ein überraschendes Ergebnis heraus: Die While-Schleife ist bei kleinen Verzögerungen (etwa bei 200 ms) präziser, da die Programmausführung schneller ist und somit die an die Funktion übergebende Verzögerungszeit auch genauer erreicht wird. Aber gleichzeitig verbraucht die While-Schleife 10 Byte mehr Speicherplatz. Die While-Variante wird vom Compiler also in mehrere Maschinenbefehle zerlegt, die zwar in der Summe schneller ausgeführt werden, als die wenigen, komplexeren Befehle bei der For-Variante, aber die langsamen, komplexen Befehle sparen eben ein wenig Platz. Da Speicher auf einem Mikrocontroller stets kostbar ist und für präzise Zeitmessungen sowieso Timer benutzt werden sollten, lohnt es sich, von der Lehrmeinung abzuweichen und doch die For-Schleife zu benutzen.

Bei längeren Verzögerungen wird auch die While-Schleife ungenau, da sich die minimalen Verzögerungen bei der Befehlsabarbeitung dann doch bemerkbar machen.

5.1.5 Ganzzahlige (Integer) Datentypen

Wenn man es genau nimmt, dann fehlt beim Beispielprogramm eigentlich die Einbindung einer Bibliothek der AVR Libc: stdint.h . Allerdings wird diese von fast allen anderen Bibliotheken der AVR Libc eingebunden (so auch von der benutzten util/delay.h), so dass hier darauf verzichtet wurde.

In der stdint.h wird eine Reihe von Integer Datentypen definiert. Eigentlich ist dies nicht notwendig, denn Sie kennen von C ja schon Datentypen wie short und long. Allerdings ist bei C nicht standardisiert, wie groß diese Typen dann sind. Die in der stdint.h benutzte Syntax ist so angelegt, dass der Typenname unmittelbar erkennen lässt, wie viele Bits der Datentyp beinhaltet. Da man bei der Mikrocontroller-Programmierung immer wieder Bitoperationen durchführen muss, ist es sehr hilfreich, wenn man sofort weiß, wie groß eine Variable ist. Außerdem sollte man sich eine sparsame Verwendung von Variablenspeicher angewöhnen. Während es bei einem PC Programm kaum ins Gewicht fällt, wenn man dort stets den größten Datentyp benutzt, rächt sich diese Verschwendung auf einem Mikrocontroller sehr schnell, da der Speicher knapp wird und sich die Laufzeit verlängern kann.

Im Regelfall definieren Sie mit Typen vorzeichenbehaftete Variablen. Das bedeutet, sie können negative und positive Werte innerhalb ihres jeweiligen Wertebereiches speichern. Benötigen Sie keine negativen Werte für eine Variable, dann können Sie mit dem Schlüsselwort *unsigned* die negativen Zahlen ausschließen und den positiven Zahlenraum erweitern. Bei den Typen aus der stdint.h gibt es extra vorzeichenlose Typen. Folgende Integertypen stehen zur Verfügung:

Typ	Anzahl Bits	kleinster Wert	größter Wert
int8_t	8	-128	127
uint8_t	8	0	255
int16_t	16	-32.768	32.767
uint16_t	16	0	65.535
int32_t	32	-2.147.483.648	2.147.483.647
uint32_t	32	0	4.294.967.294
int64_t	64	-2^{63}	$2^{63}-1$
uint64_t	64	0	$2^{64}-1$

Eine weitere Besonderheit stellen boolesche Typen (wahr/falsch bzw. true/false) dar, die es in C nicht gibt. Allerdings können Sie die stdbool.h einbinden und dann mit dem Typ bool arbeiten, wie Sie es vielleicht aus anderen Sprachen her kennen. Obwohl ein boolescher Typ nur ein Bit repräsentiert, wird für eine solche Variable aber ein ganzes Byte Speicher belegt. Sie sparen also keinen Speicherplatz und könnten auch auf int8_t zurückgreifen.

5.1.6 Bitmanipulation und Datenausgabe

Nachdem Sie nun so viel darüber erfahren haben, was im Hintergrund für ein kleines Programm schon alles benötigt wird, wird es Zeit, die wenigen Anweisungen, die tatsächlich den I/O-Port betreffen anzuschauen. Eine wichtige Eigenschaft aller I/O-Leitungen bei AVRs ist, dass sie einzeln und unabhängig voneinander als Ein- oder Ausgang benutzt werden können. Deshalb ist es notwendig, dass Sie über das Datenrichtungsregister dem μC mitteilen, wie ein einzelner Pin betrieben werden soll. Je Port gibt es ein Datenrichtungsregister, welches über die Konstanten DDRA, DDRB, DDRC und DDRD angesprochen werden kann. Um einen Pin eines Ports als Ausgang zu benutzen, muss das entsprechende Bit im Datenrichtungsregister auf 1 gesetzt werden. Eine 0 im Register sorgt dafür, dass der Pin als Eingang arbeitet.

Im Beispielcode wird in Zeile 13 DDRB mit FFh beschrieben. Das führt dazu, dass alle Leitungen von Port B als Ausgang arbeiten. Über die io.h werden aber auch für jede Leitung eines Ports einzelne Datenregisterbits als Konstante angelegt. Diese heißen entsprechend DDn0…DDn7, wobei n durch den Buchstaben für den jeweiligen Port zu ersetzen ist (A…D). Deshalb könnten Sie auch folgende Zeile schreiben:

```
DDRB = (1 << DDB0) | (1 << DDB7);
```

Mit dieser Shift-Operation und Oder-Verknüpfung werden die Bits 0 und 7 des Datenrichtungsregisters von Port B auf 1 gesetzt und alle anderen Bits auf 0.

Bit A	Bit B	A | B (A Oder B)
0	0	0
0	1	1
1	0	1
1	1	1

Beide Schreibweisen haben aber noch einen Nachteil: Sie verändern auch den Zustand der anderen Richtungsregister des Ports, obwohl Sie diese Leitungen (1…6) gar nicht benutzen wollen. Bei dem kleinen Beispiel stört das nicht, doch was ist, wenn ein anderer Teil Ihres Programms diese Leitungen für Eingaben nutzen soll? Deshalb ist es besser, den derzeitigen Zustand des Richtungsregisters abzufragen und dann nur die Bits zu ändern, die wirklich beeinflusst werden sollen:

```
DDRB = DDRB | (1 << DDB0) | (1 << DDB7);
```

Da diese Syntax bei der Mikrocontroller-Programmierung immer wieder anzutreffen ist, aber durchaus Rätsel aufgeben kann, hier eine ausführliche Erläuterung: Zuerst wird durch den Ausdruck „<< " der Wert 1 (Binär 0000 0001b) genommen und alle Bits werden n-mal nach links geschoben (man spricht oft auch von „nach links shiften" oder einem „Linksshift"), wobei rechts Nullen eingefügt werden. Wie groß n ist, steht in der Header-Datei io.h bzw. der von ihr nachgeladenen Header-Datei bei den Konstantenfestlegungen. Dies ergibt für den ATmega16 somit 0000 0001b für 1 << DDB0 und 1000 0000b für 1 << DDB7. Das Ergebnis wird bitweise Oder-verknüpft: 0000 0001b Oder 1000 0000b wird zu 1000 0001b. Diese Maske wird mit dem aktuellen Inhalt des Datenrichtungsregisters DDRB bitweise Oder-verknüpft und das Ergebnis DDRB wieder zugewiesen. Die gewünschten Bits sind somit gesetzt.

Abbildung 5.2: *Logischer Linksshift.*

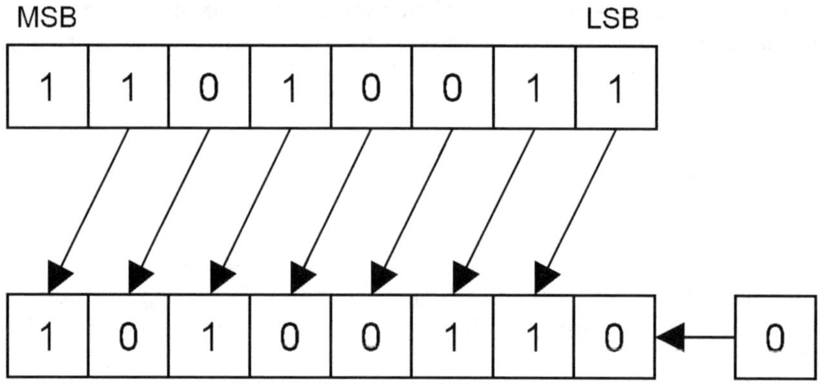

Analog dazu kann mit dem Operator „>> " ein Rechtsshift durchgeführt werden. AVR-GCC führt bei beiden Operatoren eine logische Verschiebung durch, bei denen stets Nullen eingefügt werden und die hinausgeschobenen Bits verloren gehen. Bei einer Verschiebung nach rechts geht dadurch ggf. das Vorzeichen verloren.

Abbildung 5.3: *Logischer Rechtsshift.*

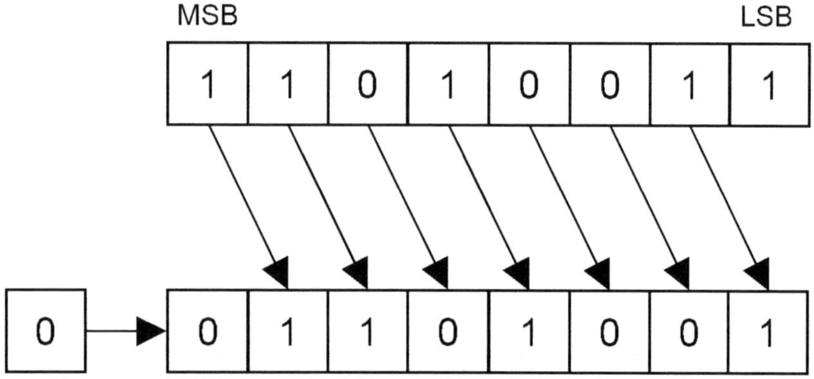

Mit der erweiterten Darstellung von Operatoren kann man die Anweisung in C auch noch eleganter schreiben:

```
DDRB |= (1 << DDB0) | (1 << DDB7);
```

Da das Pipezeichen für die Oder-Verknüpfung vor dem Gleichheitszeichen entscheidend ist, aber leicht übersehen werden kann, erfordert diese Schreibweise entsprechende Aufmerksamkeit beim Betrachter.

Nun können Sie für die als Ausgang arbeitenden Pins den logischen Signalzustand festlegen: In Zeile 16 des Codes schreiben Sie in das Portregister den Wert 1. Da AVR-GCC es erlaubt, Daten in Bit-Schreibweise anzugeben (kein C Standard), wurde hier exemplarisch einmal der Wert binär angeben, was natürlich das Lesen des Codes vereinfacht. Da über das Datenrichtungsregister zuvor alle Leitungen als Ausgänge deklariert wurden, sorgt die 1 im Portregister dafür, dass nur die Leitung PB0 aktiv wird und dort die LED leuchtet.

Nach einer kurzen Verzögerung wird in das Portregister 80h geschrieben, was 1000 0000b entspricht und dazu führt, dass die LED an PB0 (und rein theoretisch auch die an PB1 bis PB6) ausgeschaltet wird und PB1 High wird und somit dort die LED leuchtet. Nach einer weiteren Verzögerung wird die endlose While-Schleife erneut durchlaufen und das Spiel beginnt von Neuem, so dass wieder nur die LED an PB0 leuchtet.

Wie auch schon beim Datenrichtungsregister wird bei Zuweisungen mittels Gleichheitszeichen an das Portregister der Zustand aller Pins festgelegt. Zudem sind auch hier die Zahlenwerte (besonders in hexadezimaler Form) nicht besonders gut lesbar, so dass erst ein wenig Umrechnen notwendig wird, um zu erkennen, welchen Zustand der Port nach der Zuweisung aufweist. Daraus ergibt sich, dass es günstig ist, nur die Pins anzugeben, die sich tatsächlich auch ändern sollen, und den übrigen Zustand beizubehalten. Für die einzelnen Portbits gibt es ebenfalls vordefinierte Konstanten, bei denen n durch den jeweiligen Portbuchstaben ersetzt wird: Pn0…Pn7. Der Befehl in Zeile 16 könnte dann folgendermaßen aussehen:

```
PORTB |= (1<<PB0);
```

Und für Zeile 18 so:

```
PORTB |= (1<<PB7);
```

Vielleicht ahnen Sie schon, welches Problem sich dabei ergibt? Wenn nicht, probieren Sie das geänderte Programm einfach mal aus (`LED3`; folgend nur ein Auszug):

```
int main()
{
    DDRB |= (1 << DDB0) | (1 << DDB7);        // PORTB als Ausgang
    while (1)
    {
        PORTB |= (1<<PB0);         // LED an PB0 ein
        delay_ms (250);
        PORTB |= (1<<PB7);         // LED an PB7 ein
        delay_ms (250);
    }
    return 0;
}
```

Nach kurzer Zeit leuchten beide LEDs permanent auf. Bevor Sie weiter lesen, versuchen Sie, selber auf den Grund dafür zu kommen, denn genau solche Fragen sind es, mit denen Sie sich bei der Softwareentwicklung immer wieder herumschlagen werden.

Die Ursache liegt in der Oder-Verknüpfung bei der Zustandszuweisung: Sie fragen den bisherigen Zustand des Ports ab und ändern dann lediglich Pin 0 und anschließend Pin 7. Spätestens bei der erstmaligen Ausführung der zweiten Zuweisung (in Zeile 8) ist die LED an Pin 0 bereits an und Sie schalten zusätzlich die LED an Pin 7 ein. Wenn Sie die Wartezeit in Zeile 7 erhöhen (z. B. „2000" für 2 Sekunden Pause), können Sie es deutlicher sehen.

Sie müssten also auf den erweiterten Operator „ | =“ verzichten und nur „=“ benutzen. Dann ändern Sie aber wieder den gesamten Portzustand, was eigentlich nicht gewünscht ist. Eine andere Lösung wäre, die eine LED explizit auszuschalten und die andere dann ein. Das geht natürlich auch, denn Sie können mit einer Und-Verknüpfung in einem Byte auch ein einzelnes Bit löschen:

```
PORTB &= ~(1<<PB0);
```

Bit A	Bit B	A & B (A Und B)
0	0	0
0	1	0
1	0	0
1	1	1

Zuerst wird eine 1 n-mal nach links geschoben (PB0 ist beim ATmgea16 gleich Null). Durch die Tilde („~“) wird der Wert in der Klammer dann invertiert: aus 0000 0001b wird 1111 1110b. Schließlich wird durch „&=“‘ mit dem aktuellen Wert von PORTB mit dem Ergebnis Und-verknüpft und das Resultat wieder PORTB zugewiesen.

Mit dieser Operation könnten Sie das vorherige Programm wieder dazu bringen, so zu arbeiten, wie das ursprüngliche Beispiel (`LED4`; Auszug):

```
int main()
{
    DDRB |= (1 << DDB0) | (1 << DDB7);        // PORTB als Ausgang
    while (1)
    {
        PORTB |= (1<<PB0);          // LED an PB0 ein
        PORTB &= ~(1<<PB7);         // LED an PB7 aus
        delay_ms (250);
        PORTB |= (1<<PB7);          // LED an PB7 ein
        PORTB &= ~(1<<PB0);         // LED an PB0 aus
        delay_ms (250);
    }
    return 0;
}
```

So weit so gut erst einmal. Doch noch immer gibt es ein kleines Problem: Produziert dieses Programm wirklich genau das gleiche Ergebnis, wie das erste? Werfen Sie dazu ggf. einen Blick auf den Signalverlauf mit Hilfe eines Oszilloskops:

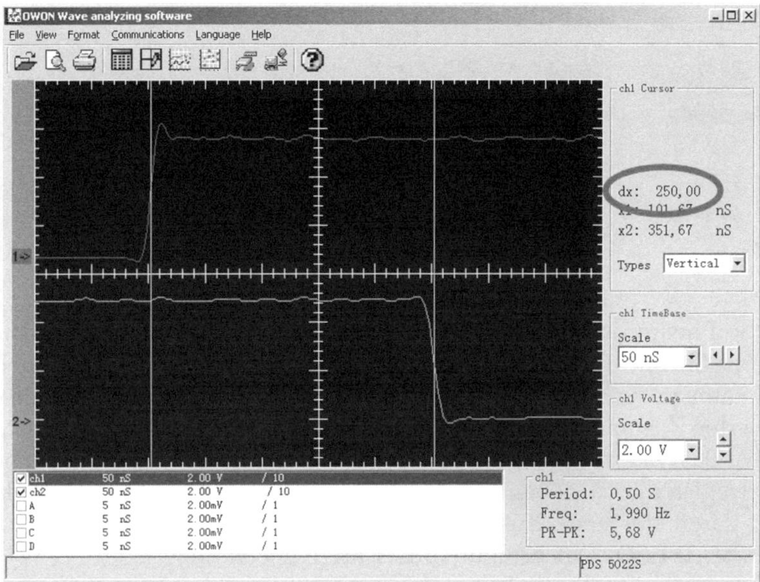

Abbildung 5.4: *Signalverlauf Pin 0 und 7.*

Wie Sie sehen, leuchten in einer Zeitspanne von 250 ns (Nanosekunden) beide LEDs auf, da beide Pins High-Signal führen. Das ist sicherlich eine kurze Dauer, die mit dem menschlichen Auge nicht wahrnehmbar ist, doch elektrotechnisch kann es von Bedeutung sein (z. B. weil Sie dadurch die zulässige Gesamtstrombelastung des Prozessors kurzzeitig überschreiten könnten). Das Beispiel soll Ihnen verdeutlichen, dass auch die Ausführung von zwei direkt aufeinander folgenden Befehlen in einem schnellen Mikrocontroller ein klein wenig Zeit kostet, und im Code schalten Sie die jeweils andere LED ja erst aus, nach dem Sie die eine bereits eingeschaltet haben.

Ein Vertauschen der Zeilen 6/7 und 9/10 (als Beispiel im Ordner `LED5` vorhanden) liefert aber auch noch nicht das gewünschte Ergebnis, da dann ja beide LEDs einen kurzen Moment ausgeschaltet sind und gar keine leuchtet. Die Lösung liegt in einer Exklusiv-Oder-Verknüpfung:

```
PORTB ^= (1<<PB0) | (1<<PB7);
```

Diese Anweisung negiert den Zustand der beiden Bits 0 und 7; sie schaltet den Zustand des jeweiligen Bits um – im englischen spricht man dabei vom togglen.

Bit A	Bit B	A ^ B (A XOR B)
0	0	0
0	1	1
1	0	1
1	1	0

Allerdings haben Sie dabei keinen Einfluss auf den Ausgangszustand. Deshalb ist es erforderlich, dass Sie die beiden Ports zu Beginn in einen definierten Zustand versetzen – ähnlich wie die Initialisierung einer Variablen vor dem ersten Gebrauch. Der folgende Code (Auszug aus `LED6`) zeigt die optimale Lösung:

```
 1 int main()
 2 {
 3     PORTB |= (1<<PB0);          // LED an PB0 ein
 4     PORTB &= ~(1<<PB7);         // LED an PB7 aus
 5     DDRB |= (1 << DDB0) | (1 << DDB7);        // PORTB als Ausgang
 6     while (1)
 7     {
 8         delay_ms (250);
 9         PORTB ^= (1<<PB0) | (1<<PB7);         // LED an PB0 und PB7 togglen
10     }
11     return 0;
12 }
```

Zuerst versetzen Sie die Pins in den gewünschten Ausgangszustand (Zeile 3 und 4). Anschließend erst definieren Sie nur die beiden Pins als Ausgänge. Wie Sie sehen, ist diese Reihenfolge möglich und kann auch sinnvoll sein: So stellen Sie sicher, dass die Ausgänge von Anfang an einen definierten Zustand besitzen und sich nicht in einem undefinierten Zustand befinden, sobald sie über das Datenrichtungsregister als Ausgänge geschaltet sind aber noch keine Daten in das Portregister geschrieben wurden. In der Endlosschleife warten Sie dann die vorgesehene Zeit, damit der erste Zustand (LED an PB0 an) erkennbar bleibt. Anschließend schalten Sie beide LEDs synchron um und warten wieder usw.

Die Arbeit mit Konstanten für die Register und die Bitoperationen sehen auf den ersten Blick sicher etwas gewöhnungsbedürftig aus und sind mehr Tipparbeit, dafür funktionieren sie aber universell auch beim Wechsel eines Prozessortyps und sind nach einiger Gewöhnung deutlicher und nachvollziehbarer als konstante Zahlenwerte. Und ganz nebenbei haben Sie gegenüber der ersten Variante mit der letzten Programmversion auch noch 2 Byte Code im Flash-Speicher des Mikrocontroller gespart, wie Sie feststellen können, wenn Sie sich die Speicherinformationen beim Compilieren anschauen. Nicht viel, aber angesichts des kurzen Programms immerhin ein kleiner Erfolg.

Abschließend sei noch auf eine weitere Schreibweise hingewiesen: Anstelle von

```
(1 << Bit)
```

können Sie auch

```
_BV(Bit)
```

schreiben, wobei BV für „bit value" steht. Also sind zum Beispiel folgende zwei Zeilen gleichbedeutend, um die Pins PB0 und PB7 als Ausgang zu definieren:

```
DDRB |= (1 << DDB0) | (1 << DDB7);
DDRB |= _BV(DDB0) | _BV(DDB7);
```

Möglich wird dies durch ein weiteres Makro, welches sich diesmal in der Datei avr/include/avr/sfr_defs.h befindet. Welche Schreibweise sie bevorzugen, ist Ihnen überlassen und hat keinen Einfluss auf den erzeugten Maschinencode. Viele Anwender bevorzugen die kürzere Angabe mit _BV (Bit), während andere wiederum argumentieren, dass bei (1 << Bit) die Bitoperation auch ohne Kenntnis des Makros ersichtlich ist und deshalb besser zu lesen und compilerunabhängig ist.

5.2 7-Segmentanzeigen und alphanumerische LEDs

Nachdem Sie nun schon vieles über die Datenausgabe erfahren und einfache Leuchtdioden angesteuert haben, wird es Ihnen relativ leicht fallen, einige LED Spezialbauformen zu benutzen. Auch wenn Flüssigkristallanzeigen (denen ein eigenes Kapitel gewidmet ist) schick und inzwischen auch recht billig sind, sind 7-Segment LEDs für die einfache Zahlendarstellung immer noch aktuell. Ihr Vorteil liegt im sehr geringen Preis, der guten Ablesbarkeit unter den meisten Umgebungslichtbedingungen und der einfachen Ansteuerung. Alphanumerische LEDs sind etwas unbekannter, aber dennoch vielseitig einsetzbar und ähnlich anzusteuern wie 7-Segmenanzeigen.

5.2.1 Gemeinsame Anode oder Kathode

Displaybauelemente, die aus mehreren LEDs o. Ä. bestehen, haben stets eins gemeinsam: Alle Einzelelemente sind an einer Seite miteinander verbunden. Da LEDs eine Durchflussrichtung besitzen, die mit Anode (Plus) und Kathode (Minus bzw. Masse) bezeichnet wird, spricht man von einem Element mit gemeinsamer Anode (A in Abbildung 5.5) oder Kathode (B).

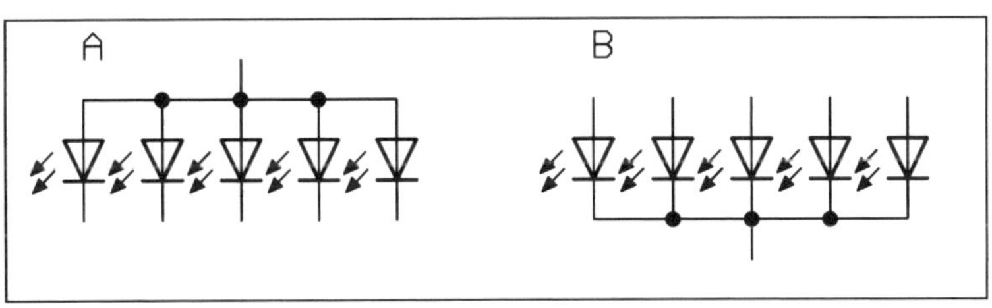

Abbildung 5.5: *Gemeinsame Anode und Kathode.*

Wird ein solches Element an einen Mikrocontroller angeschlossen, muss dieser seinen Ausgang dementsprechend nach Masse oder gegen die Versorgungsspannung schalten können, damit die einzelne LED leuchtet. Es gibt Prozessoren, die weisen unterschiedliche Belastungskapazitäten hierbei auf. Beim Einsatz eines AVRs spielt dies aber keine Rolle, so dass es Ihrem Geschmack und der Verfügbarkeit der Bauelemente überlassen bleibt, was sie einsetzen. Wie schon angesprochen, bedeutet eine gemeinsame Anode, dass Sie den Kathodenanschluss der jeweiligen LED nach Masse schalten müssen, was einer logischen Null am Ausgang entspricht, damit die LED leuchtet. Dies ist eventuell etwas gewöhnungsbedürftig bei der Programmierung, stellt aber sonst keinerlei Nachteil da.

5.2.2 7-Segmentanziege ansteuern

Die folgende Schaltung nutzt als Basis das Mini-Mega-Board, dessen sieben Pins PB0…PB6 zu einem Steckboard geführt werden und dort an eine 7-Segmentanzeige mit gemeinsamer Anode angeschlossen sind. Achten Sie darauf, die LED-Zeile auf dem Mini-Mega-Board mit dem Schalter JP1 zu deaktivieren, damit nicht zwei LEDs gleichzeitig leuchten und so möglicherweise die zulässige Ausgangslast überschritten wird.

Abbildung 5.6: *Beschaltung einer Anzeige mit gemeinsamer Anode.*

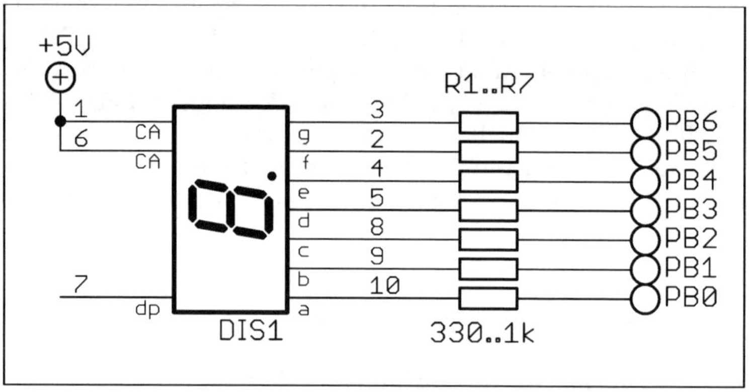

Wie Sie sehen, wurde der Doppelpunkt nicht beschaltet. Mit einer weiteren Datenleitung können Sie diesen bei eigenen Experimenten natürlich auch noch ansteuern. Da es auf dem Markt sehr viele verschiedene Siebensegmentdisplays gibt, achten Sie bitte auf die korrekte Beschaltung, die Sie dem jeweiligen Datenblatt entnehmen und die passenden Vorwiderstände. Wichtig ist, dass Sie die I/O-Pins wie abgebildet den einzelnen Leuchtsegmenten (die stets mit a bis g bezeichnet werden) zuordnen.

Abbildung 5.7: *Zuordnung der Leuchtelemente.*

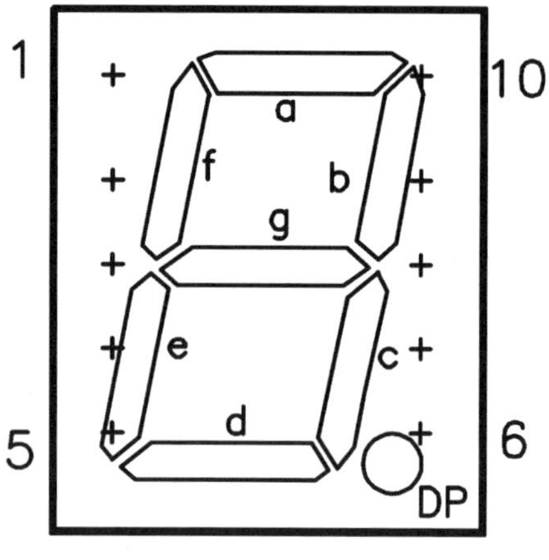

Wichtigste Eigenschaft des C Programms (im Ordner `7-SEGMENT` vorhanden) ist die Definition der zehn Zahlen als Konstanten. Für jede mögliche Darstellung wird ein Byte in einem Array angelegt, welches dann angibt, welche LED in der Anzeige leuchten soll (Ausgang

Low). Das höchstwertigste Bit bleibt stets auf High, da die Leitung nicht genutzt wird. Zur besseren Lesbarkeit wurde die Bit-Schreibweise gewählt. Auf diese Weise können Sie selbstverständlich auch weitere Zeichen definieren, um zum Beispiel einfache Buchstaben zu generieren. In der Definition wurden so auch die Zahlen sechs und neun zweimal definiert, da es für diese zwei verschiedene Darstellungsvarianten gibt (mit oder ohne oberen bzw. unteren Querstrich). Kommentieren Sie einfach die Form aus, die Ihnen weniger gut gefällt.

```
#include <avr/io.h>
#include <util/delay.h>        // _delay_ms()

int main (void);

const int8_t numbers [10] =
{
//     1gfedcba
       0b11000000,      // 0
       0b11111001,      // 1
       0b10100100,      // 2
       0b10110000,      // 3
       0b10011001,      // 4
       0b10010010,      // 5
//     0b10000011,      // 6
       0b10000010,      // 6
       0b11111000,      // 7
       0b10000000,      // 8
//     0b10011000,      // 9
       0b10010000,      // 9
};

// wartet ms Millisekunden
void delay_ms(uint16_t ms)
{
       for(uint16_t t=0; t<=ms; t++)
            _delay_ms(1);
}

int main ()
{
       int8_t i;

       DDRB |= (1 << DDB0) | (1 << DDB1) | (1 << DDB2) | (1 << DDB3) |
       (1 << DDB4)|      (1 << DDB5) | (1 << DDB6);      // PortB als Ausgang

       while (1)
      {
            for (i=0; i<=9; i++)
            {
                 PORTB = numbers[i];
                 delay_ms (800);
            }
       }

       return 0;
}
```

Nach dem Sie das Programm compiliert und übertragen haben, werden die Zahlen Null bis Neun endlos nacheinander angezeigt.

Abbildung 5.8: *Zahlenausgabe auf einem 7-Segmentdisplay.*

5.2.3 Alphanumerische LEDs

Zur Ausgabe von Schriftzeichen und Zahlen gibt es alphanumerische LED -Module. Je nach Bauart sind diese aus 14 oder 16 Segmenten aufgebaut (der obere und untere horizontale Strich ist bei den 16-segmentigen Varianten noch einmal unterteilt). Zwar können auf diesen Displays keine Kleinbuchstaben komplett dargestellt werden, für einfache Textausgaben genügen sie aber oft. Zudem sind sie ähnlich einfach wie 7-Segmentdisplays anzusteuern.

Abbildung 5.9: *Buchstabe „K“ auf einer 16-Segmentanzeige.*

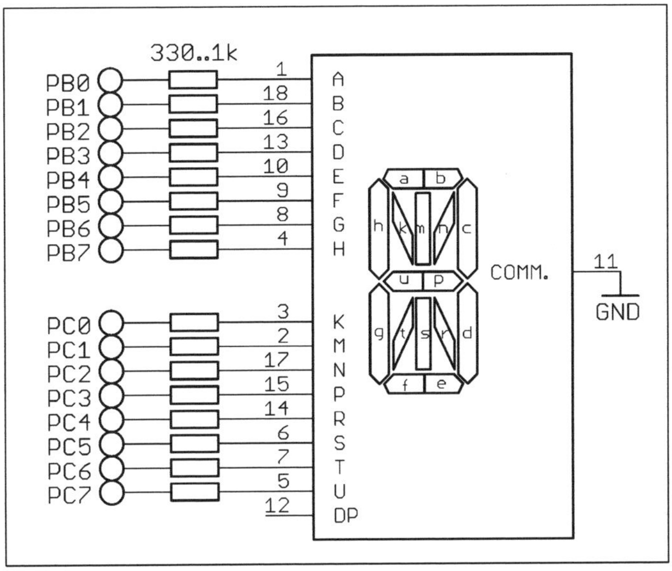

Abbildung 5.10: 16-Segmentanzeige mit gemeinsamer Kathode am Mini-Mega-Board.

Vom Mini-Mega-Board werden diesmal 16 Datenleitungen benötigt (wieder ohne Ansteuerung des Dezimalpunktes). Welche Portleitungen Sie verwenden ist im Grunde egal, achten Sie nur darauf, dass keine weiteren Lasten etc. an ihnen angeschlossen sind (JP1, JP2 und S1 ggf. öffnen, vgl. S. 118).

Der Programmcode wurde bei diesem Projekt in zwei Dateien aufgeteilt. Zur besseren Lesbarkeit befinden sich die Zeichensatzdefinitionen in der Datei `chars.h` – hier ein Auszug:

```
const int16_t signs [59] =
{
//      utsrpnmkhgfedcba
        0b0000000000000000,       // <Blank>
        0b0000001100100001,       // !
        0b0000001010000000,       // „
        0b1010101000111100,       // #
```

Wie Sie sehen, wurde diesmal ein Array mit 16-Bit Variablen angelegt. Da das verwendete LED-Modul eine gemeinsame Kathode besitzt, bedeutet eine logische Eins High am Ausgang und das entsprechende Segment leuchtet auf. Definiert wurden einige Sonderzeichen und das Alphabet. Selbstverständlich können Sie den Zeichensatz beliebig erweitern oder an eigene Wünsche anpassen. In den Datenblättern zu den verschiedenen speziellen Treiberbausteinen (z. B.: MAX6954 oder MIC10937), mit denen Sie ein 16-Segmentdisplay auch ansteuern können, finden Sie stets auch eine Darstellung des im Treiber integrierten Zeichensatzes. Hier finden Sie vielleicht Anregungen für weitere Zeichenvarianten.

```
const char text[] = "++ HELLO WORLD! WIE GEHT'S? **" ;

// Gibt ein Zeichen aus
void char_out (uint8_t zeichen)
{
     PORTB = signs[zeichen-32];
     PORTC = (signs[zeichen-32] >> 8);
```

```
 8 }
 9
10 int main ()
11 {
12     int8_t i;
13
14     DDRB = 0xFF;     // PortB komplett als Ausgang
15     DDRC = 0xFF;     // PortC komplett als Ausgang
16
17     // Einmal den gesamten Zeichensatz ausgeben
18     for (i=0; i<=58; i++)
19     {
20         PORTB = signs[i];
21         PORTC = (signs[i] >> 8);
22         delay_ms (800);
23     }
24
25     // Einen Buchstaben ausgeben
26     char_out ('M');
27     delay_ms (5000);
28
29     // Endlos Text ausgeben
30     while (1)
31     {
32         i=0;
33         while (text[i]!=0)
34         {
35             char_out (text[i]);
36             delay_ms (700);
37             i++;
38             PORTB = 0;
39             PORTC = 0;
40             delay_ms (50);
41         }
42     }
43
44     return 0;
45 }
```

In Zeile 1 wird ein Array vom Typ *char* angelegt und mit einem beliebigen Text gefüllt, der später auf der Anzeige ausgegeben werden soll. In AVR-GCC ist der Typ *char* gleichbedeutend mit uint8_t, wie Sie auch an der folgenden Routine erkennen können: Die Funktion char_out gibt das ihr übergebene Zeichen an den beiden I/O-Ports aus. Dabei werden zwei kleine Kniffe genutzt:

In C wird ein Textzeichen mit seinem ASCII (American Standard Code for Information Interchange) Wert gespeichert. Nachfolgend ein paar ASCII-Zeichen. Eine vollständige Tabelle finden Sie im Internet (bspw. unter http://de.wikipedia.org/wiki/ASCII).

Zeichen	?	@	A	B	C
ASCII	63	64	65	66	67

Übergeben Sie der Funktion char_out beispielsweise ein 'A' (in C werden einzelne Buchstaben in Hochkomma geschrieben), dann übergeben Sie im Grunde der Funktion die Zahl 65. Nun sind aber in der Zeichensatztabelle in der Datei CHARS.H nicht sämtliche Zeichen definiert (zumal es auch zahlreiche nicht-druckbare Steuerzeichen gibt), sondern nur die Zeichen mit den ASCII-Werten 32 bis 90. Das erste Zeichen im Array ist als Element mit dem Indexwert 0 angelegt usw. Das Element, welches den Portzustand für den Buchstaben „A" beschreibt, befindet sich demnach 32 Zeichen niedriger als der ASCII-Wert für das „A": beim Indexeintrag 33. Deshalb wird vom an die Funktion übergebenen ASCII-Wert die 32 als Offset für das Array subtrahiert.

Zeichen	?	@	A	B	C
Index	31	32	33	34	35

Der zweite Kniff besteht darin, dass an PORTB, welcher die niedrigwertigen Datenleitungen steuert, einfach die 16-Bit Zahl aus dem Zeichensatzarray übergeben wird (Zeile 6). Da der Port nur acht Bit breit ist, werden nur die niedrigwertigen achts Bits (Segmente a…h) genutzt und die I/O-Leitungen entsprechend ein- und ausgeschaltet.

Höherwertiges Byte für „A"								**Niedrigwertiges Byte für „A"**							
1	0	0	0	1	0	0	0	1	1	0	0	1	1	1	1

Anschließend wird der gleiche Wert aus dem Zeichensatzarray erneut genommen, diesmal aber um acht Bits nach rechts geshiftet. Jetzt stehen die acht zuvor höherwertigen Bits (für die Segmente k…u) an Stelle der bisher niedrigwertigen Bits. Mit diesem Wert wird dann der Zustand an Port C gesteuert (Zeile 7). So sieht der Wert für den Buchstaben „A" nach dem Rechtsshift aus, der an Port C ausgegeben wird:

Höherwertiges Byte								**Niedrigwertiges Byte**							
0	0	0	0	0	0	0	0	1	0	0	0	1	0	0	0

In den Programmcodezeilen 20 und 21 können Sie das Verfahren auch noch einmal teilweise erkennen: Die Laufvariable i durchläuft die Zahlen 0…58 und dadurch werden alle Indexwerte des Arrays einmal durchlaufen und der gesamte Zeichensatz einmal ausgegeben.
In der Endlosschleife ab Zeile 30 wird die Variable i genutzt, um auf die einzelnen Indexeinträge des Arrays Text zu zeigen. Es handelt sich dabei nicht um einen String, wie Sie ihn vielleicht aus anderen Programmiersprachen kennen, sondern wirklich um ein Feld mit lauter einzelnen Elementen:

Index	0	1	2	3	4	5	6	…	28	29	30
Zeichen	+	+		H	E	L	L	…	*	*	\0

Eine Besonderheit von Arrays in C ist, dass bei der hier verwendeten Form der Initialisierung die Größe automatisch festgelegt und am Ende zusätzlich ein Nullbyte (nicht das Zeichen „0") angehängt wird. Dadurch kann die Schleife ab Zeile 33 prüfen, ob der Index auf dieses Nullbyte weist und dann ggf. den Durchlauf beenden. In den Zeilen 38…40 werden beide Ports kurz auf Low gesetzt, um alle LEDs auszuschalten. Das führt zu einem kurzen Blinken zwischen den Buchstabenwechseln, was die Lesbarkeit für den Betrachter erhöhen soll, wenn mehrere gleiche Zeichen nacheinander ausgegeben werden.

5.3 Größere Lasten betreiben

Nicht selten soll der Mikrocontroller nicht nur ein paar LEDs ansteuern sondern auch Lasten treiben, welche die Ausgänge mit einem höheren Strom belasten als nominell zulässig ist oder die eine größere Schaltspannung benötigen, als die üblichen 5 V. An dieser Stelle können natürlich nicht alle Details hierzu ausführlich geklärt werden, denn die Anwendungsmöglichkeiten sind zu vielschichtig. Mit den folgenden Beispielen lassen sich aber dennoch viele praktische Aufgaben lösen.

5.3.1 Der Transistor für kleine Lasten

Als Elektroniker werden Sie den Transistor sicher zur Genüge kennen und es gibt auch schier endlos viele Schaltungsvarianten für ihn, so dass an dieser Stelle nur ein kurzer Blick auf die einfache Emitterschaltung geworfen wird. Diese eignet sich zum Treiben von kleineren Lasten bis ca. 200 mA – je nach Transistortyp. Eine Transistorschaltung benötigen Sie oft am Ausgang eines Mikrocontrollers, da nicht alle Prozessoren in der Lage sind, wie die AVRs, bis zu 40 mA pro Pin Belastung zu verkraften. Zumal auch oft etwas höhere Lasten betrieben werden sollen. Der Transistor bietet Ihnen folgende Vorteile:

- Sehr schnelle Schaltvorgänge mit durchaus weit mehr als 50 MHz
- Unbegrenzte Lebensdauer
- Kleine Bauform
- Sehr billig

Als NPN Standardtyp können Sie beispielsweise den BC337 oder BC547 benutzen. Diese Universaltransistoren bieten eine maximale Schaltleistung von 800 bzw. 200 mA und vertragen als maximale Kollektor-Emitter-Spannung (V_{CE0}) bei I_C=0 bis zu 50 V.

Abbildung 5.11: *NPN Transistor in Emitterschaltung.*

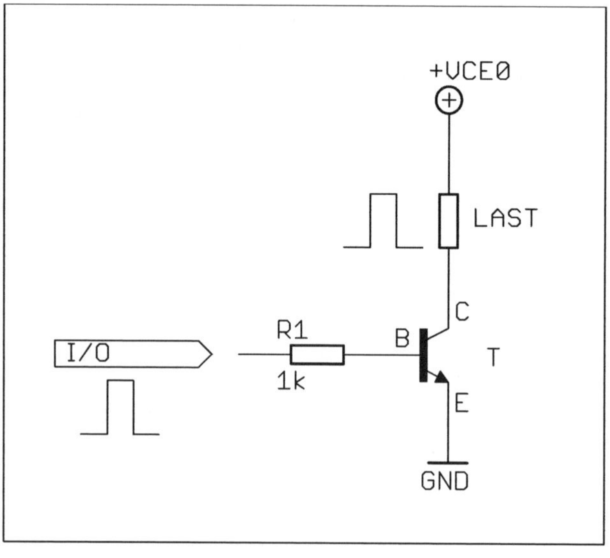

Beim Einsatz eines PNP-Transistors ist zu beachten, dass die Last invertiert zum Eingang geschaltet wird. Standardtypen sind z. B. der BC327 und der BC557, die ebenso wie Ihre NPN-Pendants 800 bzw. 200 mA verkraften.

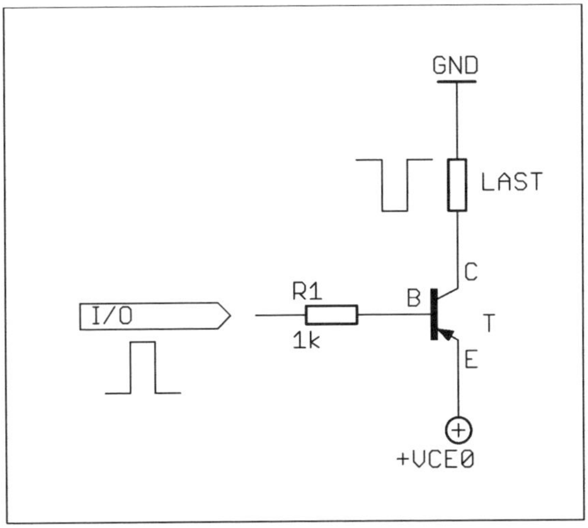

Abbildung 5.12: *PNP Transistor als Schalter.*

5.3.2 Power MOSFETs für hohe Belastungen

Quasi als nächsten Schritt nach dem Transistor kommt der MOSFET (Metal Oxide Semiconductor Field Effect Transistor: Metall-Oxid-Halbleiter-Feldeffekttransistor) in Bezug auf die maximale Belastbarkeit. MOSFETs bieten ähnlich wie Transistoren ein riesiges Anwendungsgebiet und können dementsprechend umfangreich betrachtet werden, so dass hier wieder nur eine kleine Zusammenfassung erfolgt.

MOSFETs eignen sich gut für Anwendungen, bei denen hohe Ströme mit niedrigen Spannungen geschaltet werden müssen. Eine höhere Spannungsfestigkeit wird meist mit einer höheren Ansteuerspannung erkauft. Logic Level-FETs schalten bei 5 V oft nahezu voll durch und eignen sich deshalb besonders für Mikrocontroller-Anwendungen im Gegensatz zu den normalen Typen, die typischerweise erst bei 10 V voll durchschalten und bei geringeren Spannungen nicht die maximale Belastbarkeit erreichen.

Power MOSFET s sind hinsichtlich der maximal zulässigen Spannungen und Ströme weiter optimiert und erlauben mehrere hundert Ampere und bis ca. 1.000 Volt. Beachten Sie aber unbedingt die Datenblätter und sorgen Sie für eine ausreichend dimensionierte Wärmeableitung. Aus der Vielzahl an verschiedenen N-Kanal Typen können Sie beispielsweise auf den IRF840 oder den IRL3705N zurückgreifen:

	IRF840	IRL3705N
Spannung	500 V	55 V
Strom	8 A	89 A
Logic Level	Nein	Ja

Die Beschaltung des N-Kanal-MOSFETs ähnelt der eines NPN-Transistors in Emitterschaltung, wobei beim MOSFET die Anschlüsse als Gate, Drain und Source bezeichnet werden.

Abbildung 5.13: *Sourceschaltung eines MOSFETs.*

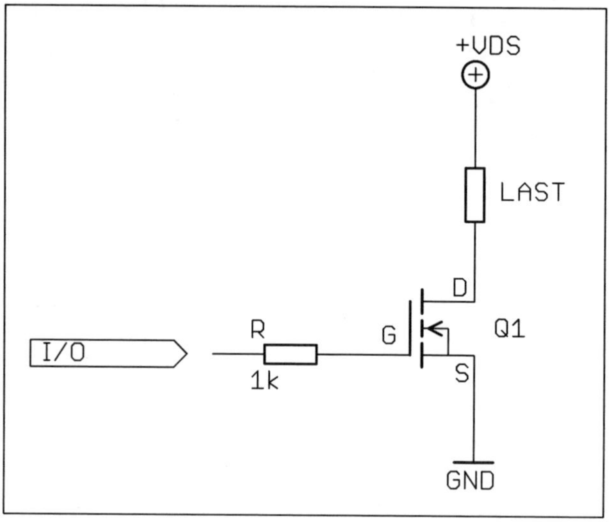

5.3.3 Alt, aber noch immer praktisch: Relais

Das Relais gehört zu den ältesten elektronischen Bauteilen und ist immer noch nicht aus der Mode. Auch wenn es etwas archaisch anmuten mag, an einen hochmodernen μC ein mechanisches Schaltglied anzuschließen, bietet ein Relais einige Vorteile:

- Fast unbegrenztes Schaltvermögen. Auch hohe Lasten können geschaltet werden (wird dann als Schütz bezeichnet).
- Gängige Dimensionen sind preiswert zu beschaffen.
- Einfache Beschaltung.
- Es können mehrere Laststromkreise mit nur einem Steuerstromkreis gleichzeitig geschaltet werden.
- Galvanische Trennung.

Typisches Einsatzgebiet eines Relais ist die Schaltung von Netzspannungen, bei denen auch die galvanische Trennung zwischen dem Ein- und dem Ausgang von Vorteil ist, da so die Mikrocontroller-Seite nicht mit der lebensgefährlichen Netzspannung in Verbindung kommen kann.

Der mechanische Aufbau bringt aber auch ein paar Nachteile mit sich:

- Anzahl der Schaltvorgänge begrenzt (ja nach Typ ca. 250.000).
- Schaltzeiten führen zu Verzögerungen. Maximale Schaltfrequenz je nach Typ ca. 10 Hz.
- Großer Platzbedarf.
- Hörbares Schaltgeräusch.
- Ausgang prellt (vgl. S. 120).

Die meisten negativen Eigenschaften fallen bei größeren Lasten aber oft nicht ins Gewicht, so dass sich ein Relais häufig gut eignet und einfach an den Mikrocontroller angeschlossen werden kann:

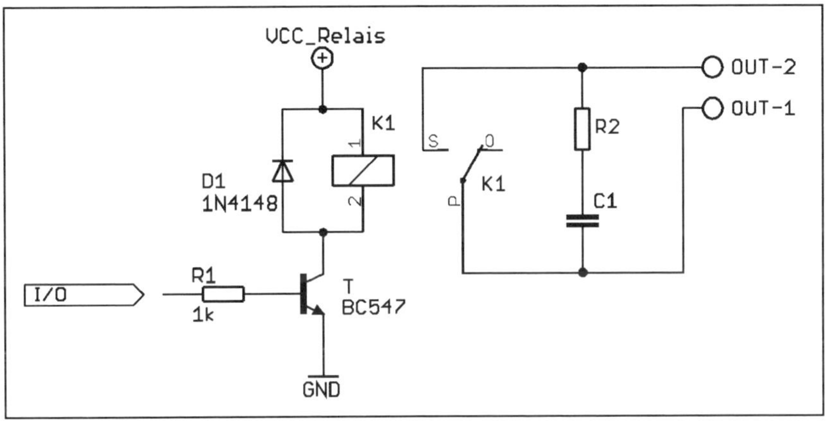

Abbildung 5.14: *Relaisansteuerung.*

Der Transistor (achten Sie darauf, dass dieser zu Schaltspannung und –Strom passt) schaltet bei High am I/O-Pin durch und lässt das Relais anziehen, wodurch der Schaltausgang gesteuert und bei den meisten Bauformen umgeschaltet wird. Am einfachsten sind natürlich Relais anzusteuern, deren Schalteingang bei 5 V schaltet, da dann die übliche Versorgungsspannung des μC mitbenutzt werden kann.

Wichtig ist die Freilaufdiode , welche die beim Ausschalten des Relais auftretende Gegeninduktionsspannung kurzschließt. Sie muss mindestens 20 % mehr als die Versorgungsspannung als Sperrspannung verkraften und sollte kurze Schaltzeiten aufweisen. Schaltdioden wie die 1N4148 sind den typischen Gleichrichterdioden (beispielsweise 1N400x) vorzuziehen.

Da die Schaltkontakte auf der Ausgangsseite eines Relais etwas prellen und bei höheren Lasten auch Funken auftreten können, empfiehlt es sich zudem immer, einen so genannten Snubber, bestehend aus einem Widerstand und einem Kondensator, parallel zum Schaltausgang, einzuplanen. Bei fehlender Entstörung kann es ansonsten zum Absturz des benachbarten Mikrocontrollers etc. kommen. Die Werte hierfür können nach der Faustformel 1 Ohm pro Volt Betriebsspannung und 0,1 μF pro Ampere Laststrom berechnet werden, wobei auch darauf zu achten ist, dass der Kondensator eine ausreichende Spannungsfestigkeit aufweist und der Widerstand genügend Leistung verkraftet (2 W sind üblich).

Eine weitere Besonderheit tritt ein, wenn Sie das Relais mit einer Spannungsquelle versorgen, die aus einem Spannungsregler wie dem 7805 aufgebaut ist – beispielsweise, wie auf Seite 26 vorgestellt. So ein Betrieb mit einem Relais, was schon bei 5 V schaltet, ist natürlich praktisch, da Sie sich die zweite Spannungsquelle sparen können. Allerdings kann beim Abschalten des Relais ein Rückstrom vom Relais in den Linearregler erfolgen, was dieser absolut nicht verkraften kann. Deshalb ist eine kleine Schutzschaltung notwendig, die dies kompensiert. Den Kondensator dimensionieren Sie mit 1μF pro über den Spannungsregler versorgten Relais.

Abbildung 5.15: *Rückstromunterdrückung bei Spannungsregler.*

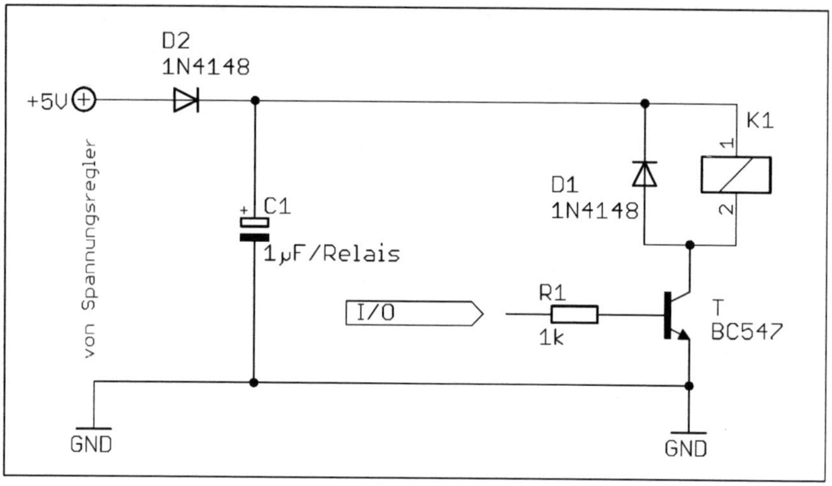

5.3.4 Galvanische Trennung mit Optokopplern

Optokoppler dienen der (bis auf wenige Ausnahmen digitalen) Signalweiterleitung zwischen zwei Schaltungsteilen ohne elektrische Verbindung. Die galvanische Trennung wird durch einen Lichtsender (LED) und einen Empfänger erzielt und gewährleistet, dass die unterschiedlichen Spannungsniveaus in den beiden Schaltungen sich nicht beeinflussen oder von ihnen die Gefahr einer Beschädigung ausgeht. Im Gegensatz zum Relais können Optokoppler keine hohen Lasten treiben. Dafür sind sie aufgrund ihrer Halbleiterbasis sehr klein (meisten im vier- oder achtpoligen DIL-Gehäuse), unbegrenzt haltbar und können teilweise sehr hohe Schaltfrequenzen verkraften.

Für die unterschiedlichsten Einsatzgebiete gibt es zahlreiche Varianten, die sich vor allem in der Konstruktion der Empfängerseite unterscheiden. An dieser Stelle werden nur zwei Modelle zur Anregung betrachtet: Der preiswerte PC817 mit Transistorausgang und der 6N137 mit TTL Ausgang.

Eingangsseitig werden Optokoppler i. d. R. über einen Vorwiderstand, der passend zu den technischen Daten der LED zu dimensionieren ist, betrieben. Der Transistorausgang eines Optokopplers kann dann in der bereits gezeigten Emitterschaltung unter Berücksichtigung der maximalen Belastungsgrenzen genutzt werden. Der PC817 verträgt als VCE0 35 V bei maximal 50 mA.

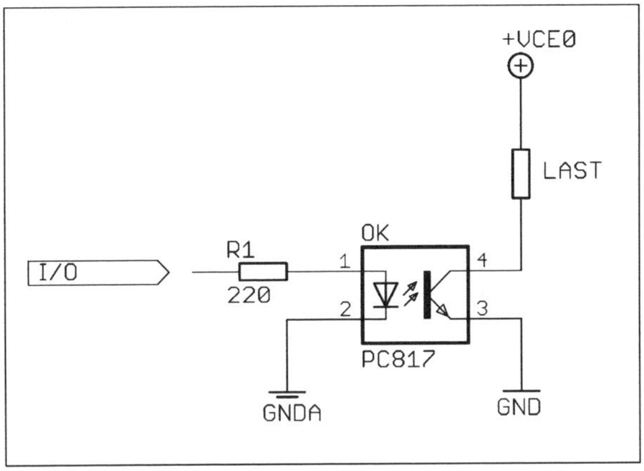

Abbildung 5.16: *Grundschaltung Optokoppler PC817.*

Der 6N137 gehört zu den schnelleren Optokopplern und kann Daten mit bis zu 10 MBit/s weiterreichen. Über den Enable Pin kann der Ausgang separat freigegeben werden. Nach einigen Datenblättern, muss der Pin dazu nicht einmal beschaltet werden. Zum besseren Verständnis der Funktionsweise und aufgrund der uneinheitlichen Aussagen sollte der Pin aber angeschlossen und für die Freigabe auf High gelegt werden.

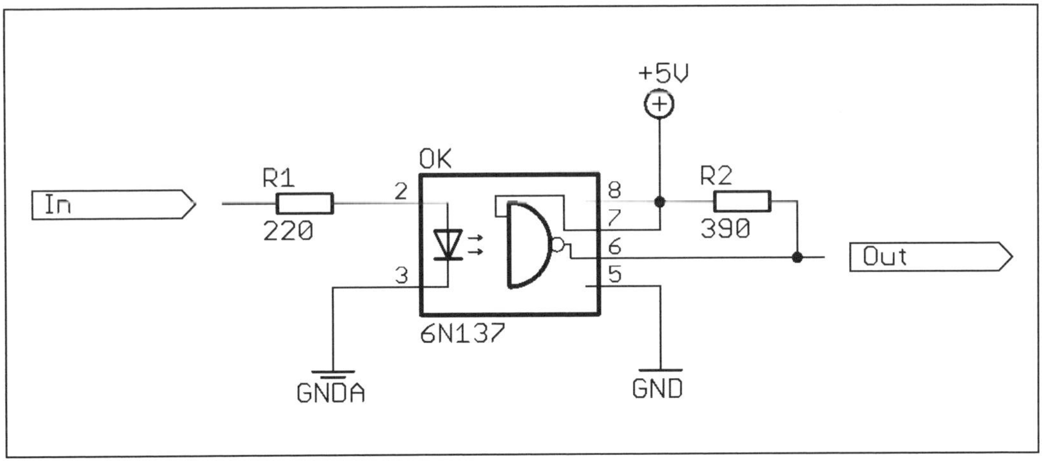

Abbildung 5.17: *Optokoppler 6N317.*

5.4 Signaleingänge

Nachdem Sie bisher nur Daten ausgegeben haben, sollen nun auch die Signaleingänge gewürdigt werden. Grundsätzlich können Sie an den I/O-Pins jede Art von Signalquelle anschließen, die zwischen den zwei logischen Signalzuständen Low (ca. 0 Volt gegen Masse) und High (ca. Versorgungsspannung des μC) unterscheiden. Üblicherweise werden dazu Schalter oder Taster genutzt. Sie können aber auch Signalpegel anderer Schaltungen auswerten oder Sensoren (z. B. Lichtschranken usw.) benutzen.

5.4.1 Pull-Up oder Pull-Down

Für den Einstieg wird nur das Mini-Mega-Board benötigt. Wenn Sie dort die zusätzliche Beschaltung des Port A betrachten, sehen Sie, dass acht Schalter eingebaut sind. Diese sind mit der Versorgungsspannung +5 V verbunden. Zusätzlich ist jede Signalleitung über einen so genannten Pull-Down Widerstand mit Masse verbunden. Möchten Sie die Schalter nutzen, müssen Sie JP2 schließen, damit die Pull-Down Schaltung funktioniert. Nutzen Sie die I/O-Leitungen des Ports anderweitig, öffnen Sie JP2 und auch alle Schalter, damit diese nicht Ihre eigene Beschaltung beeinträchtigen.

Abbildung 5.18: *Pull-Down (A) und Pull-Up (B).*

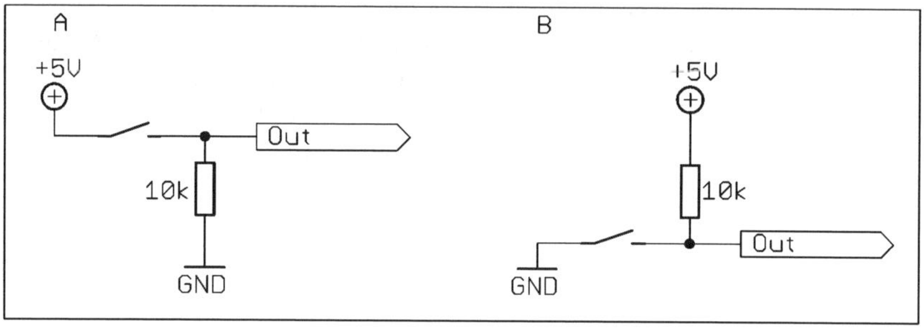

Wie Sie in der Abbildung sehen, gibt es zwei Beschaltungsmöglichkeiten für einen Schalter. Zusammen mit einem Pull-Down Widerstand (Schaltungsvariante A) signalisiert ein geschlossener Schalter ein High Signal am Eingang des Mikrocontrollers, während bei geöffnetem Schalter der Widerstand den Pin des μC gegen Masse zieht und somit eine 0 signalisiert. Man spricht auch von Active High . Schaltungsvariante B arbeitet genau invers: ein geschlossener Schalter signalisiert Low (auch als Active Low bezeichnet). Welche Variante Sie nutzen, ist egal. Wichtig ist nur, dass es nicht genügt, den Schalter ohne Widerstand anzuschließen, da dann im geöffneten Zustand kein eindeutiger Signalpegel am Eingang des Mikrocontrollers anliegt, da der Pin quasi in der Luft hängt. Dieser Zustand ist aber unbedingt zu vermeiden, da bereits elektromagnetische Einstreuungen auf Zuleitungen ausreichen, dem Pin einen Zustand vorzugaukeln, der in Wirklichkeit nicht existiert. Da der Wert für den Widerstand relativ hochohmig ist, stört der geringe Stromfluss meistens nicht weiter.

Anstelle eines externen Widerstandes wäre es auch möglich, den Widerstand wegzulassen und stattdessen den in den AVR eingebauten Pull-Up Widerstand zu aktivieren. Ein Pull-Up

Widerstand an einem Eingangspin wird durch das PORT Register gesteuert. Das PORT Register erfüllt also zwei Aufgaben: Bei einem auf Ausgang geschalteten Port steuert es den Pegel an den Ausgangspins. Bei einem auf Eingang geschalteten Port steuert es, ob die internen Pull-Up Widerstände aktiviert werden oder nicht. In diesem Buch wird stets darauf verzichtet, die internen Widerstände zu benutzen, um ein besseres Verständnis der externen Hardware zu ermöglichen und diese unabhängig vom benutzten Mikrocontroller nachbauen zu können.

5.4.2 Eingangsstatus im Programm abfragen

Mit dem folgenden Programm (`SCHALTER1`) wird der Zustand des Schalters an Pin 0 von Port A abgefragt. Die LED an Pin PB0 zeigt den Zustand des Schalters an (dazu JP1 schließen). Bei einem Wechsel des Schalters von Low auf High werden zudem nacheinander die LEDs an PB1 bis PB7 eingeschaltet, bis die letzte LED leuchtet und die Anzeige wieder bei der vorderen LED beginnt.

Sollte das Programm bei Ihnen zwar laufen, aber die LEDs nicht wie gewünscht aufleuchten, dann lassen Sie sich davon erst einmal nicht irritieren und warten Sie bis zum nächsten Kapitel.

```
 1 int main()
 2 {
 3    unsigned int i;
 4
 5    DDRB = 0xFF;                          // PORTB als Ausgang
 6    PORTB = 0;                            // alles aus
 7    i = 1;                                // B 0000 0001 Startwert für Wanderbalken
 8    DDRA &= ~(1 << DDA0);                 // PA0 als Eingang
 9
10     while (1)                            // Endlos
11     {
12         if (PINA & (1 << PINA0))         // wenn PA0 geschlossen (HIGH)
13         {
14             if (i == 0x80)               // PB7 ist an
15                 i=2;                     // neuer Durchlauf
16             else
17                 i <<= 1;                 // Shift i eins nach links
18
19             PORTB = i | (1 << PB0);      // Wanderbalken und 1. LED an
20
21             while (PINA & (1 << PINA0));// warten bis Taste losgelassen
22
23             PORTB = PORTB & ~(1 << PB0);// 1. LED aus
24         }
25     }
26     return 0;
27 }
```

Die Ansteuerung von Port B haben Sie schon in den vorherigen Kapiteln kennengelernt. Damit Pin 0 von Port A als Eingang genutzt werden kann, wird in Zeile 8 im Datenrichtungsregister DDRA das niedrigwertigste Bit gelöscht (gleich Null), wobei der Zustand der übrigen I/O-Pins unverändert bleibt (was aber in diesem Programm nicht weiter von Bedeutung ist).

Zur Abfrage des Eingangszustandes eines Ports gibt es das Register PINx, wobei x durch den Buchstaben des Ports ersetzt wird (A...D). Wichtig ist, nicht das Register PORTx zu benutzen, da dies den Zustand der internen Pull-Up Widerstände liefert. Über das Register PINx kann man also abfragen, welcher Signalzustand an den Pins eines Ports anliegt (eine 1 bedeutet High am Eingang).

Möchte man nur den Zustand eines einzelnen Pins ermitteln, dann kann man den Portzustand mit einer Bitfolge Und-verknüpfen, bei der alle Pins auf 0 und nur der abzufragende Pin auf 1 steht. Dies erreicht man elegant durch ein Linksshift einer 1 um die Anzahl der Bits bis zum abzufragenden Pin:

```
PINA & (1 << PINA3)
```

Dies liefert zum Beispiel den Zustand (0 oder 1) von Pin 3 des Ports A. Die Konstante PINA3 entspricht dem Wert 3, verschiebt also die Zahl 0000 0001b um drei Stellen nach links:

Wert 1	0	0	0	0	0	0	0	1
1<<3	0	0	0	0	1	0	0	0

Für einen exemplarischen Zustand an Port A sieht das dann so aus und liefert in diesem Fall den Wert 1 zurück, da Pin 3 High ist:

I/O-Pin	7	6	5	4	3	2	1	0
PINA	1	1	0	0	1	1	1	1
PINA&(1<<3)	0	0	0	0	1	0	0	0

Im Programmcode wird in Zeile 12 geprüft, ob der Schalter an Pin 0 geschlossen wurde. Ist dies der Fall, wird die nächste LED eingeschaltet, was durch ein Linksshift des Startwertes in der Variablen i geschieht (bzw. es wird von vorne begonnen, wenn die letzte LED leuchtete, was bei einem Wert von 80h bzw. 1000 0000b der Fall ist). Zeile 19 gibt den Wert von i am Port aus und schaltet zusätzlich noch die LED an PB0 ein. Dann wird darauf gewartet, dass der Schalter geöffnet wird, wozu die leere Schleife in Zeile 21 solange durchlaufen wird, wie der Schalter geschlossen ist. Anschließend wird der Zustand des Port B abgefragt und bis auf Pin 0, welcher ausgeschaltet wird, beibehalten.

5.4.3 Tasten entprellen

Mechanische Kontakte wie Taster und Schalter weisen eine unangenehme Eigenschaft auf: sie prellen. Das bedeutet, dass beim Öffnen oder Schließen der Schaltzustand nicht unmittelbar hergestellt wird, sondern der Kontakt sehr schnell mehrfach hintereinander geöffnet und geschlossen wird, bis der gewählte Zustand sich einstellt.

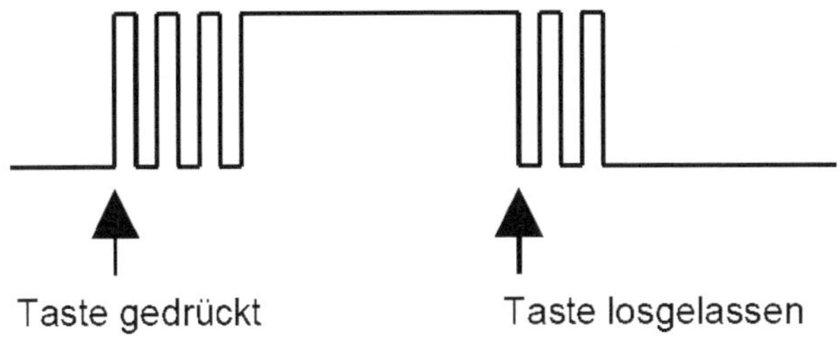

Abbildung 5.19: *Prellen eines Tasters.*

Mit einem schnellen Mikrocontroller ist es nun gar kein Problem, diese kurzen Impulse zu erkennen, bevor der eigentliche Schaltzustand erreicht wird. Aus diesem Grund kann es sein, dass die zuvor vorgestellte Programmversion scheinbaren Unsinn fabriziert und die LEDs wahllos nacheinander aufleuchten, wenn Sie den Schalter betätigen oder auch nur berühren und dadurch bereits wie bei einem Wackelkontakt den Schalter ungewollt verändern.

Es gibt diverse Ansätze, wie dem Prellen begegnet werden kann. Eine Reihe von Lösungen besteht darin, externe Hardware zu benutzen und jeden Schalter oder Taster beispielsweise mit einem Schmitt-Trigger oder ein Flipflop auszustatten. Dies ist natürlich entsprechend aufwendig.

Eine sehr einfache Lösung stellt ein parallel geschalteter, kleiner Kondensator von ca. 100 nF dar. Das ist elektrotechnisch zwar keine saubere Lösung, kann aber notfalls ausreichen.

Sie können dem Problem aber auch softwaremäßig begegnen: Nachdem Sie einen Schalterzustand abgefragt haben, warten sie einen kurzen Moment. Etwa 50 bis 100 ms sind in der Regel ausreichend. In dieser Pause wird der Programmcode nicht weiter ausgeführt und es ist bedeutungslos, wenn der Schalter jetzt noch mehrmals seinen Zustand durchs Prellen wechseln sollte. Diese Lösung bremst die Programmausführung zwar etwas aus, ist dafür aber sehr einfach umzusetzen, wie Sie in `SCHALTER2` und dem folgenden Auszug aus dem Code sehen können:

```
if (PINA & (1 << PINA0))  // wenn PA0 geschlossen (HIGH)
{
    delay_ms (50);    // sehr simples Tastenentprellen
```

5.5 Ressourcenschonung mit Multiplexbetrieb

Die bisherigen Versuche nutzen nur wenige LEDs, die direkt jeweils an einen I/O-Pin angeschlossen werden konnten, da der ATmega16 genügend Leitungen bietet. Möchten Sie aber beispielsweise sehr viele LEDs steuern, können die freien Ports schnell knapp werden. Fünf Siebensegmentanzeigen lassen sich schon nicht mehr anschließen und bei kleineren Prozessoren sind sogar noch weniger möglich. Aus dieser Misere gibt es einen einfachen Ausweg: Anstatt alle LEDs gleichzeitig anzusteuern, lassen Sie immer nur wenige gleichzeitig aufleuchten und schalten dann schnell weiter. Man spricht dann vom multiplexen oder dem Multiplexbetrieb.

Dabei nutzen Sie eine menschliche Eigenschaft aus: Die Trägheit des Auges. Wenn ein Bild (oder eine LED etc.) nur kurz aufleuchtet, dies aber schnell hintereinander, dann kann das Auge und Hirn die einzelnen Lichtblitze nicht unterscheiden und nimmt das Objekt als permanent leuchtend wahr. Ab einer Bildwiederholrate von ca. 50 Hz nehmen die meisten Menschen kein flimmern mehr wahr. Allerdings gilt dies nur bei frontaler Betrachtung und Bewegtbildern. Aus dem Augenwinkel kann der Mensch aber besser Bewegungen erkennen – erst recht bei statischen Projektionen, weshalb dann doch noch ein Flimmern wahrgenommen werden kann und eine höhere Frequenz von ca. 70 bis 100 Hz empfehlenswert ist.

5.5.1 7-Segmentdisplay multiplexen

Die nachfolgende Schaltung zeigt Ihnen das Prinzip des Multiplexens: Drei Siebensegment-LEDs sollen angesteuert werden. Normalerweise wären hierfür 3x7 Portleitungen notwendig. Im Multiplexbetrieb benötigen Sie nur sieben Leitungen für die einzelnen LED-Segmente (alle Betrachtungen immer ohne den Dezimalpunkt) und je Siebensegmentmodul eine weitere Steuerleitung – insgesamt also zehn anstatt 21 Leitungen. Zudem ist die Schaltung fast beliebig erweiterbar, da pro weiterem Modul nur immer auch eine weitere Leitung benötigt wird. An zwei I/O-Ports könnten Sie damit schon bis zu neun 7-Segmentmodule betreiben.

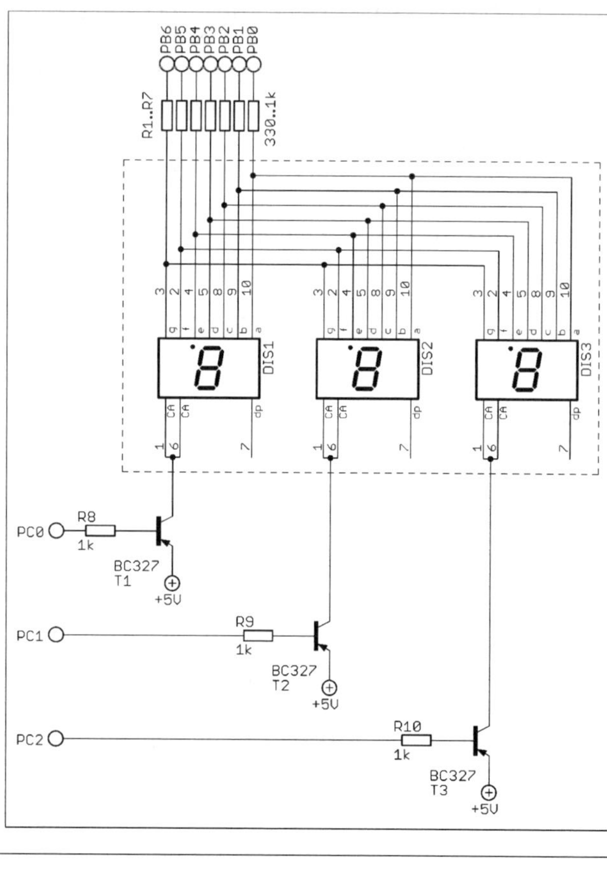

Abbildung 5.20: *Drei Siebensegmentmodule im Multiplexbetrieb.*

Die Schaltung verwendet LED-Module mit gemeinsamer Anode und PNP-Transistoren zur Spalten- bzw. Segmentansteuerung. Selbstverständlich können Sie auch Segmente mit gemeinsamer Kathode und / oder NPN-Transistoren benutzen. Allerdings müssen Sie dann die Signallogik in Ihrem Programm entsprechend anpassen. Zudem müssen Sie darauf achten, dass die Transistoren die höhere Belastung auch verkraften, denn wenn alle sieben Segmente einer Stelle leuchten, dann fließt durch den jeweiligen Transistor der siebenfache Strom einer einzelnen LED. Bei üblichen 20 mA je Segment kommen dann 140 mA zusammen.

Abbildung 5.21: *Multiplexexperimentieraufbau mit 7-Segmentanzeige.*

Sie können die Schaltung auch beliebig erweitern, indem Sie einfach weitere LED-Module parallel schalten und die Versorgung über je einen weiteren Transistor an den nächsten freien Portpin anschließen. Es gibt auch Displays, die bereits mehrere Displaystellen (im englischen als Digits bezeichnet) in einem Gehäuse integriert und die Segmentleitungen a...g bereits intern konnektiert haben, so wie es durch die gestrichelte Linie im Schaltplan angedeutet wird und im Musteraufbau zu sehen ist.

Der Multiplexbetrieb funktioniert nun folgendermaßen:

1. Alle Spaltentreiber PC0...PC2 werden auf High geschaltet, damit kein Modul mit der Versorgungsspannung verbunden ist und keine LED leuchtet.

2. Die Datenleitungen PB0...PB6 für die einzelnen Leuchtsegmente a...g werden wie bereits gezeigt (vgl. S. 106) so angesteuert, das die gewünschte Zahl an der ersten (ganz linken) Stelle dargestellt werden kann.

3. Die erste Spalte (bzw. das erste Digit) wird aktiviert, indem PC0 auf Low geschaltet wird. Nun leuchten die LED-Segmente an der linken Position (DIS1) auf.

4. Es wird ein wenig gewartet, damit die LEDs leuchten bleiben.

Jetzt wird wieder von vorne begonnen, wobei diesmal im zweiten Schritt die Daten für die Darstellung der Zahl an der mittleren Stelle angelegt werden und PC1 auf Low geschaltet wird. Anschließend wird mit der rechten Stelle und PC2 weiter gemacht und dann der gesamte Vorgang endlos wiederholt. Ob Sie dabei wie im Beispiel von links nach rechts oder von rechts nach links vorgehen, ist völlig Ihnen überlassen.

Das erste Programm für die Ansteuerung sieht dann auszugsweise so aus (`7-SEGMENT_MULTIPLEX`) und arbeitet genau so, wie eben beschrieben:

```
void digit (uint8_t wert, uint8_t pin)
{
    PORTC |= (1 << PC0) | (1 << PC1) | (1 << PC2);    // 0..2 High = Digits aus
    PORTB = numbers[wert];                              // Zahl ausgeben
    PORTC &= ~(1 << pin);                       // Low = entsprechendes Digit an
    delay_ms (15);
}

int main()
{
    DDRB = 0xFF;                                        // PortB alles als Ausgang
    DDRC |= (1 << DDC0) | (1 << DDC1) | (1 << DDC2); // PortC 0..2 als Ausgang
    PORTC |= (1 << PC0) | (1 << PC1) | (1 << PC2);    // 0..2 High = Digits aus

    while (1)    // Endlos
    {
        digit (1, PC0);
        digit (2, PC1);
        digit (3, PC2);
    }
    return 0;
}
```

Die gewählte Wartezeit von 15 ms ist mit Absicht etwas zu hoch, so dass Sie auf Ihrem Display ein deutliches Flimmern wahrnehmen sollten. Um das Funktionsprinzip noch einmal nachzuvollziehen, können Sie die Pause auch auf beispielsweise 200 ms erweitern. Für eine flimmerfreie Darstellung bei drei Zeichen dürfte die Pause maximal ca. 5 ms lang sein.

Vielleicht ist Ihnen noch etwas aufgefallen: Je nach Displaytyp kann es sein, dass die einzelnen LEDs nur relativ schwach leuchten und nicht so kräftig, wie bisher, als Sie nur ein einzelnes Modul angesteuert haben. Das liegt daran, dass die LEDs nur über sehr kurze Impulse zum Aufleuchten gebracht werden. Im Normalfall kompensiert man dies durch einen höheren Betriebsstrom durch die LEDs. Im Datenblatt der Siebensegmentanzeige finden Sie ggf. die Angabe des maximalen Impulsstroms. Wenn Sie dann die Vorwiderstände R1…R6 entsprechend verringern, leuchten die Segmente wieder heller auf. In diesem Fall müssen Sie aber ggf. auch belastbarere Transistoren einsetzen. Aber Vorsicht: Dies ist nur empfehlenswert, wenn Ihre Schaltung und das Programm zur Ansteuerung erprobt ist. Fällt das Multiplexen nämlich aus und ein Digit leuchtet permanent, dann fließt ein zu hoher Dauerstrom durch die LEDs und zerstört diese eventuell.

5.5.2 Zahlenzerlegung

Das gerade vorgestellte Programm hat aber noch zwei Schönheitsfehler: Es wird immer die gleiche (statisch vorgegebene) Zahl ausgegeben und der μC macht sonst gar nichts Sinnvolles außer der Zahlenausgabe.

Zuerst einmal benötigen Sie eine Routine, der eine beliebige Zahl übergeben werden kann, die dann ausgegeben wird. So etwas benötigen Sie bei Mikrocontrollern immer wieder, da es keine Standardfunktion gibt, die eine Zahl stellenweise zerlegt und ausgibt, dies aber bei fast allen Displaytypen nötig ist. Ein probates Mittel hierzu ist die Technik der fortgesetzten Division mit Restermittlung (Auszug aus `7-SEGMENT_MULTIPLEX2`):

```
void out_zahl (uint16_t zahl)
{
     digit (zahl/100, PC0);  // Hunderter Dezimalstelle
     zahl = zahl % 100;

     digit (zahl/10, PC1);   // Zehner Dezimalstelle
     zahl = zahl % 10;

     digit (zahl, PC2);      // Einer Dezimalstelle
}
```

Die an die Funktion übergebene Zahl wird durch 100 dividiert und das Ergebnis wird an der linken Displayposition ausgegeben. Wird beispielsweise der Wert 456 übergeben, dann ist das Ergebnis der Division 4,56, der Vorkommaanteil ist 4 und wird dargestellt. Anschließend wird 456 Modulo 100 berechnet: Der Restwert der Division 456/100. Dies ist 56. Dieser Wert wird im nächsten Schritt durch 10 geteilt und der Vorkommaanteil von 5 wird an zweiter Position (Mitte) ausgegeben. Nach der nächsten Moduloanweisung (4% 10) verbleibt der Rest von 6 für die rechte Stelle der Einer. Auf diese Weise lassen sich alle Zahlen bis 999 ausgeben. Möchten Sie größere Werte darstellen, benötigen Sie mehr Displaystellen und müssen einfach nur die Tausender Position etc. am Anfang ergänzen. Achten Sie dabei auch darauf, dass der Speicherplatz in der benutzten Variable zahl ausreichend groß ist.

5.5.3 Multiplexen mit Timer

Noch ist es aber nicht möglich, das Programm andere Dinger erledigen zu lassen, denn sobald Sie weitere Aktionen durchführen wollen, wird die Zeit, welche die einzelnen Digits leuchten, nicht mehr konstant beibehalten. Für eine Lösung muss thematisch etwas vorgegriffen werden, denn es wird ein Timer benötigt (bitte arbeiten Sie deshalb ggf. zuerst ab Seite 180 weiter).

Mit dem Timer lässt sich die Ausgabe elegant lösen: Alle 5 Millisekunden löst dieser automatisch ein Interrupt aus, so dass eine absolut flimmerfreie Darstellung erreicht wird. In der Interruptroutine wird dann eine der drei Stellen am Display ausgegeben. Nach weiteren 5 ms wird die nächste Displaystelle ausgegeben, so dass kontinuierlich alle drei Stellen nacheinander an die Reihe kommen.

```
volatile uint8_t hunderter, zehner, einer;  // Speicher für die einzelnen Digits
volatile uint8_t position = 0;              // Segment, welches gerade dran ist

SIGNAL (SIG_OUTPUT_COMPARE1A)
{
    PORTC |= (1 << PC0) | (1 << PC1) | (1 << PC2);   // 0..2 High = Digits aus

    switch (position)        // Aktuelle Stelle ausgeben
    {
        case 0 : digit (hunderter, PC0); break;
        case 1 : digit (zehner, PC1); break;
        case 2 : digit (einer, PC2); break;
    }

    position ++;             // beim nächsten Mal nächstes Digit
    if (position == 3)       // wenn alle Digits durch
        position = 0;        // von vorne beginnen
}

void digit (uint8_t wert, uint8_t pin)
{
    PORTB = numbers[wert];                          // Zahl ausgeben
    PORTC &= ~(1 << pin);                           // Low = entsprechendes Digit an
}

void zahl_ausgeben (uint16_t zahl)
{
    hunderter = zahl/100;    // Hunderter Dezimalstelle
    zahl = zahl % 100;

    zehner = zahl/10;        // Zehner Dezimalstelle
    zahl = zahl % 10;

    einer = zahl;            // Einer Dezimalstelle
}

int main()
{
    DDRB = 0xFF;                                    // PortB alles als Ausgang
    DDRC |= (1 << DDC0) | (1 << DDC1) | (1 << DDC2); // PortC 0..2 als Ausgang
    PORTC |= (1 << PC0) | (1 << PC1) | (1 << PC2);   // 0..2 High = Digits aus

    OCR1A = (uint16_t)(F_CPU/1024.0*0.005);  // Vergleichwert für 0,005s laden:
    Takt= 8MHz/1024 = 7812,5 Zählerschritte pro s
    TIMSK |= (1<<OCIE1A);                  // Interrupt wenn Timer Vergleichs-
    wert erreicht
    TCCR1B = _BV(CS12) | _BV(CS10) | _BV(WGM12);    // Timer mit Div 1024
    starten und Clear Counter on Compare Match
    sei();                                          // IRQ Behandlung ein

    while (1)    // Endlos
    {
        for (uint16_t i = 0; i <= 999; i++)
        {
            zahl_ausgeben (i);
            delay_ms (100);
        }
    }
    return 0;
}
```

Da eine Interruptbehandlung möglichst wenig Rechenzeit beanspruchen sollte, wird die auszugebende Zahl nicht bei jedem Interrupt immer wieder aufs Neue in ihre Teile zerlegt, sondern nur einmal über die Funktion *zahl_ausgeben*, durch deren Aufruf man die Zahl festlegt, welche dargestellt werden soll. Die Funktion zerlegt die Zahl dann wie gewohnt in drei einzelne Zahlen, die in globalen Variablen abgelegt werden, damit zum Zeitpunkt der Interruptauslösung darauf zugegriffen werden kann.

In der Interruptroutine wird dann nur noch die gerade aktuelle Stelle des Displays ausgegeben, die bis zum nächsten Auslösen des Interrupts aufleuchtet. Jetzt können Sie im Hauptprogramm beliebigen Code abarbeiten und müssen sich nicht mehr um die Details und das Timing der Zahlenausgabe kümmern.

5.5.4 Exkurs: Schieberegister

Als Nächstes soll eine Textzeile, die sich aus mehreren 5x7-Punkten Matrixmodulen zusammensetzt, abgesteuert werden. Für ein besseres Verständnis ist ein kurzer Blick auf das Schieberegister notwendig. Dieser Logikbaustein konvertiert im Grunde ein serielles Eingangssignal in ein paralleles Datenwort, wobei die meisten Schieberegister 8-Bit breit sind, also ein Byte darstellen können. Am Eingangspin werden die Daten bitweise nacheinander angelegt. Jedes Bit wird dann durch ein Taktsignal in das Schieberegister hinein- und durchgeschoben. Die meisten Schieberegister reagieren dabei auf die reine (positive oder negative) Taktflanke. Nach acht Takten ist dann das erste Bit bis ganz nach rechts durchgeschoben und weitere Takte würden dann die Bits hinausschieben.

Möchte man mehr als acht Bit parallel ausgeben, dann lassen sich die meisten Schieberegister kaskadieren. Das bedeutet, sie werden so hintereinander geschaltet, dass die Bits von einem Logikbaustein zum nächsten weiter geschoben werden.

Um alle Ausgänge gleichzeitig zu löschen (auf Low zu setzen), gibt es oft noch einen separaten Clear-Eingang, der aber nicht unbedingt benötigt wird, wenn das Schieberegister sowieso komplett gefüllt wird, also so viele Bits hinein geschoben werden, wie es Ausgänge gibt.

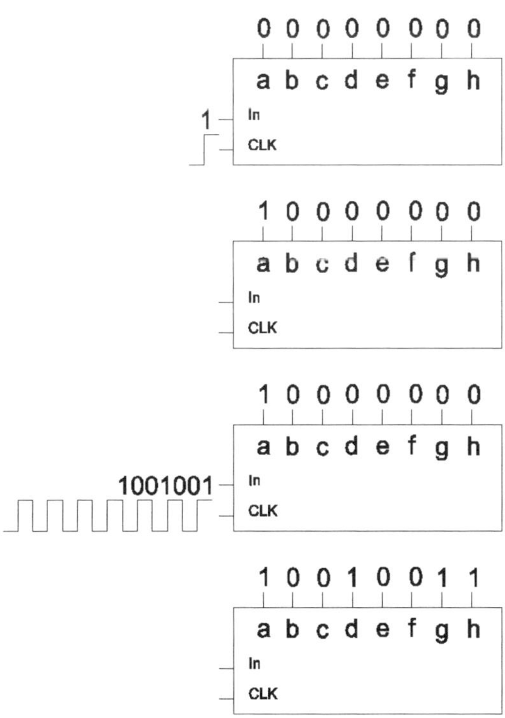

Abbildung 5.22: *Funktionsweise Schieberegister.*

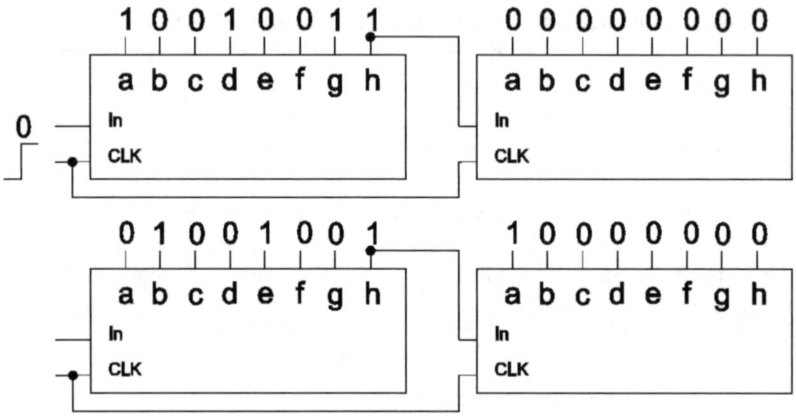

Abbildung 5.23: Kaskadierung von Schieberegistern.

5.5.5 5x7 Matrix mit Schieberegister

Die Beschaltung mehrer 5x7-Punkte Module ist eigentlich nicht problematisch. Allerdings muss man an die sich addierenden Ströme denken und Treiberbausteine wählen, die diese Lasten verkraften. Im Extremfall (im englischen spricht man vom worst case) leuchten alle LEDs einer Zeile. Je nach Typ addieren sich die einzelnen Ströme von beispielsweise je 25 mA zu einem Gesamtstrom von 0,5 A bei vier Modulen à 5 LEDs pro Zeile. Da dies weit über dem liegt, was ein AVR direkt treiben kann, wird ein Treiberbaustein wie der ULN2003 benötigt. Theoretisch könnte man die Zeilentreiber natürlich auch aus Transistoren aufbauen, was dann aber zu einem recht hohen Verdrahtungsaufwand führt. Die verwendeten LED-Module besitzen eine gemeinsame Anode, so dass der Treiber gegen Masse schalten muss. Haben Sie Module mit gemeinsamer Kathode, können Sie den Treiberbaustein UDN2981 benutzen. Da der Maximalstrom des ULN2003 mit 0,5 A angegeben ist, können Sie auch nur vier Leuchtmodule mit ihm treiben. Zumal Sie die LEDs ja auch noch eventuell mit einem etwas höheren Impulsstrom betreiben, um diese heller leuchten zu lassen, wie es bereits im Kapitel 5.5 angesprochen wurde. Im Hobbybereich können Sie i. d. R problemlos die Belastungsgrenze des Treibers auch etwas weiter ausreizen, vor allem, wenn man davon ausgeht, dass nur selten wirklich alle LEDs einer Zeile gleichzeitig leuchten. Auf der sicheren Seite sind Sie aber, wenn Sie einfach für jeweils vier LED-Module einen eigenen Treiber einplanen, wie es im Schaltplan auch angedeutet ist. Auf diese Weise können Sie fast beliebig lange Zeilen aufbauen. Da das Multiplexen der LEDs zu einem merklichen Helligkeitsverlust führt, lohnt es sich, Module zu beschaffen, die eine besonders hohe Lichtabgabe aufweisen, möchte man auch bei hellem Umgebungslicht noch eine gute Ablesbarkeit gewährleisten.

Der Funktionsablauf zum Betreiben des Displays ist eigentlich relativ einfach:

- Alle Zeilen werden über den ULN2003 abgeschaltet.

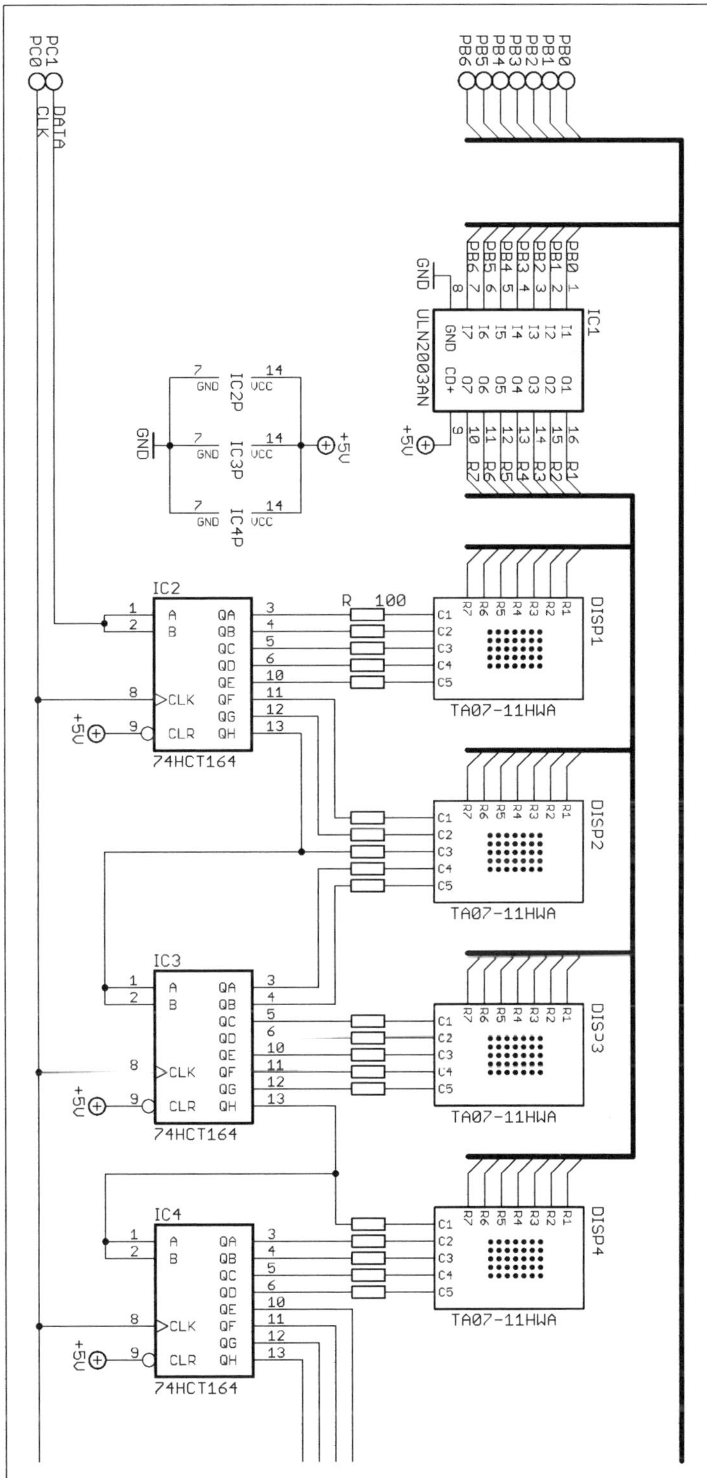

Abbildung 5.24: *Schaltplan Display mit vier 5x7-Dot Modulen.*

- Über den Dateneingang werden alle Bits (im Beispiel sind es 20) für die erste (oberste) Zeile in die kaskadierten Schieberegister geschoben, wobei das Bit für die LED ganz rechts (C5 an DISP4) zuerst kommt.
- Die oberste Zeile wird über den Zeilentreiber ULN2003 aktiviert. Dort, wo eine 1 am Ausgang der Schieberegister steht, leuchtet die LED der obersten Zeile auf.
- Es wird kurz gewartet.
- Jetzt wird wieder von vorne begonnen, wobei die Daten für die nächste Zeile in die Schieberegister geschoben werden und dann die zweite Zeile aktiviert wird. Bis hin zur letzten Zeile, nach der dann wieder die erste Zeile an die Reihe kommt.

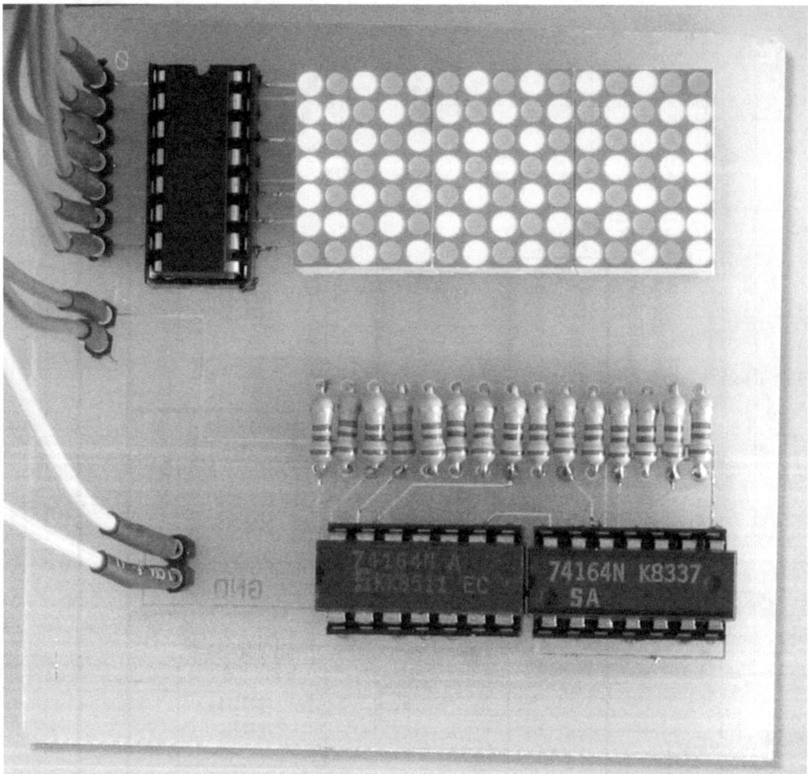

Abbildung 5.25: *Musteraufbau mit 3 LED-Modulen.*

Für Testzwecke wurde das vierte Leuchtmodul weggelassen, um den Aufbau etwas zu vereinfachen. Im Ordner mit dem Beispielcode (`5X7_SCHIEBEREGISTER`) finden Sie auch das einfache Platinenlayout für die Belichtung einer zweiseitigen Platine.

```
#define DISPCOLS 15                    // Anzahl der Spalten
volatile uint8_t memory[DISPCOLS];  // Speicher für Display, spaltenweise orientiert, Index 0=links

void set_row (uint8_t row)
{
    int8_t i;

   // Alle Spalten des Displays durchlaufen. Mit rechter Spalte beginnen
   for (i = DISPCOLS-1; i>=0; i--)
    {
        if ((memory[i] >> (6-row)) & 1) // Bit in der Spalte an der übergebenden Zeile gesetzt?
            PORTC |= (1 << PC1);        // Data Bit setzen
        else
            PORTC &= ~(1 << PC1);       // Data Bit löschen

        PORTC |= (1 << PC0);    // Takt HIGH -> Flanke => schieben
        PORTC &= ~(1 << PC0);   // Takt LOW
    }
}

void write_rows ()
{
    uint8_t i;

    for (i=0; i<=6; i++)     // Alle Zeilen durchlaufen
    {
        PORTB = 0;           // alle Zeilen aus
        set_row (i);         // Daten für aktuelle Zeile in Schieberegister schieben
        PORTB = (1 << i);    // aktuelle Zeile an
        delay_ms (2);        // Zeile leuchten lassen
    }
}

int main ()
{
    DDRC  |= (1 << DDC0) | (1 << DDC1);      // PC0, PC1 als Ausgang
    PORTC &= ~((1 << PC0) | (1 << PC1));     // PC0, PC1 aus
    DDRB  = 0xFF;                            // PortB als Ausgang
    PORTB = 0;                               // PortB aus

    // beliebiges Muster spaltenweise definieren.
    // HSB unwichtig. LSB = unterste Zeile
    memory[0]  = 0b01111110;
    memory[1]  = 0b00101010;
    memory[2]  = 0b01010101;
    memory[3]  = 0b00101010;
    memory[4]  = 0b01010101;
    memory[5]  = 0b00101010;
    memory[6]  = 0b01010101;
    memory[7]  = 0b00101010;
    memory[8]  = 0b01010101;
    memory[9]  = 0b00101010;
    memory[10] = 0b01010101;
    memory[11] = 0b00101010;
    memory[12] = 0b01010101;
    memory[13] = 0b00101010;
    memory[14] = 0b00111111;

    while (1)         // Endlos Zeilen ausgeben
        write_rows ();
```

```

    return 0;
}
```

Das Programm erzeugt ein statisches Muster auf dem Display des Versuchsaufbaus. Das Muster wird in der Hauptroutine in einem Array definiert. Jedes Element des Arrays besteht aus einem Byte und beschreibt dabei eine Spalte, beginnend mit der linken Spalte (C1 an DISP1). Die spaltenweise Beschreibung ist gewählt worden, um den Overhead möglichst gering zu halten, denn so wird nur das HSB (das achte Bit) eines jeden Bytes verschenkt. Bei einer ebenfalls vorstellbaren zeilenweisen Beschreibung bräuchte man entweder sehr große Datentypen, um eine ganze Zeile abzuspeichern, oder würde 3 Bits vergeuden, wenn man pro Displaymodul (5 LEDs pro Zeile) ein Byte einsetzt.

Das Programm ruft dann endlos die Funktion zur Ausgabe der sieben Zeilen auf, die wiederum je Zeile die Funktion set_row aufruft, welche die 15 Bytes der jeweils aktuellen Zeile in die Schieberegister schiebt. Da die Schieberegister auf die reine Taktflanke reagieren, kann der an PC1 anliegende Wert mit einem sehr kurzen Flankenimpuls an PC0 weiter geschoben werden.

5.5.6 Textausgabe auf der Punktmatrix

Zur finalen Programmversion mit Textausgabe ist es nun kein allzu großer Schritt mehr. Zuerst einmal benötigen Sie einen Schriftsatz (Font) in dem alle verfügbaren Zeichen definiert sind (analog zu den Ausführungen im Kapitel *Alphanumerische LEDs* ab Seite 108.) Die 35 verfügbaren Punkte bieten natürlich viele Möglichkeiten, um nun auch Kleinbuchstaben oder (grafische) Sonderzeichen anzuzeigen. In der Datei `CHARSET.H` des Projekts `5X7_TEXT` finden Sie zahlreiche vordefinierte Zeichen. Der Zeichensatz besteht aus einem mehrdimensionalen Array, wobei jedes Zeichen durch 5 Bytes spaltenweise beschrieben wird. Beispielsweise für den Buchstaben „A“:

```
uint8_t charset [][5]=
{
...
    { 0x3f, 0x48, 0x48, 0x48, 0x3f }    // A 0x41 65
...
}
```

Da der verfügbare Flash-Speicher eines ATmega16 nicht ausreichen würde, alle Zeichendefinitionen abzuspeichern, wird nur ein Teil des Fonts benutzt. Wie Sie sich behelfen können, wenn Sie alle Zeichen benötigen, finden Sie ab Seite 199 erklärt.

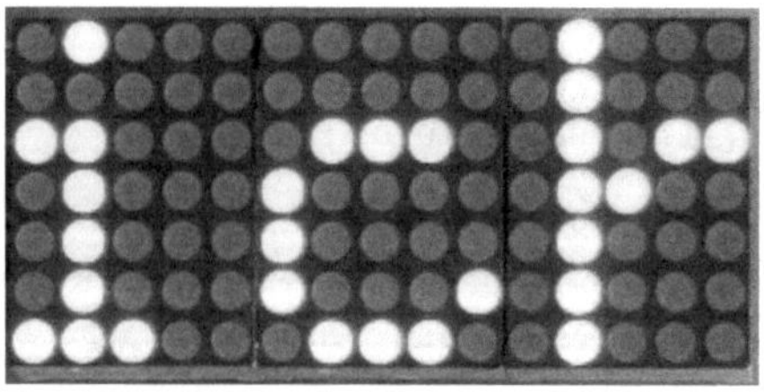

Abbildung 5.26: *Zeichenausgabe auf 5x7 Dotmatrix.*

Zwischen zwei Buchstaben ist es erforderlich, dass eine leere Spalte eingefügt wird, damit die Buchstaben nicht aneinander kleben. Dies erledigt das Programm automatisch.

Damit die Textausgabe nicht nur statisch gezeigt wird, sondern eine Laufschrift von rechts nach links möglich ist, wird der auszugebende Text in ein Speicherarray kopiert. Am Anfang und am Ende befinden sich normalerweise 15 leere Spalten (entsprechend der Anzahl der Displayspalten). Im Beispielcode wurden hierfür bei der Spaltendefinition aber statt der 0 eine Zahl benutzt, so dass jeweils eine LED pro Spalte leuchtet (letzte bzw. vorletzte Zeile), damit Sie das Prinzip der Laufschriftgenerierung erst einmal besser nachvollziehen können.

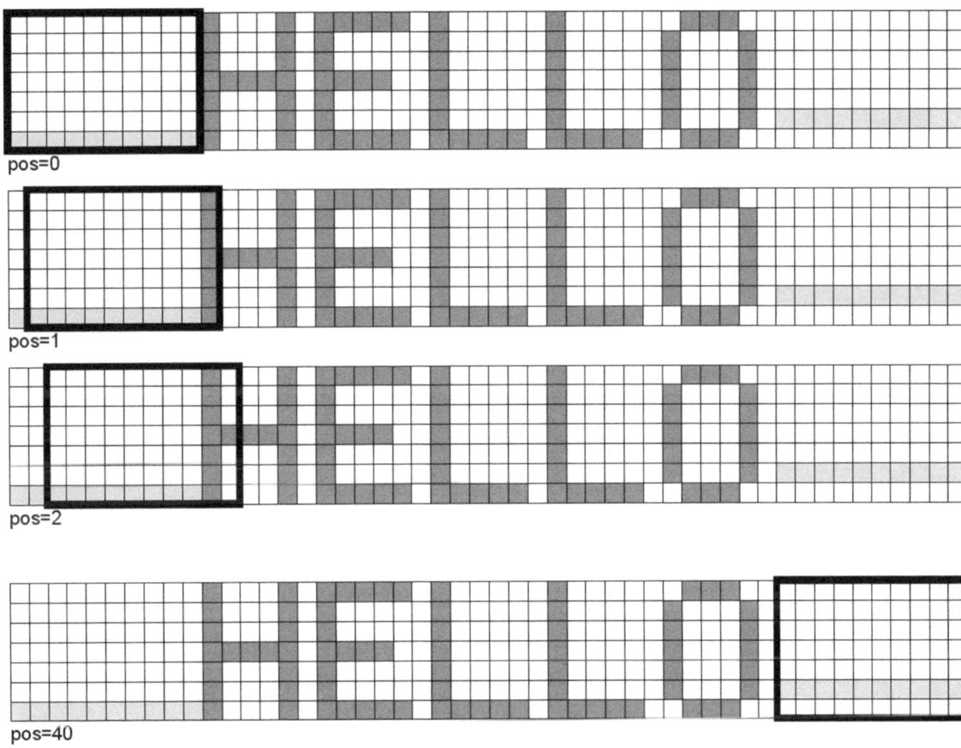

Abbildung 5.27: *Prinzip der Laufschrifterzeugung.*

Nach dem die vorderen und hinteren Füllzeichen und die Buchstaben zuzüglich einer Leerspalte Abstand in den Displayspeicher kopiert wurden, kann die Ausgabe beginnen. Die Prinzipgrafik zeigt die Laufschrifterzeugung für ein Display mit zehn sichtbaren Spalten: Es wird ein Positionszähler hochgezählt und dann werden die zehn darauf folgenden Spalten auf dem Display ausgegeben (dickere Rahmen). Die ersten zehn Füllzeichen (eigentlich leere Spalten wie gesagt) ermöglichen es, dass der Text von rechts hineinwandert und die letzten zehn Füllzeichen schieben ihn nach links hinaus bis das Display leer ist. Selbstverständlich kann man dies auch anders lösen und dann etwas Speicherplatz sparen – Ihrer programmiertechnischen Kreativität sind dabei keine Grenzen gesetzt.

Wenn Sie einen Blick in den Quellcode werfen, dann helfen Ihnen die ausführlichen Kommentare hoffentlich beim Nachvollziehen des Prinzips. Auffallend ist vielleicht die folgende Anweisung im Hauptprogramm:

```
while (1)
{
    asm volatile ("nop");         // nichts machen
}
```

Hierbei handelt es sich um die Einbindung eines Assemblerbefehls. nop (englisch: no operation) macht rein gar nichts und schlägt einfach nur ein klein wenig Zeit tot. Nach dem im Hauptprogramm nämlich die Zeichenkette in den Displayspeicher kopiert wurde, läuft die ganze Textausgabe automatisch per Timer ab: Alle 3 ms wird eine Zeile des Display neu gezeichnet – der Profi spricht vom Refresh. Sie können also im Hauptprogramm beliebigen anderen Code anstelle dieser while-Schleife einsetzen.

6. Flüssigkristalldisplays

Möchten Sie mehr als nur ein paar Zeichen Text ausgeben und sich dabei auch nicht um die Zeichendarstellung kümmern, dann sind LCDs genau die richtige Wahl. Die Preise für diese Displays sind in den letzten Jahren stark gefallen und es gibt sehr viele verschiedene Modelle, die sich in der Zahl der Zeichen, Zeilen, Größe und Farbgebung unterscheiden, so dass für wohl jeden Einsatzfall ein passender Typ existiert.

6.1 HD44780-kompatibel

Im Prinzip ist ein LCD nichts weiter als eine Ansammlung von Punktmatrizen, wie Sie sie beispielsweise im Kapitel zu den 5x7 Matrixmodulen kennengelernt haben. Damit Sie sich als Anwender aber keine Gedanken um die aufwendige Zeichengenerierung und Ansteuerung machen müssen und auch der μC nicht mit diesem Code angefüllt wird, besitzen die LCDs fast immer einen eigenen Controllerchip auf der Platine. An diesen übergeben Sie mit wenigen Steuerbefehlen die auszugebenden Zeichen und kontrollieren die Darstellung. Als Standard für diese Controller hat sich der HD44780 etabliert. Neben diesem gibt es einige Controller wie die KS007x oder KS006x, die als kompatibel bezeichnet werden. Leider sind die Hersteller hierbei etwas großzügig in der Auslegung des Begriffs, und so kann man nur konstatieren, dass kompatibel noch lange nicht bedeutet, dass die Displays einfach austauschbar wären.

Grundsätzlich ist es so, dass HD44780 und kompatible Controller so gut wie immer elektrisch gleich angeschlossen werden und auch die Ansteuerung weitestgehend gleich ist. Lediglich in der Adressierung der Zeichenpositionen und der sehr wichtigen Initialisierung gibt es Differenzen, so dass eine pauschale Aussage wie „HD44780 oder äquivalent" bei der Modellbeschreibung nicht ausreicht. Aus diesem Grund ist es wichtig, stets für jedes Displaymodell das passende Datenblatt zu studieren und nachzusehen, wie die Signalleitungen anzuschließen sind und welcher Controller tatsächlich verbaut wurde.

Ein weiterer Unterschied kann beim implementierten Zeichensatz auftreten. Während die ersten 128 Zeichen bei allen Modellen identisch sein dürften, gibt es bei den folgenden 128 Sonderzeichen oft Unterschiede bei der Art der Zeichen und deren Platzierung im Speicher. Vor allem deutsche Umlaute können fehlen oder an unterschiedlicher Stelle liegen, so dass die Zeichenausgabe im Programm modifiziert werden muss.

Alle folgenden Ausführungen können Sie anhand des Projekts `LCD_2X20` nachvollziehen. Im Hauptprogramm wird die Datei `LCD_TOOLS` eingebunden, in der Sie die einzelnen Routinen zur Displaysteuerung gut kommentiert vorfinden werden. Beachten Sie, dass im makefile angegeben wurde, zusätzlich diesen C-Code für die Displayfunktionen zu compilieren. Bei erfolgreicher Inbetriebnahme wird sich auf dem Display die Ausgabe wie gezeigt einstellen:

Abbildung 6.1:
LCD Testausgabe.

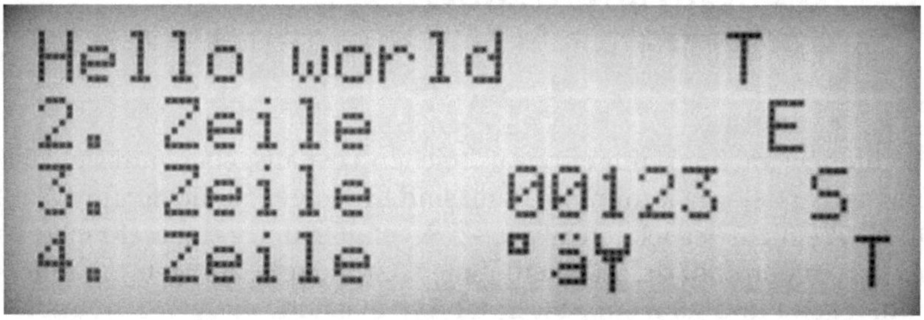

6.1.1 LCDs elektrisch anschließen

Die Displays mit HD44780 Controller weisen in den meisten Fällen die gleiche Anschlussbelegung auf:

Pin	Funktion	Beschreibung
1	VSS	GND
2	VCC	Versorgungsspannung (i. d. R. 5 V)
3	VEE	Kontrastspannung zwischen VSS und VCC
4	RS	Registerauswahl: 0 = Befehlsregister, 1 = Datenregister
5	R/W	Lese oder Schreibzugriff: 0 = Schreiben, 1 = Lesen
6	E	Taktleitung/Enable
7..14	DB0..DB7	Datenleitung
15	A	Anode LED Beleuchtung
16	K	Kathode LED Beleuchtung

Die Anschlüsse für die LED-Hintergrundbeleuchtung können auch separat ausgeführt sein. Wie bei allen LEDs ist unbedingt ein passender Vorwiderstand zu wählen.

Die Kontrastspannung ist bei den meisten kleineren Modellen relativ einfach durch ein Poti mit ca. 2,5...10 kOhm aufzubauen, wie es die nachfolgende Schaltung zeigt. Schwieriger wird es bei exotischen Modellen (die oft als Restposten vertrieben werden) und sehr großen Modulen: Bei diesen wird oft eine negative Kontrastspannung benötigt, für die mehr Aufwand notwendig ist.

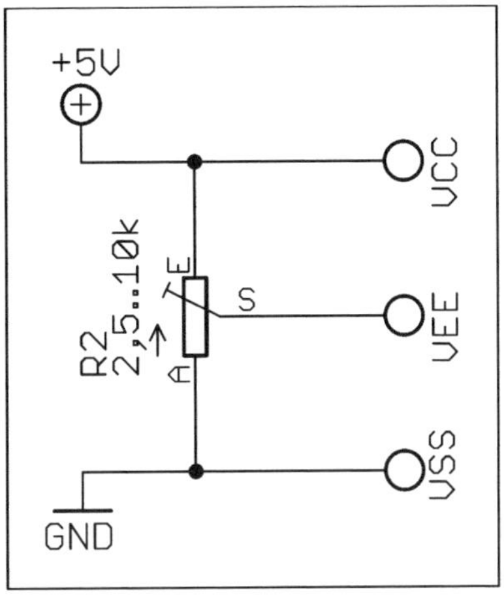

***Abbildung 6.2:** LCD Kontrastspannungsversorgung.*

Immer wieder sorgt die notwendige Einstellung der Kontrastspannung für Verwirrung bei Anwendern, weil entweder gar nichts auf dem Display zu sehen ist oder nur schwarze bzw. weiße Blöcke. Damit die Zeichen gut lesbar werden, müssen Sie die Spannung durch Verdrehen des Potis einstellen. Solange keine Daten ans Display gesendet werden, wird aber auch nichts angezeigt. Der Abgleich ist für jedes Display individuell notwendig und bei den meisten Modellen auch abhängig von der Umgebungstemperatur. Die Temperatur, bei der Sie Ihr Display lagern und auch betreiben, darf übrigens niemals außerhalb des vom Hersteller angegebenen Bereichs erfolgen. Vor allem niedrige Temperaturen sind kritisch, da die Kristalle irreversibel einfrieren können.

6.1.2 Speicherabbild

Einen weiteren Blick müssen Sie auf die Zuordnung des DDRAMs werfen. DD steht dabei für Display Data – es handelt sich um den internen Speicher des Displays, welcher für jede Ausgabeposition auf dem Display das anzuzeigende Zeichen speichert. Die Speicheraufteilung kann sehr unterschiedlich sein und ist ein weiterer merklicher Unterschied zwischen HD47780 und kompatiblen Controller. Zudem kann es sein, dass ein Display mehr Speicher bietet, als tatsächlich Zeichenstellen vorhanden sind. Das führt vor allem dann zu irritierenden Effekten, wenn Sie bei der Textausgabe quasi über das Zeilenende hinaus schreiben. Es ist nämlich nicht gesagt, dass die Speicherbereiche nahtlos aneinander anknüpfen, und dann erscheinen Ihre Ausgaben irgendwo auf dem Display.

Beispiel für die unterschiedliche Speicheraufteilung bei einem Modell mit 4x20 Zeichen, wie sie auch in Kapitel 6.2.3 weiter behandelt wird:

Controller	**Adressen 1. Zeile**	**Adressen 2. Zeile**	**Adressen 3. Zeile**	**Adressen 4. Zeile**
HD44780	00h-13h	40h-53h	14h-27h	54h-67h
KS0073	00h-13h	20h-33h	40h-53h	60h-73h

Gelegentlich trifft man auch auf Displays, auf denen sich zwei oder mehrere Controller die Arbeit teilen. Dann müssen Sie die Controller getrennt ansprechen, um den Text an der gewünschten Stelle auszugeben. Derartige Sonderformen sollen hier aber nicht weiter betrachtet werden.

6.1.3 Befehlsatz HD44780

Der Displaycontroller kommt mit weniger Befehlen aus:

Befehl	RS	RW	D7	D6	D5	D4	D3	D2	D1	D0
Bildschirminhalt löschen	0	0	0	0	0	0	0	0	0	1
Cursor auf Startposition	0	0	0	0	0	0	0	0	1	X
Modus festlegen	0	0	0	0	0	0	0	1	I/D	S
Display/ Cursor	0	0	0	0	0	0	1	D	C	B
Cursor/ Display schieben	0	0	0	0	0	1	S/C	R/L	X	X
Funktionsdefinition	0	0	0	0	1	DL	N	F	X	X
CGRAM Adresse setzen	0	0	0	1	CGRAM-Adresse					
DDRAM Adresse setzen	0	0	1	DDRAM-Adresse						
Adresse/ Status lesen	0	1	BF	CG-/DDRAM-Adresse						
Daten in DDRAM/ CGAM schreiben	1	0	Daten							
Daten aus DDRAM/ CGRAM lesen	1	1	Daten							

Den einzelnen Bits in den Befehlen kommt folgende Bedeutung zu:

Bit	0	1
I/D	Cursorposition Dekrementieren	Cursorposition Inkrementieren
S	Displayinhalt fest, Cursor schieben	Displayinhalt weiterschieben
D	Display aus	Display an
C	Cursor aus	Cursor an
B	Cursor blinkt nicht	Cursor blinkt
S/C	Cursor einmal bewegen	Displayinhalt einmal schieben
R/L	Nach links schieben	Nach rechts schieben
DL	4-Bit Interface	8-Bit Interface
N	1-zeiliges Display	2/4-zeiliges Display
F	5x7-Font	5x10-Font
BF	Display kann Kommandos annehmen	Display ist beschäftigt

Ein am Datenport anliegender Befehl wird vom Displaycontroller mit einer fallenden Flanke am Enable-Eingang übernommen.

6.2 LC Displaybetrieb

Alle Beispiele in diesem Buch beziehen sich auf einen echten HD44780 Controller und ein vierzeiliges Display mit jeweils 20 Zeichen pro Zeile, so wie es auch im Elektor-Beitrag zum Mini-Mega-Board vorgestellt wurde. Das Display ist wie im Schaltplan (vgl. ab S. 84) mit dem μC verbunden.

Sollten Probleme bei der Inbetriebnahme Ihres Displaymodells auftreten, prüfen Sie bitte neben der angesprochenen Kontrastspannung auch das verwendete Speicherabbild und die nachfolgend beschriebene Initialisierung.

6.2.1 Initialisierung 4-Bit Modus

Die Displaycontroller können im 4-Bit und im 8-Bit Modus angesteuert werden. Da der Geschwindigkeitsvorteil bei acht Bit nicht eklatant ist, werden die Displays meistens mit nur vier Datenleitungen angeschlossen. Dann müssen zwar nacheinander zweimal Daten an das Display übertragen werden, um ein Byte zu übermitteln, das genügt aber in den allermeisten Fällen. Zusätzlich wird oft auch auf die Möglichkeit verzichtet, Daten aus dem Display auszulesen. Die einzige Information, die man wirklich aus dem Display auslesen möchte ist nämlich der Zustand des BF-Bits, um zu ermitteln, ob das Gerät die an es geschickten Daten bereits abgearbeitet hat. Allerdings kann man auch darauf verzichten und einfach eine kurze Zeitspanne verstreichen lassen, bevor die nächsten Daten gesendet werden. Die R/W-Leitung wird dann einfach permanent auf Masse gelegt. Das bringt den Vorteil, dass zur Steuerung nur insgesamt sechs Datenleitungen mit dem Mikrocontroller verbunden werden müssen.

Befindet sich der Displaycontroller im 4-Bit Modus, erwartet er die beiden Nibbles eines Bytes nacheinander, wobei zuerst das obere Nibble (5. bis 8. Bit) übertragen wird. Allerdings befindet sich der Displaycontroller nach dem Einschalten stets im 8-Bit Modus und durch einen kleinen Trick muss er für die weitere Kommunikation erst umgeschaltet werden.

Die Initialisierung sieht in einer ersten groben Gliederung so aus:

- 15 bis 100 ms warten nach dem Anlegen der Versorgungsspannung.
- Per Befehl im 8-Bit Modus in den 4-Bit Modus umschalten.
- Konfiguration der Darstellung.

Da das Busy-Flag nicht abgefragt werden kann, ist eine großzügige Pause nach dem Einschalten notwendig, bis der Displaycontroller hochgefahren ist. Manche Displays benötigen sehr viel Zeit hierfür und eine zu kurze Wartezeit führt zu den häufigsten Problemen.

Das Umschalten in den 4-Bit Modus ist eigentlich sehr einfach: Mit dem Steuerbefehl zur Funktionsdefinition kann die Datenbreite eingestellt werden. Wie bei allen Steuerbefehlen muss dabei gleichzeitig der Pin RS auf Low liegen. Da die Datenleitungen DB0...DB3 permanent auf Low liegen, kann der μC nur die Leitungen DB4...DB7 steuern. Liegt dort beispielsweise die Bitfolge 0010 (03h) an, dann bedeutet das für das Display im 8-Bit Modus, dass an den acht Eingängen die Bitfolge 0010 0000 anliegt. Und wenn Sie dies mit dem Befehlssatz vergleichen, dann ist das genau der Befehl zur Funktionsdefinition mit gelöschtem Bit DL (gleich Null) zur Umschaltung in den 4-Bit Modus, wobei nebenbei noch die Bits N und F gelöscht werden (einzeiliges Display und 5x7 Punkte Font). Diese beiden Bits sind aber erst einmal unwichtig, denn nachdem Sie nun in den 4-Bit Modus gewechselt haben, können Sie jederzeit die Bits N und F ändern.

Das sollte eigentlich genügen, um anschließend im 4-Bit Modus zu arbeiten. Die Praxis zeigt aber, dass einige Displays sich damit nicht genügen. In zahlreichen verschiedenen Initialisierungsroutinen wird deshalb empfohlen, zuerst den 8-Bit Modus explizit zu aktivieren und dies sogar dreimal nacheinander zu wiederholen, um dann erst anschließend mit dem eben gezeigten Befehl in der 4-Bit Modus umzuschalten. Genau hier ist der wunde Punkt, an dem immer wieder Benutzer bei der Inbetriebnahme eines LCDs Probleme bekommen. Da die Initialisierung des Displays in den meisten Fällen nur einmal bei Anlegen der Spannung erfolgt, schadet es nichts, die dreimalige Aktivierung 8-Bit Modus zu integrieren.

Zumal es noch einen weiteren Vorteil gibt, wenn Sie bei der Initialisierung wenigstens einmal zuerst den 8-Bit Modus aktivieren: Wenn Ihr Programm und das Display bereits reibungslos laufen und der Mikrocontroller per Reset zurückgesetzt wird. Dies kann zum Beispiel durch einen Resettaster erfolgen oder automatisch beim nächsten Programmiervorgang. So lange Ihr Programm nicht zu Beginn überprüft, ob ein solches Reset vorliegt, durchlaufen Sie vermutlich planmäßig die Initialisierungsroutine für das Display. Wird dort gleich in den 4-Bit Modus gewechselt, senden Sie Unsinn an das Display. Das Umschalten in den 4-Bit Modus ist nur notwendig, wenn die Spannungsversorgung des Displays unterbrochen war; bei einem Reset ist dies nicht der Fall. Das Display ist also noch im 4- Bit Modus und erwartet demnach nur Nibbles. Jetzt senden Sie aber nach dem Reset den 8-Bit Befehl zum Umschalten in den 4-Bit Modus (wobei Sie wieder den Trick ausnutzen, dass das untere Nibble durch die Datenleitungen DB0...DB3 auf Low liegt). Das Display wertet aber gar nicht das untere Nibble aus, da es sich ja noch im 4-Bit Modus befindet und so wartet es auf das zweite Nibble an den Pins DB4...Db7, welches Sie aber gar nicht schicken. Stattdessen senden Sie anschließend ganz normal weitere Befehle oder Daten aus der Initialisierungsprozedur. Und von diesen Daten wird nun das erste gesendete Nibble vom Controller nicht als den Anfang des nächsten Befehls oder Datenwortes betrachtet, sondern als das zweite, ihm noch fehlende Nibble. Daraus folgt, dass Sie lauter für den Displaycontroller unsinnige Daten schicken und die Darstellung auf dem Display nicht wie gewünscht aussieht. Erst nach dem Sie die Versorgungsspannung trennen und wieder neu anlegen, klappt es.

Aktiviert Ihre Initialisierungsroutine aber erst einmal den 8-Bit Modus, dann erkennt der Displaycontroller dies auch, wenn Sie nicht das zweite Nibble schicken, welches im ggf. noch aktivem 4-Bit Modus notwendig wäre, und er schaltet in den 8-Bit Modus um, aus dem Sie dann anschließend wieder wie gewohnt in den 4-Bit Modus wechseln können.

6.2.2 Displaykonfiguration

Nach dem Sie Ihr Display in die passende Datenbitbreite umgeschaltet haben, können Sie die Details der Darstellung konfigurieren. Um dem Display mitzuteilen, ob Sie gerade Daten schicken, die als Zeichen auf dem LCD gezeigt werden sollen oder ob Sie Steuerungsbefehle schicken, wird der Pin RS genutzt. Bei Low Signal senden Sie Steuerbefehle und bei High Daten zur Ausgabe.

Bei allen Datenübertragungen müssen Sie beachten, dass Sie ohne R/W Leitung keine Daten aus dem Display auslesen können und somit nicht wissen, wann die nächsten Daten gesendet werden dürfen (Bit BF auf Low). Deshalb ist es wichtig, die im Datenblatt angegebenen Ausführungszeiten zu berücksichtigen und nicht zu schnell vorzugehen. So benötigen vor allem die Befehle zum Löschen des Displays und zur Positionierung des Cursors an der ersten Stelle in der erste Zeile relativ viel Zeit.

Zu den wichtigen Einstellungen, die üblicherweise noch in der Initialisierungsroutine erledigt werden, gehört es, dem Controller die Anzahl der Zeilen mitzuteilen. Etwas irritierend mag es sein, dass mit dem Bit N nur ein- oder zweizeilige Displays eingestellt werden können. Das Bit wird deshalb nur bei wirklich einzeiligen Displays gelöscht und für alle mehrzeiligen auf High gesetzt.

Die Einstellung zum Zeichensatz wird von einigen Displays ignoriert, wenn das Modul nur eine Fontgröße sinnvoll darstellen kann. Andere Modelle lassen sich zwar umschalten, das Ergebnis ist aber nicht überzeugend, wenn das Display pro Zeichen physikalisch nur 5x7 Punkte zur Verfügung hat. Auch wenn das Display real 5x8 Punkte pro Zeichen nutzen kann, nutzen die implementierten Fonts nur sieben Zeilen aus – für Ihre eigenen Zeichen (siehe S. 146) können Sie aber alle acht Zeilen nutzen.

Mit dem Befehl zur Display- und Cursorkontrolle schalten Sie das ganze Display ein oder aus. Dabei wird aber nicht eine ggf. vorhandene Hintergrundbeleuchtung umgeschaltet. Dies müssten Sie selber durch eine geeignete Beschaltung der Pins A und K erledigen, die Sie dann von Ihrem Mikrocontroller aus steuern. Weiterhin können Sie den Cursor ein- und ausschalten und zwischen blinkender und statischer Darstellung wählen.

Wenn Sie wünschen, können Sie noch den Ausgabemodus festlegen. Standardmäßig ist der aber bei allen Displays schon so eingestellt, wie man es i. d. R. benötigt: I/D ist gesetzt, so dass bei Textausgaben automatisch immer die DDRAM Adresse inkrementiert wird und sich der Cursor (ob sichtbar oder nicht) verschiebt.

6.2.3 Ausgabe von Zeichen durch Speicheradressierung

Nachdem alle Konfigurationen durchgeführt sind, ist die reine Textausgabe relativ einfach: Zuerst wird der Cursor platziert und dann der Text ausgegeben. Beides sind Aktionen im DDRAM: Mit der Cursorpositionierung geben Sie im Grunde nur an, ab welcher Speicherstelle der nachfolgende Text abgelegt werden soll. Dann schreiben Sie den Text in den

Speicher. Der Displaycontroller kopiert dann den Inhalt ohne Ihr weiteres Zutun permanent auf die eigentliche Anzeigefläche.

Wie schon geschrieben, unterscheiden sich die Displaycontroller trotz ihrer Kompatibilität durch die Speicheraufteilung. Nehmen Sie folgend gezeigte Speicheraufteilung an und Sie wollen den gezeigten Text ausgeben, dann müssen Sie die Adresse 0Ah anspringen (den Cursor hier positionieren) und „T" ausgeben. Anschießend an Adresse 4Bh „E", bei 20h „S" und bei 61h noch ein „T". In welcher Reihenfolge Sie dabei vorgehen, ist prinzipiell egal.

00h										T										
40h											E									
14h												S								
54h	H	E	L	L	O		W	O	R	L	D			T						

Abbildung 6.3: *Speicherabbild LCD.*

Um den zusammenhängenden Text „HELLO WORLD" auszugeben, müssen Sie nur einmal den Cursor auf Adresse 54h platzieren und können dann nacheinander die Zeichen schicken, die Sie im Controller über das Bit I/D eingestellt haben (bzw. dies ist die Standardeinstellung), dass die DDRAM-Adresse automatisch inkrementiert wird, wenn ein Zeichen empfangen wurde.

6.2.4 Zahlen ausgeben

Text lässt sich relativ leicht ausgeben, da die einzelnen Zeichen einer Zeichenkette direkt in ASCII umgesetzt und so ans Display übergeben werden können. Anders sieht es bei Zahlen aus. Diese liegen in C nicht zeichenweise vor. Wenn Sie beispielsweise die Zahl 123 ausgeben wollen, benötigen Sie eine Funktion, die die Stellen einzeln betrachtet und zum jeweiligen Wert den passenden ASCII an das Display schickt.
Eine Möglichkeit besteht darin, die bereits ab Seite 125 gezeigte Methode der wiederholten Division durch Zehn zu verwenden. Das ist zwar ein wenig aufwendig, erspart Ihnen aber das Einbinden einer weiteren Bibliothek, was eventuell dann mehr Speicherplatz des Prozessors belegt.

Die AVR Libc liefert aber auch spezielle Stringroutinen mit, die Sie verwenden können. Mit Hilfe der Funktionen in der stdlib.h können Sie eine Zahl (Integer und Float) in eine Zeichenkette konvertieren. Für ganzzahlige Typen gibt es itoa (Integer To ASCII) und ähnliche und für Fließkommawerte dtostrf (Double To String).

```
itoa (Integer Zahl, Zeichenkette, Zahlensystem)
dtostrf (Fließkommazahl, Gesamtlänge, Anzahl Nachkommastellen, Zeichenkette)
```

itoa kopiert die Zeichenkette in ein Array aus Bytes. Zusätzlich können Sie der Funktion die Basis des Zahlensystems angeben, in das die übergebene Zahl konvertiert werden soll. Um eine Zahl in eine Zeichenkette von Dezimalzahlen zu konvertieren, geben Sie 10 an; für eine hexadezimale Ausgabe 16 usw. Die Datei `lcd_4x20_zahl` demonstriert Ihnen die verschiedenen Möglichkeiten:

```
#include <stdlib.h>             // itoa etc.
...

char buffer[20];

itoa (-12, buffer, 10);         // Dezimal
lcd_writetext (buffer);

itoa (34, buffer, 16);          // Hexadezimal
lcd_writetext (buffer);
```

Wichtig ist, darauf zu achten, dass das Array groß genug dimensioniert wird, um alle Zeichen der Textrepräsentierung der Zahl aufzunehmen. dtostrf bietet keine zusätzliche Konvertierung des Zahlensystems. Dafür können Sie hier angeben, wie lang die Zeichenkette sein soll. Ist die Zahl (inklusive ggf. vorhandenem negativen Vorzeichen und Dezimalpunkt) kürzer als angegeben, werden davor so viele Leerzeichen eingefügt, bis die gewünschte Länge erreicht ist, so dass die Zahl rechtsbündig steht. Ist die angegebene Länge zu kurz, um die Zahl aufzunehmen, wird die Länge nicht berücksichtigt.

```
char buffer[20];

dtostrf (-12.34, 6, 2, buffer);
lcd_writetext (buffer);
```

Möchten Sie statt des Dezimalpunktes lieber ein Komma in Ihrer Ausgabe, dann brauchen Sie nur im Array der Zeichenkette an der Stelle des Dezimaltrennzeichens das vorhandene Zeichen durch „," zu ersetzen. So lange die umgewandelte Zahl nicht länger als die angegebene Gesamtlänge wird, ist die richtige Position einfach zu ermitteln:

```
buffer[Gesamtlänge - Anzahl Nachkommastellen - 1] = ',';
```

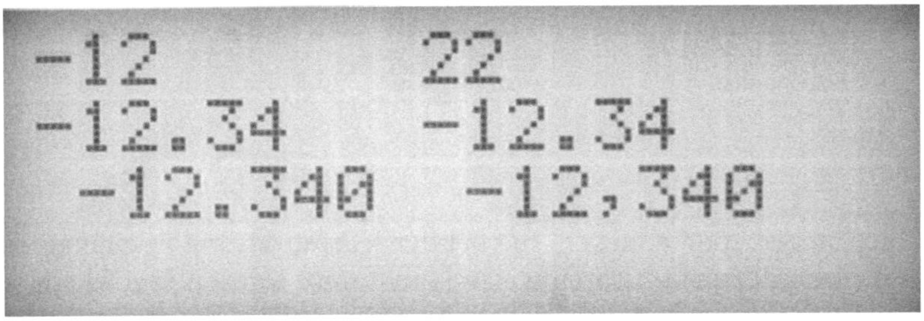

Abbildung 6.4: *Zahlenausgabe mit stdlib.h.*

Noch mehr Komfort bietet die Funktion sprintf aus der Library stdio.h. Der Einsatz dieser Funktion hat aber auch einen Nachteil: Es wird sehr viel Flash-Speicher im Mikrocontroller belegt. Um den Speicherbedarf einzuschränken, gibt es auch extra eine Linkeroption , mit der Sie bestimmen können, ob Sie auch Fließkommaarithmetik benötigen oder nur ganzzahlige

Typen verarbeiten wollen. Beschränken Sie sich auf Integer, können Sie keine Floats etc. mit sprintf ausgeben, sparen aber viel Speicherplatz. In der in diesem Buch genutzten Vorlage des makefile sind die Linkeroptionen so eingestellt, dass keine Fließkommazahlen ausgegeben werden können. Für die folgenden Beispiele (und natürlich bei Bedarf bei Ihren eigenen Projekten) müssen Sie die Einstellungen ändern: In Zeile 160 müssen Sie das Kommentarzeichen („#") am Zeilenanfang löschen, damit dem Linker über die Variable SCANF_LIB der Inhalt der Variablen SCANF_LIB_FLOAT mit den passenden Linkeroptionen für Fließkommazahlen übergeben wird.

```
-Wl,-u,vfscanf -lscanf_flt
```

Ansonsten wird nur die Minimalversion ohne Fließkommaarithmetik eingebunden. Im Projekt `lcd_4x20_float` wird Ihnen der Einsatz von sprintf demonstriert. Der grundlegende Aufbau des Aufrufs sieht so aus:

```
#include <stdio.h>                    // sprintf
...

char buffer[20];

sprintf(buffer, "%d", 567);
lcd_writetext (buffer);
```

Im Formatstring (der zweite Aufrufparameter) geben Sie an, wie die Zahl bei der Konvertierung in eine Zeichenkette formatiert werden soll. Eingeleitet wird er stets durch ein Prozentzeichen und endet mit der Angabe des Zahlentyps. Wichtig ist, das der angegebene Typ auch tatsächlich zur nachfolgenden Zahl passt, da der Compiler ansonsten eine Warnung ausgibt. Einige der zur Verfügung stehenden Typbezeichner sind:

Typ	Bezeichner
Integer	d
Float, Double	f
Long	ld
Unsigned Integer	u
Unsigned Long	lu
Hexadezimal	x oder X
Exponential	e oder E

Mit x bzw. X können Sie Integertypen angeben, die bei der Konvertierung in einen String gleich auch noch in eine hexadezimale Schreibweise konvertiert werden. Bei kleinem x werden ggf. Kleinbuchstaben ausgegeben, bei großem X entsprechend Großbuchstaben. e oder E gibt einen Doublewert in mathematischer Exponentialschreibweise mit einer Vorkommastelle und der ggf. angegebenen Zahl an Nachkommastellen aus (bzw. sechs bei fehlender Angabe).

Zusätzlich können Sie vor und nach dem Formatstring beliebigen anderen Text angeben, der dann mit in die Zeichenkette eingebaut wird. Möchten Sie ein Prozentzeichen ausgeben, dann müssen Sie „%%“ schreiben:

```
sprintf(buffer, "Zahl: %dm", 567);
```

Den Formatstring können Sie noch für weitere Formatierungen nutzen. Vollständig stehen folgende Parameter zur Verfügung, die Sie optional angeben können:

```
%[Modifizierer][Feldbreite][.Nachkommastellen]Typ
```

Der Modifizierer bestimmt, wie und womit nicht benutzte Felder des Ausgabefeldes gefüllt werden sollen, wie die Ausrichtung innerhalb des Feldes erfolgen soll und ob ein Vorzeichen auch dann ausgegeben werden soll, wenn die auszugebende Zahl positiv ist. Wird kein Modifizierer angegeben, so werden nicht benutzte Felder mit einem Leerzeichen gefüllt, positive Vorzeichen unterdrückt und die Ausgabe im Feld rechts ausgerichtet.

Modifizierer	Funktion
+	Vorzeichen wird immer ausgegeben
-	Die Ausgabe wird in der Feldbreite linksbündig ausgerichtet
0	Anstelle von Leerzeichen werden führende Nullen ausgegeben
#	Nur für Bezeichner x oder X: Voranstellen von „0x“ bzw. „0X“

Die Feldbreite legt fest, wie viele Stellen die konvertierte Zahl (inkl. Dezimalzeichen und Vorzeichen) belegen soll. Reicht die angegebene Breite nicht aus, wird die Feldbreite automatisch nach oben angepasst. Wird keine Angabe gemacht, wird die Breite so gewählt, dass die Zahl hineinpasst.

Die Anzahl der Nachkommastellen muss nicht angegeben werden und spielt auch nur bei Fließkommazahlen eine Rolle. Ohne Wertangabe benutzt die AVR Libc sechs Nachkommastellen. Wird nur der Punkt angegeben und keine Anzahl, werden gar keine Kommastellen ausgegeben. Die Zahl wird ggf. gerundet, wenn sich dies durch die sichtbaren Nachkommastellen ergibt.

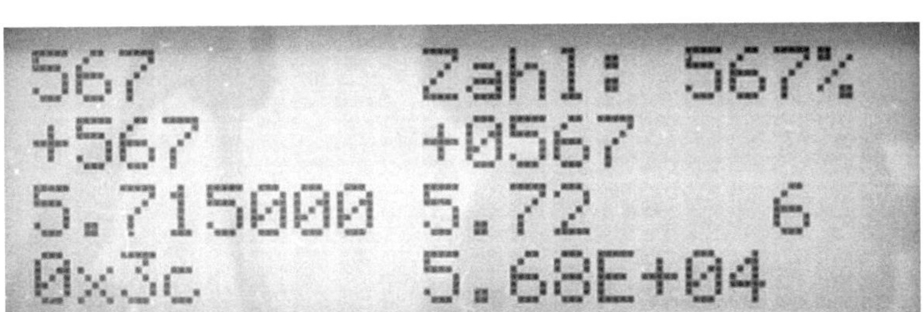

Abbildung 6.5: Ausgabe von Fließkommazahlen.

6.3 Eigene Zeichen definieren

Neben den fest einprogrammierten Zeichen steht Ihnen auch der Zugriff auf bis zu acht frei definierbare Zeichen zur Verfügung. Somit können Sie sich behelfen, wenn Ihr Display ein notwendiges Sonderzeichen nicht kennt oder Sie ganz eigene Kreationen benötigen.

6.3.1 Zeichendefinition

Die Beschreibung eines eigenen Zeichens erfolgt genau so, wie Sie es bereits in den Ausführungen zu alphanumerischen und 5x7 Punktdisplays kennen gelernt haben. Die Beschreibung erfolgt mit acht Bytes, die jeweils eine Zeichenzeile repräsentieren, wobei eine 1 für einen sichtbaren Pixel an der entsprechenden Stelle sorgt. Die drei oberen Bits eines jeden Bytes werden dabei nicht berücksichtigt.

Abbildung 6.6: *Selbstdefiniertes Symbol.*

Das im Beispielprogramm sichtbare Symbol wird von oben nach unten durch diese acht Bytes definiert: 11h, 11h, 1Fh, 0Eh, 04h, 04h, 04h, 04h.

Um ein Zeichen zu übertragen, muss auf das CGRAM (CG steht für Character Generator, engl. Zeichengenerator) zugegriffen werden. Dazu muss lediglich einmal die CGRAM Adresse gesendet werden, ab der das Zeichen abgelegt werden soll. Der Speicherbereich für selbstdefinierte Zeichen beginnt bei Adresse 40h und umfasst jeweils die nächsten acht Bytes pro Zeichen. Die erzeugten Zeichen stehen dauerhaft (auch nach Abfallen der Spannungsversorgung) zur Verfügung, bis sie durch eine neue Definition überschrieben werden. Angesprochen werden sie über die ASCII Codes 0 bis 7 zur Verfügung (nicht zu verwechseln mit den Zeichen „0" bis „7".

ASCII	**Startadresse CGRAM (Hex)**
0	40
1	48
2	50
3	58
4	60
5	68
6	70
7	78

Zuerst wird mit dem Befehl CGRAM Adresse setzen die Startadresse für das zu definierende Zeichen eingestellt. Nun erwartet der Controller Daten fürs CGRAM , wobei der Adresszeiger automatisch nach dem Empfang eines Zeichens inkrementiert wird. Wurden alle acht Bytes des Zeichens gesendet, kann eine neue Adresse eingestellt werden, um weitere Zeichen zu definieren. Ist die Zeichenbeschreibung abgeschlossen, muss der Adresszeiger mit dem Befehl DDRAM Adresse setzen, explizit wieder in den Adressbereich des DDRAMs gesetzt werden. Dies kann auch über den Befehl zum *Display löschen* erfolgen.

6.3.2 Extra große Zahlen

Mit Hilfe von frei definierbaren Zeichen können Sie auch sehr schön Zahlen in besonders großer Darstellung ausgeben, wenn Sie ein mehrzeiliges Display benutzen. Dazu werden einige Symbole als Zeichen im CGRAM abgelegt. Eine zusätzliche Funktion im Programm zerlegt dann eine an sie übergebene Zahl in die einzelnen Ziffern und baut dann aus den abgelegten Symbolen die großen Zahlen auf. Das Projekt `LCD_4X20-BIG` zeigt eine mögliche Lösung, wobei die Zeichendefinition und die Funktionen zur Zahlausgabe in der Header Datei `LCD_TOOLS.H` zu finden sind.

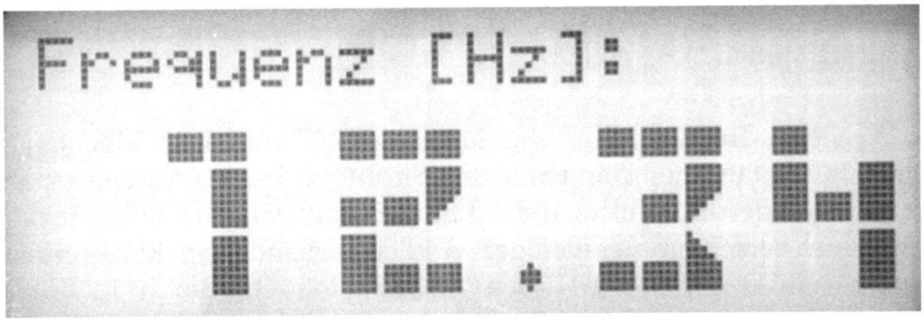

Abbildung 6.7: *Zahlen in extra großer Darstellung.*

Mit dieser Methode können Sie natürlich die Zahlendarstellung auch an andere Displaygrößen anpassen, so dass nur zwei oder sogar vier Zeilen zur Darstellung genutzt werden. Die dreizeilige Form hat auf einem vierzeiligen Display aber den Vorteil, dass so noch eine Zeile zur Beschriftung zur Verfügung steht.

7. Serielle Datenübertragung

Dank des integrierten USART (Universal Synchronous and Asynchronous serial Receiver and Transmitter) in den ATmegas benötigen Sie nur eine handvoll Bauteile, um eine vollwertige RS232 Schnittstelle aufzubauen und Sie können Daten zum Beispiel zwischen Ihrem PC und Ihrem Mikrocontroller austauschen. Ältere und kleinere AVRs besitzen lediglich einen UART, können also nicht (ohne Weiteres) synchron Daten übertragen, wozu der USART seine Daten in einem bestimmten Bittakt oder einen Rahmen aus Start- und Stoppbits überträgt. Dank der Interruptsteuerung und Datenpuffer im AVR können Sie mit dieser Schnittstelle auch sehr hohe Datenübertragungsraten erzielen. Voraussetzung ist aber ein externer, genauer Taktgenerator für den Prozessor, da der interne Taktgeber zu ungenau ist. Neben anderen AVRs bieten die ATmegas den Vollduplexbertieb an, bei dem gleichzeitig Daten gesendet und empfangen werden können.

7.1 RS232 Schnittstelle

Der USART benutzt TTL Pegel für seine Ein- und Ausgänge RxD und TxD. Möchten Sie Daten mit einem anderen FC austauschen, dann brauchen Sie nur die beiden Anschlusspaare gekreuzt miteinander zu verbinden. PCs besitzen eine RS232-Schnittstelle – die allerdings bei Laptops kaum noch und auch bei PCs immer weniger wirklich vorhanden ist. RS232 arbeitet mit zwei anderen Signalpegeln: Logisch 0 wird durch +12 V und logisch 1 durch -12 V repräsentiert. Deshalb benötigen Sie unbedingt einen Pegelwandler und dürfen Ihren Mikrocontroller nicht direkt mit einer RS232-Schnittstelle verbinden. Der Vorteil der hohen Signalpegel ist, dass sich so auch sehr lange Strecken (durchaus im Kilometerbereich) mit einfachen Kupferkabeln und ohne Abschirmung überbrücken lassen.

Als Quasistandard hat sich der MAX232 von Maxim etabliert. Der Baustein benötigt lediglich ein paar Kondensatoren, um aus den üblichen 5 V die positive und negative Spannung für RS232 zu generieren. Im Handel gibt es viele verschiedene Untertypen (die sich zum Beispiel durch den erlaubten Temperaturbereich unterscheiden) dieses Pegelwandlers auch von diversen Herstellern. Deshalb ist es erforderlich, im Datenblatt zu Ihrem IC nachzuschauen, welche Kondensatorendimension Ihr Typ benötigt. Verlassen Sie sich nicht auf pauschale Aussagen anderer Anwender und benutzen Sie unbedingt auch Elektrolytkondensatoren – selbst dann, wenn es vielleicht auch anders gehen sollte.

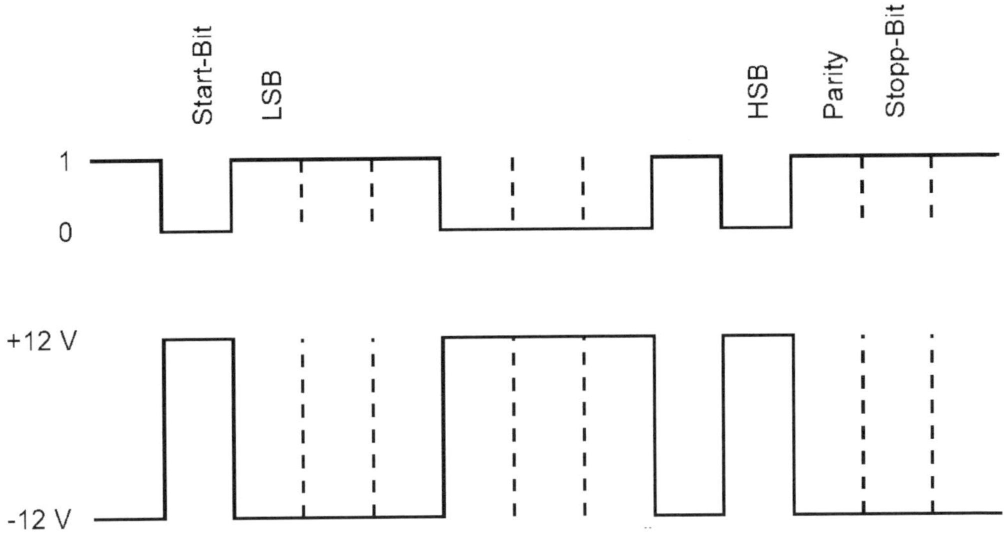

Abbildung 7.1: *Signalverlauf bei der seriellen Übertragung des Wertes 71 (0100 0111b) mit 8O1.*

Das Übertragungsformat legt fest, ob Sie ein oder zwei Stopp-Bits wünschen, ob die Parität (engl.: Parity) gerade oder ungerade sein soll und wie viele Bits pro Frame ein Zeichen bilden sollen. Ein Standardwert hierfür ist 8N1: (8 Bits pro Zeichen, keine Parität, 1 Stopp-Bit). Gerade Parität (engl.: Even) bedeutet, dass das Paritätsbit 1 ist, wenn die Anzahl der Einsen im Datenwort ungerade ist. Das Paritätsbit sorgt also dafür, dass die Anzahl der Einsen gerade wird. Dementsprechend sorgt eine ungerade Parität (Odd) für eine ungerade Gesamtzahl der Einsen.

Im Schaltplan des Mini-Mega-Boards finden Sie bereits einen MAX232 in der wirklich einfachen Grundbeschaltung integriert. Wie dort auch schon angesprochen, dienen die zwei Jumper JP3 und JP4 der Versorgung so genannter Vampirschaltungen , die ihre Spannung über die Schnittstelle von Ihrem Mini-Mega-Board beziehen. Achten Sie aber darauf, die maximal zulässige Belastung des MAX232 und des 7805 nicht zu überschreiten. Wenn Sie Ihr Mini-Mega-Board mit dem PC verbinden, sollten die Jumper offen sein.

Da es sich beim Mini-Mega-Board im weitesten Sinne um einen Computer handelt, hat das Board eine männliche Sub-D Buchse bekommen. Zur Verbindung mit einem PC benötigen Sie deshalb ein Nullmodemkabel. Für die einfachste Variante eines Nullmodemkabels genügt es, RxD mit TxD und RTS mit CTS jeweils zu kreuzen, und eine Masse-Verbindung herzustellen.

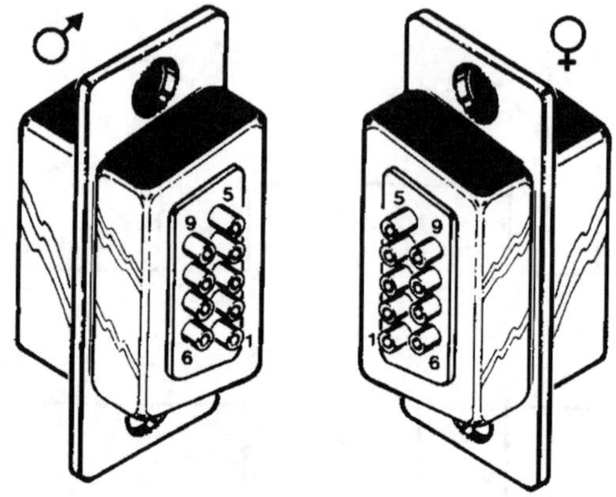

Abbildung 7.2: Pinout der neunpoligen Sub-D Buchse.

Pin	Bezeichner
1	DCD (Data Carrier Detect)
2	RxD (Receive Data)
3	TxD (Transmit Data)
4	DTR (Data Terminal Ready)
5	GND (Ground)
6	DSR (Data Set Ready)
7	RTS (Request To Send)
8	CTS (Clear To Send)
9	RI (Ring Indicator)

7.2 Register zur Konfiguration des USART

Damit Sie die Schnittstelle frei konfigurieren können, gibt es einige Register für den U(S)ART, über die Sie auch Zugriff auf die zu sendenden und empfangenen Daten erhalten. Eine detaillierte Aufstellung finden Sie im jeweiligen Datenblatt. Kurz zusammengefasst sind folgende Register bei den ATmegas vorhanden:

Register	Funktion
UDR (USART Data Register)	Eigentlich zwei Register, in das die zu sendenden Daten geschrieben oder die empfangenen Daten ausgelesen werden können. Je nach Zugriff (lesend/schreibend) wird das passende Register automatisch benutzt.
UCSRA, UCSRB, UCSRC (USART Control and Status Register A/B/C)	Konfiguration und Status des USART
UBRRL, UBRRH (USART Baud Rate Registers)	Low-Byte und High-Byte für die Baudrate

Um die serielle Schnittstelle des USART zu aktivieren, müssen die entsprechenden Bits in den Registern UCSRn gesetzt werden. Mindestens der Empfang und das Senden ist sinnvoll.

```
UCSRB |= (1 << TXEN);           // senden
UCSRB |= (1 << RXEN);           // empfangen
```

Sie können Ihr Programm so gestalten, dass die ganze Zeit auf eingehende Daten gewartet wird. Das ist aber oft nicht sinnvoll, da dann keine anderen Aktionen ausgeführt werden können. Praktischer ist es, wenn eingehende Daten eine Interruptbehandlung (siehe auch Seite 168) auslösen, in der dann die Daten zwischengespeichert werden, bis Ihr Programm sie verarbeitet. Dazu muss das Bit RXIE gesetzt werden:

```
UCSRB |= (1 << RXCIE);
```

Nun können Sie noch das Übertragungsformat konfigurieren. Dies geschieht über das Register UCSRC, welches allerdings mit UBRRH doppelt genutzt wird, weshalb Sie bei Zugriffen auf UCSRC das Bit URSEL aktivieren müssen. Um eine asynchrone Übertragung bei 8N1 einzustellen, benötigen Sie folgende Anweisung, bei der Sie nur die Zeichenlänge einstellen, da die anderen Bits per Standardwert schon auf 0 stehen:

```
UCSRC |= (1<<URSEL)|(1<<UCSZ0)|(1<<UCSZ1);
```

Die Baudrate wird dem AVR durch einen Wert in den Registern OBRRn übergeben. Diese Zahl kann im Datenblatt nachgeschlagen werden und ist abhängig von der verwendeten Taktrate des Mikrocontrollers. Nicht bei jeder Frequenz lässt sich jede beliebige Taktrate generieren. Ggf. können Sie das Bit U2X setzen, mit dem die Übertragungsgeschwindigkeit verdoppelt wird, was bei langsamen Taktraten sinnvoll sein kann, wenn eine hohe Übertragungsgeschwindigkeit benötigt wird. Zudem unterliegen die Raten einem Fehlerwert, der ebenfalls im Datenblatt angegeben ist. Je kleiner der Fehler ist, desto sicherer wird die Übertragung. Bei hohen Fehlerwerten kann die Übertragung zwar noch funktionieren, ist aber anfälliger gegen externe Störungen (beispielsweise bei großen Leitungslängen).

Alternativ können Sie den Registerwert auch berechnen, wobei die Formel für eine asynchrone Übertragung und Bit U2X=0 gilt:

$$UBRR = \frac{Oszillatorfrequenz}{(16 \cdot Baudrate) - 1}$$

Diese Berechnung lässt man üblicherweise den Präprozessor erledigen, um bei der Programmausführung keine Rechenzeit zu vergeuden und Speicherplatz zu sparen, da i. d. R. die Baudrate sowieso statisch vorgegeben wird. Dazu wird die gewünschte Baudrate als Konstante definiert. Die Angabe des Prozessortaktes machen Sie üblicherweise im makefile, so dass Sie im Präprozessor-Makro UART_BAUD_CALC auf F_CPU zurückgreifen können. Entscheidend ist, dass die Zahlenangaben durch ein „L" ergänzt werden, damit genügend Speicher reserviert wird. Im Rahmen der Konfiguration des USART berechnen Sie dann den benötigten Zahlenwert. Um das Register UBRRH zu beschreiben, müssen Sie den Wert nur noch um acht Bits nach rechts verschieben, da Sie das obere Byte benötigen.

```
#define UART_BAUD_RATE 9600L      // 9.600 Bd
#define UART_BAUD_CALC(UART_BAUD_RATE,F_CPU) ((F_CPU)/((UART_BAUD_RATE)*16L)-1)
...
UBRRH=(uint8_t)(UART_BAUD_CALC(UART_BAUD_RATE,F_CPU)>>8);
UBRRL=(uint8_t)UART_BAUD_CALC(UART_BAUD_RATE,F_CPU);
```

7.2.1 Software UART

Falls die Zahl der vorhandenen Hardware-U(S)ARTs nicht ausreicht, können weitere Schnittstellen über so genannte Software-UART s ergänzt werden. Der gängige Ansatz basiert auf dem Prinzip, dass ein I/O-Pin, der auf externe Signaländerungen mit einem Interrupt reagieren kann, für den Empfang (RXD) genutzt wird. Das Startbit löst den Interrupt aus, in der Interruptroutine wird der externe Interrupt deaktiviert und ein Timer aktiviert. In der Interruptroutine des Timers wird dann der Zustand des Empfangs-Pins entsprechend der Baudrate abgetastet. Nach Empfang des letzten Stopp-Bits wird der externe Interrupt wieder aktiviert. Das *Daten senden* (TXD) kann über einen beliebigen Pin erfolgen, der entsprechend der Baudrate und dem zu sendenden Zeichen auf 0 oder 1 gesetzt wird. In der Application Note AVR304 von Atmel finden Sie dieses Verfahren ausführlich beschrieben – inklusive C Sourcecode. Eine weitere Inspirationsquelle finden Sie im Beitrag auf der Webseite http://www.roboternetz.de/wissen/index.php/Software-UART_mit_avr-gcc
Es geht auch ohne Interrupt, wenn der Mikrocontroller den (dann beliebigen Eingangspin) mit einem Vielfachen der Baudrate abfragt und auf einen Wechsel des Signalpegels wartet, um dann die Daten einliest. Der Preis, den man dabei aber bereit sein muss zu zahlen ist, dass relativ viel Rechenzeit in der Überwachung des Eingangpins vergeudet wird. Die Application Note AVR305 zeigt, wie dies mit sehr wenigen Codezeilen realisiert werden kann.

Die Application Note AVR307 zeigt noch eine Möglichkeit, die auf den AVRs genutzt werden kann, die ein USI Modul (Universal Serial Interface) besitzen (beispielsweise ATtiny26 und ATmega169): Das Modul ist eigentlich für andere Aufgaben vorgesehen, kann aber auch als UART genutzt werden und entlastet so den Prozessor, da die Interruptbehandlung bereits integriert ist und auch das Senden vereinfacht wird.

7.3 Daten senden und empfangen

Sobald der USART konfiguriert ist, können Sie Daten senden. Dazu müssen Sie lediglich prüfen, ob der USART dazu bereit ist, d. h. das vorherige Zeichen wurde erfolgreich gesendet und der UDR Puffer ist leer. Das Bit UDRE im Register UCSRA ist dann auf 0 gesetzt.

```
while(!(UCSRA & (1 << UDRE)));    // warte, bis UDR bereit
UDR = c;                          // sende Zeichen
```

Das Empfangen gestaltet sich ähnlich einfach: Zuerst muss darauf gewartet werden, dass ein Zeichen erfolgreich über die serielle Schnittstelle empfangen wurde. Dies signalisiert das Bit RXC im Register UCSRA. Anschließend kann das Byte aus dem Register UDR ausgelesen werden:

```
while (!(UCSRA & (1<<RXC)));      // auf Zeichen warten
c = UDR;                          // Zeichen auslesen
```

Werden die zwei Anweisungen zum Zeichenempfang in eine Schleife integriert, können beliebig viele Daten empfangen werden. Allerdings ist das Verfahren (wie oben schon kurz angesprochen) nicht praktisch, da so der Prozessor nichts anderes machen kann. Günstiger ist eine Interruptbehandlung bei eintreffenden Daten. In dieser wird dann das empfangene Byte in ein Variablenarray übertragen. Das Hauptprogramm muss sich dann nicht um den Empfang kümmern und kann die Daten bei Bedarf aus dem Variablenfeld auslesen.

Genau das finden Sie auch im Musterbeispiel `SERIAL` realisiert. Die Routinen für die serielle Schnittstellen sind in der Datei `UART.H` abgelegt. Dort können Sie auch die Baudrate einstellen. Das Programm wartet auf Daten an der seriellen Schnittstelle, sendet diese dann wieder zurück und stellt die Zeichen auf dem an das Mini-Mega-Board angeschlossene LCD dar. Auf einem PC können Sie für diesen Test das rudimentäre Terminalprogramm *HyperTerminal* benutzen: Erstellen Sie eine neue Verbindung, wählen Sie die passende Schnittstelle am PC und konfigurieren Sie diese zum Projekt passend (9600 Bd., 8N1, keine Flusssteuerung). Wenn Sie dann den Mikrocontroller resetten, schickt dieser eine Eingabeaufforderung („bereit: ") und wartet auf Ihre Eingaben, die er dann zurücksendet, so dass sie im Terminalprogramm angezeigt werden und auch auf dem LCD erscheinen. Ab Seite 164 wird Ihnen noch eine etwas umfangreichere Nutzung der seriellen Schnittstelle zur Programmsteuerung vorgestellt.

Abbildung 7.3: *Terminalprogramm zur seriellen Datenübertragung.*

7.3.1 Hände schütteln für eine bessere Verständigung

Grundsätzlich gibt es ein Problem beim Datenaustausch: Sendet die eine Seite schneller Daten, als die Gegenüberliegende diese verarbeiten kann, kommt es irgendwann zum Datenverlust, da der interne Zwischenspeicher überläuft.

Dem kann begegnet werden, wenn beide Seiten das Handshaking beherrschen. Dabei teilt der Empfänger dem Sender mit, dass er momentan keine weiteren Daten in Empfang nehmen kann. Der Sender wartet dann, bis der Empfänger seine Empfangsbereitschaft signalisiert. Handshaking wird allerdings relativ selten implementiert und ist bei niedrigen Baudraten, wie Sie üblicherweise im Mikrocontroller-Umfeld zum Einsatz kommen (ca. 9.600…19.200 Baud), meist nicht notwendig. Die AVRs besitzen keinen integrierten Mechanismus fürs Handshaking und so müssten Sie dies selber implementieren.

Es gibt zwei Verfahren: per Hardware und per Software. Beim Hardwarehandshaking werden die zwei Leitungen RTS (Request To Send) und CTS (Clear To Send) benutzt. Bevor der Sender Daten an den Empfänger sendet, aktiviert er zunächst RTS, um seinen Sendewunsch mitzuteilen. Anschließend wertet er CTS aus, um zu ermitteln, ob das Gegenüber Daten aufnehmen kann. Erst wenn der Empfänger CTS aktiviert, darf der Sender die Übertragung starten. Auf dem Mini-Mega-Board sind die Handshakingleitungen nicht an den Mikrocontroller weitergeführt.

Ohne Zusatzhardware kommt das Softwarehandshaking aus. Hierbei sendet der Empfänger das Zeichen XOFF an den Sender und teilt ihm damit mit, dass er keine weiteren Daten empfangen kann. Ist er wieder bereit, dann sendet der Empfänger XON. Im ASCII Zeichensatz sind die Zeichen 17 (XON) und 19 (XOFF) für die Flußsteuerung vorgesehen. Softwarehandshaking hat aber trotz der einfacheren Umsetzung einen eklatanten Nachteil: Es gehen zwei Datenbytes verloren: Sie können den Wert 17 und 19 nicht mehr als Nutzdaten übertragen, da Sie dann die Übertragung unterbrechen würden und müssen die Zeichen ggf. maskieren oder sich etwas passendes ausdenken.

8. Analoge Ein- und Ausgabe

Die Mehrzahl der AVRs verfügt über einen internen A/D-Wandler (ADC: Analog Digital Converter). Mit ihm können Sie analoge Signale direkt an den Mikrocontroller anlegen und intern in digitale Werte umrechnen lassen. Je nach Typ und Gehäusebauform stehen Ihnen sechs bis acht voneinander unabhängige Eingänge (man spricht hierbei auch von sechs bis acht Kanälen) zur Verfügung. Allerdings besitzen die AVRs nur einen physikalisch vorhandenen A/D-Wandler. Die Eingangssignale werden über einen Multiplexer an den Wandler weitergeschaltet, so dass immer nur eine Konvertierung möglich ist. Da die Wandlung aber lediglich nur etwa 13...260 μs benötigt, sollte sich dadurch in der Praxis keine Nachteil ergeben.

Noch ein Hinweis vorweg, der für alle Projekte mit dem A/D-Wandler auf dem Mini-Mega-Board gilt: Achten Sie darauf, JP2 und bei S1 alle Schalter zu öffnen!

8.1 Auflösung und Eingangsbeschaltung des ADC

Die Auflösung des ADCs liegt bei zehn Bit. Das bedeutet, dass analoge Signal kann in 1024 Werte zerlegt werden. Möchten Sie eine Spannung zwischen 0 V und 20 V messen, dann liefert der DAC bei 0 V den Wert 0 und bei 20 V als Ergebnis der Wandlung eine 1023. Sie können in diesem Fall also eine Messgenauigkeit bzw. Auflösung von etwa 19,5 mV erreichen (20 V / 1024 = 0,0195 V). Dabei ist aber zu Berücksichtigen, dass es eine Reihe an Fehlerquellen gibt, welche die Genauigkeit beeinträchtigen und die im Datenblatt aufgezeigt werden.

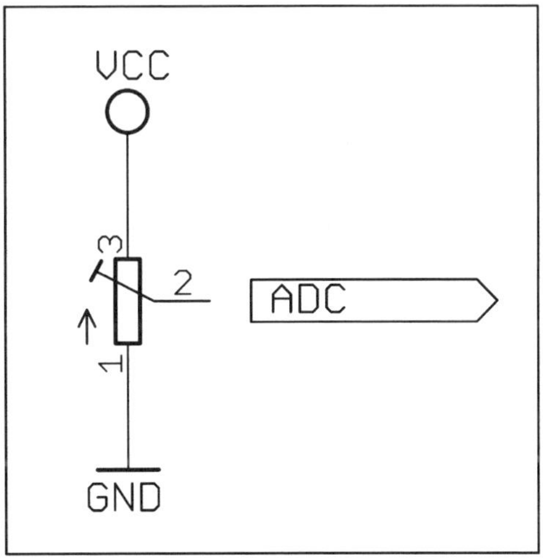

Abbildung 8.1: *Beschaltung des A/D-Wandlereingangs.*

8.1.1 Spannungsteiler

Natürlich können Sie nicht eine beliebig hohe Spannung an den Eingang des AVRs anlegen. Die obere Grenze liegt bei der Versorgungsspannung des Mikrocontrollers, also bei 5 V in den meisten Fällen. Um auch größere Spannungen messen zu können, bedient man sich meistens eines Spannungsteilers , der aus zwei Widerständen besteht: einem festen mit bekanntem Wert und der veränderliche Widerstand des Messwertgebers. Dank des sehr hohen Eingangswiderstandes von ca. 100 MΩ, hat der Widerstand der externen Schaltung kaum Einfluss und es kann ein unbelasteter Spannungsteiler berechnet werden.

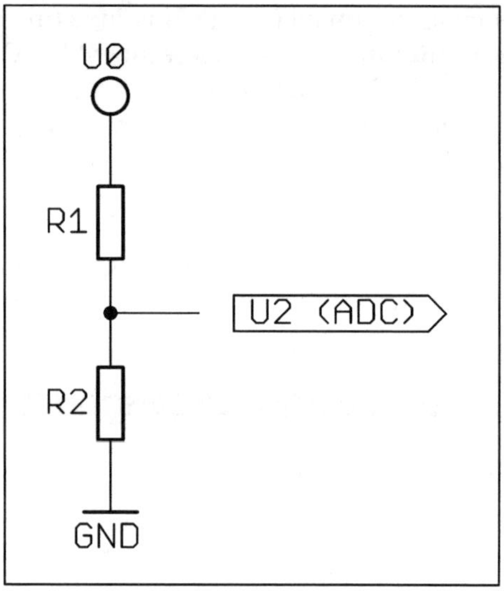

Abbildung 8.2: *Spannungsteiler (unbelastet).*

Die notwendige Formel zur Berechnung der Ausgangsspannung lautet:

$$U_2 = \frac{U_0 \cdot R_2}{R_1 + R_2}$$

Da das Datenblatt einen Ausgangswiderstand der analogen Signalquelle von 10 kΩ oder weniger empfiehlt, muss i. d. R. nur noch R1 berechnet werden, denn die Ausgangsspannung ist durch den Maximalwert schon vorgegeben und R2 ist entweder durch den Messwertgeber bestimmt oder es wird ein beliebiger Wert bis zu den empfohlenen 10 kOhm gewählt. Ergibt sich bei der Berechnung von R1 kein Wert, wie er in einer der E-Reihen vorkommt, dann sollte für R2 ein anderer Wert gewählt werden. Sollten Sie keine passenden Widerstände zu den berechneten Werten finden, achten Sie darauf, dass U2 nicht größer wird, als die Versorgungsspannung des Mikrocontrollers.

$$R_1 = \frac{U_0 \cdot R_2}{U_2} - R_2$$

Um die 20 V aus dem Anfangsbeispiel mit dem A/D-Wandler messen zu können, ist also ein Widerstand von 30 kΩ nötig, wenn für R2 10 kΩ gewählt wird. Natürlich können Sie auch andere Werte einsetzen, solange das Verhältnis zwischen den beiden Werten bestehen bleibt.

$$R_1 = \frac{20 \cdot 10.000}{5} - 10.000 = 30.000$$

8.1.2 Wertberechnung

Im Programm des Mikrocontrollers können Sie dann mit den Werten des Spannungsteilers und des Ergebnisses aus der A/D-Wandlung auf die tatsächlich anliegende Spannung zurückrechnen.

Zuerst ermitteln Sie die tatsächliche Spannung U2 anhand der benutzten Widerstände bei maximaler Eingangsspannung. Im Beispiel ergibt sich U2 = 5 V. Das ergibt eine Auflösung von U2 / 1024 ≈ 0,0049 V pro Bit. Das Teilungsverhältnis bestimmt sich aus U0 / U2 = 4. Für einen beliebigen Wert des A/D-Wandlers können Sie dann die reale Spannung berechnen:

$$U = \frac{U_2}{1024} \cdot Teilungsverhältnis \cdot ADWert$$

Bedenken Sie bei der Auswertung der Berechnungen immer, dass die resultierende Auflösung Ihre Ergebnisse ungenau werden lässt. Ein A/D-Wert repräsentiert also nicht eine exakte Zahl, sondern eigentlich einen Wertebereich mit einer Toleranz um die ermittelte Auflösung nach oben und unten.

8.1.3 Referenzspannung

Für den A/D-Wandler gibt es einen separaten Anschlusspin (AREF) für die Referenzspannung. An diesen können Sie eine von der normalen Versorgungsspannung abweichende Spannung anlegen. Solange Sie aber eine Referenz in Höhe der Versorgungsspannung nutzen wollen, ist dies nicht nötig, weshalb hier auch kein Gebrauch davon gemacht wird, sondern die interne Referenzspannung benutzt wird.

Um die Störgeräusche in der Versorgung zu minimieren, wird empfohlen, ein LC-Filter bestehend aus einer Spule mit 10 μH Impedanz und einem Kondensator von 100 nF an AVCC anzuschließen, so wie es auch auf dem Mini-Mega-Board vorgesehen ist. Benötigen Sie keine hochgenaue A/D-Wandlung, können Sie darauf bei Ihren eigenen Schaltungen auch verzichten und AVCC direkt mit der Versorgungsspannung verbinden.

8.2 A/D-Wandlung durchführen

Der ADC beherrscht zwei Modi der Umwandlung eines Analogwertes nach Digital: die einfache Wandlung (auch als single conversion bezeichnet) und die permanente (als frei laufend oder englisch als free running bezeichnet). Im ersten Fall wird eine einzelne Konvertierung durch das Programm angestoßen und das Programm wartet auf das Ergebnis oder auf den Interrupt, der das Ende der Konvertierung anzeigt. Im zweiten Modus wird das Eingangssignal permanent im Hintergrund konvertiert und in einem Register abgelegt, aus dem es dann nach Belieben ausgelesen werden kann.

8.2.1 Konfiguration des ADC

Um eine A/D-Wandlung durchzuführen, müssen Sie den A/D-Wandler im AVR konfigurieren. Dazu gehört die Wahl der Referenzspannung, des Eingangspins und der Teilungsfaktor für die Taktfrequenz des ADC. Der ADC wird durch einen Takt gesteuert, der aus dem CPU Takt erzeugt wird und zwischen 50 und 200 kHz liegen soll. Nach dem Nyquist-Shannon-Abtasttheorem sollte die Abtastfrequenz eines sich ändernden Signals das doppelte der Signalfrequenz betragen. Es ist also günstig, wenn Sie die größtmögliche Abtastfrequenz wählen.

Über die Bits ADPSx des Registers ADCSRA können Sie den Vorteiler für die Taktrate einstellen. Es gibt die Teilungsfaktoren 2, 4, 8, 16, 32, 64 und 128. Um den sinnvollsten Wert zu berechnen, ermitteln Sie einfach den oberen und unteren möglichen Teilungsfaktor:

$$Teilungsfaktor = \frac{CPU\ Taktrate}{ADC\ Taktrate}$$

Setzen Sie für ADC Taktrate einmal 50 kHz und einmal 200 kHz ein und bestimmen Sie so die zwei Teilungsfaktoren. Für einen Mikrocontroller mit 8 MHz Takt erhalten Sie so die Faktoren 160 und 40. Sie könnten also aus den vorgegebenen Teilungsfaktoren die Werte 64 und 128 benutzen. Mit dem kleineren Faktor (64) erzielen sie dann die schnellstmögliche Taktung des ADCs: 125 kHz. Gemäß Datenblatt müssen dazu die Bits ADSP1 und ADSP2 gesetzt werden. Gleichzeitig können Sie auch mit Bit ADEN den A/D-Wandler starten:

```
ADCSRA = (1<<ADEN) | (1<<ADPS2) | (1<<ADPS1);
```

Über das Register ADMUX wird der Eingangskanal für den Wandler festgelegt. Da hierfür die unteren drei Bits zuständig sind, können Sie einfach dem Register den Portpin zuweisen. Zusätzlich setzen Sie noch das Bit REFS0 auf Eins, damit die interne Referenzspannung von AVCC benutzt wird (REFS1 muss dazu auf Null stehen):

```
ADMUX = 0x01;          // Kanal waehlen (ADC1)
ADMUX |= (1<<REFS0);   // externe Referenzspannung AVCC
```

Nun können Sie eine einzelne Analog-Digital-Konvertierung starten. Dazu müssen Sie nur das Bit ADSC im Register ADCSRA setzen und darauf warten, das das Bit vom Mikrocontroller wieder auf Null gesetzt wird, um das Ende der Konvertierung zu signalisieren:

```
ADCSRA |= (1<<ADSC);                  // eine ADC-Wandlung
while ( ADCSRA & (1<<ADSC) );        // Konvertierung abwarten
```

Anschließend können Sie das Ergebnis der Wandlung aus den beiden Registern ADCL und ADCH auslesen. In ADCL steht das niedrigwertige Byte der Konvertierung. Dieses Byte muss zuerst ausgelesen werden. In der Headerdatei io.h ist üblicherweise das Makro ADCW definiert, mit dem Sie in einen Schritt beide Register zusammen als 16-Bit-Wert auslesen können:

```
uint16_t = ADCW;         // Konvertierungsergebnis auslesen
```

Um etwas Strom zu sparen, können Sie (nach dem Sie alle A/D-Wandlungen durchgeführt haben), den ADC wieder deaktivieren:

```
ADCSRA &= ~(1<<ADEN);        // ADC ausschalten
```

8.2.2 Tipps für die Praxis

Üblicherweise wird empfohlen, vor der eigentlichen A/D-Wandlung eine Konvertierung durchzuführen, dessen Ergebnis dann anschließend verworfen wird. Im Datenblatt des ATmega16 wird ausgesagt, dass der ADC dies automatisch nach seiner Aktivierung macht, das Programm aber 200 ns nach der Aktivierung warten soll. Um kompatibel zu anderen Prozessoren zu sein, kann es aber nicht schaden, generell im eigenen Programm eine so genannte Dummykonvertierung vorzusehen.

Grundsätzlich kommt es zu kleinen Ungenauigkeiten bei jeder A/D-Wandlung. Dies drückt sich durch Abweichungen zwischen einzelnen Konvertierungen in den niedrigsten zwei Bits aus – selbst wenn die Eingangsspannung absolut unverändert bleibt. Damit ein Messwert nun nicht die ganze Zeit ein wenig schwankt, können Sie die zwei niedrigwertigen Bits ggf. einfach auf Null setzen, wodurch Sie aber ein wenig an Genauigkeit verlieren. Eine andere Methode ist, mehrere Messungen direkt nacheinander durchzuführen und aus der Summe der Umwandlungen das arithmetische Mittel zu berechnen:

$$Mittelwert = \frac{\sum Messwerte}{Anzahl\ Messwerte}$$

Wie viele Messungen Sie dazu benutzen, ist Ihnen überlassen. Oft werden nur wenige (ca. vier) genommen. Da die eigentliche Konvertierung aber im Grunde extrem schnell abläuft, können Sie auch durchaus einige hundert Werte ermitteln, wenn keine extrem hohe Abtastrate benötigt wird. Vor allem bei Programmen, die relativ kurz nacheinander einen sich nur langsam ändernden Wert ermitteln und anzeigen oder verarbeiten sollen, werden dadurch kleine Schwankungen eliminiert und die Anzeige beruhigt sich. Lassen Sie dabei nur nicht den Gültigkeitsbereich der benutzten Variablen aus den Augen.

8.3 Temperaturmessung

Um die A/D-Wandlung zu demonstrieren, wird ein einfacher Temperatursensor vom Typ LM335 verwendet. Dieser Baustein ist im Transistorstandardgehäuse TO-92 erhältlich und bewirkt eine Spannungsänderung von 10 mV pro Grad bei einer Genauigkeit von 1 Grad bei 25 °C.

Abbildung 8.3: *Temperaturmessung mit LM335.*

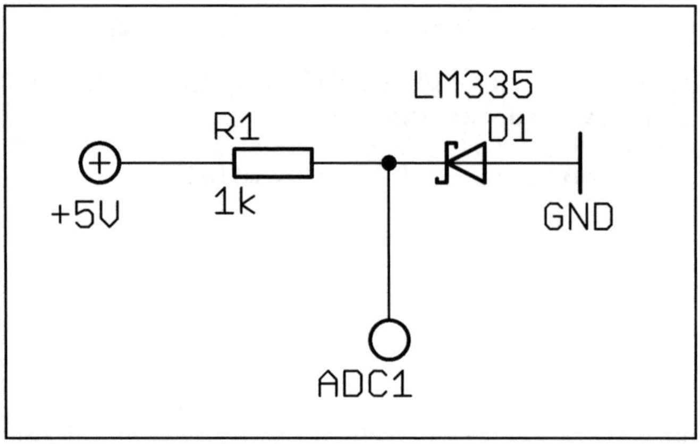

Wenn Sie keinen LM335 vorrätig haben, können Sie das Beispielprogramm trotzdem benutzen, wenn Sie wie in Abbildung 8.1 gezeigt, ein Potentiometer mit beliebigem Wert benutzen – lediglich die angezeigte Temperatur stimmt dann natürlich nicht.

Das Programm im Ordner `LM335` ermittelt die Spannung an Pin ADC1 in Bezug auf die interne Referenzspannung von 5 V bei einer Abtastrate von 125 kHz. Angezeigt wird der Wert des A/D-Wandlers, der dann in einen äquivalenten Spannungswert umgerechnet und ebenfalls auf dem LCD des Mini-Mega-Board angezeigt wird.

Für eine Temperaturmessung muss das Programm kalibriert werden: Messen Sie die aktuelle Temperatur mit einem anderen Thermometer und die Spannung, die am A/D-Wandler anliegt. Für den Spannungswert können Sie auch den angezeigten Wert benutzen, den das Programm im noch nicht kalibrierten Zustand anzeigt, da nicht die Spannungsmessung, sondern die Temperaturberechnung kalibriert werden muss. Beide Werte tragen Sie jetzt als Dezimalzahl (mit Nachkommanteil auch bei geradzahligen Werten) am Anfang des Programms bei TEMP und V_TEMP ein. Daraus errechnet das Makro dann die Spannung, die bei 0 °C zu erwarten ist. Haben Sie kein Thermometer zur Hand, können Sie auch das Plastikgehäuse des LM335 in Eiswasser halten (achten Sie darauf, nicht die Beine zu benässen). Wasser, in dem Eis schmilzt, hat annähernd 0 °C. Die dann gemessene Spannung können Sie direkt bei V_0GRAD statt der Formel eintragen.

```
// Eigentliche Messung - Mittelwert aus 4  Wandlungen
for(i=0;i<4;i++)
{
    ADCSRA |= (1<<ADSC);      // eine Wandlung „single conversion"
    while ( ADCSRA & (1<<ADSC) );    // auf Abschluss der Konvertierung warten
   result += ADCW;     // Wandlungsergebnisse aufaddieren
}
result /= 4;         // Summe durch vier teilen = arithm. Mittelwert

komma = result * 5.0 / 1024.0;          // A/D-Wert in Spannung umrechnen (AREF=5V,
10 Bit A/D-Wandler: 2^10=1024)
komma = komma - V_0GRAD;                // akt. Spannung - Spannung Gefrierpunkt
komma *= 100.0;                         // in °C umrechnen
```

8.4 Zufallszahlengenerator

Zufallszahlen zu erzeugen ist eine Wissenschaft für sich. Die Frage ist immer, wie zufällig die Zahlen wirklich sind und ob sie nicht doch reproduzierbar und damit vorhersagbar sind. Vor allem für Verschlüsselungsalgorithmen sind hochwertige Zufallszahlen wichtig. Bei Mikrocontrollern ist es eigentlich unmöglich, echte Zufallszahlen zu generieren. Die gängigste Methode ist, den Zufallszahlengenerator mit einer mehr oder weniger zufälligen Startzahl zu initialisieren und dann weitere Zahlen zu erzeugen. Als Startzahl wird sehr oft die Zeit genommen, die der Rechner eingeschaltet ist. Damit sind die erzeugten Zahlen aber nicht echte Zufallszahlen, denn die Startzahl und somit auch die nachfolgend produzierten Zufallszahlen sind immer gleich, wenn exakt die gleiche Zeit zwischen Einschalten des Rechners und dem Erzeugen der Zufallszahl vergeht. Auch wenn dies sicherlich nur theoretisch möglich ist, wird die Startzahl deshalb oft durch eine andere Methode generiert, wenn es auf gute Zufallszahlen ankommt: Der Benutzer muss eine Aktion durchführen, die dann eine variable Zahl liefert. Zum Beispiel eine Taste beliebig lange drücken oder am PC die Maus hin- und herbewegen.

Ihr μC hat nun leider nicht einmal eine interne Uhr, mit der Sie die Zeit seit dem Einschalten bestimmen können. Aus diesem Grund fehlt eine einfache Möglichkeit zur Startzahlgenerierung.

Wenn Sie jetzt Zufallszahlen ermitteln, sind das immer die gleichen, wie das Projekt `ZUFALL1` zeigt, welches vier Zufallszahlen auf dem LCD des Mini-Mega-Board ausgibt. Nach jedem Neustart (Reset) erscheinen die gleichen Zahlen.

Zur Initialisierung des Zufallszahlengenerators mit einer Startzahl gibt es in C die Funktion srand (). Nur haben Sie auf einem normalen Mikrocontroller nichts Variables, was Sie als Startwert benutzen können. Aber nun wird es Zeit, den vermeintlichen Nachteil in einen Vorteil umzukehren: Sie haben ja den A/D-Wandler auf Ihrem AVR (zumindest auf den meisten). Wenn Sie einen Pin des ADCs frei haben, dann können Sie perfekte Zufallszahlen generieren, die garantiert absolut zufällig sind. Dazu wird das Rauschen am Pin gemessen, wenn dieser nicht angeschlossen ist. An einem frei in der Luft baumelnden Pin (der lediglich in die Platine gelötet, aber elektrisch mit nichts verbunden ist), tritt immer eine Brummspannung auf. Diese wird gemessen und liefert irgendeinen zufälligen A/D-Wert, den Sie dann als Startwert für die Initialisierung benutzen können.

Im Projekt ZUFALL2 sehen Sie die Anwendung: Auf dem LCD wird der gemessene (zufällige) A/D-Wert angezeigt, gefolgt von vier nun wirklich stets anderen Zufallszahlen.

```
ADCSRA |= (1<<ADSC);                    // eine ADC-Wandlung
while ( ADCSRA & (1<<ADSC) );           // auf Abschluss der Konvertierung warten
result = ADCW;        // Wert abholen
srand (result);       // Zufallszahlengenerator initialisieren
```

Nebenbei zeigt das Programm auch gleich noch, wie Sie Zufallszahlen aus einem bestimmten Bereich ermitteln können, solange Sie dabei nicht den Maximalbereich überschreiten, in dem rand Zahlen liefert (diese Info finden Sie in der Beschreibung zu rand in der Libc):

```
zz = rand()%(BIS-VON-1)+VON;
```

Dazu werden in der dritten Zeile sechs zufällige Lottozahlen im Bereich 1...49 angezeigt.

8.5 Digital-Analog-Wandler

Leider gibt es nicht einen AVR, der auch den umgekehrten Fall beherrscht: Aus einem digitalen Wert ein analoges Ausgangssignal zu generieren. Hier können Sie sich nur mit einem externen D/A-Wandler behelfen. Diese gibt es in verschiedenen Typen als integrierte Schaltungen. Sie können aber auch einfach ein R2R-Netzwerk aufbauen. Das hat den Vorteil, das es sehr einfach und billig aus Standardelementen nachzubauen ist und dabei auch noch eine relativ hohe Präzision und hohe Wandlungsgeschwindigkeit besitzt. Jedes Bit speist über einen (im Vergleich zum horizontal liegenden) doppelt so großen Widerstand die Versorgungsspannung ein oder zieht einen Teil nach Masse. Sind alle Schalter zum Widerstand hin geschaltet, liegt am Ausgang im Prinzip die Versorgungsspannung an; sind alle Schalter nach Masse geschaltet, wird der Ausgang auch gegen Masse gezogen. Die Auflösung ist dabei im Grunde beliebig durch die Anzahl an Widerstand-Bit-Kombinationen definierbar.

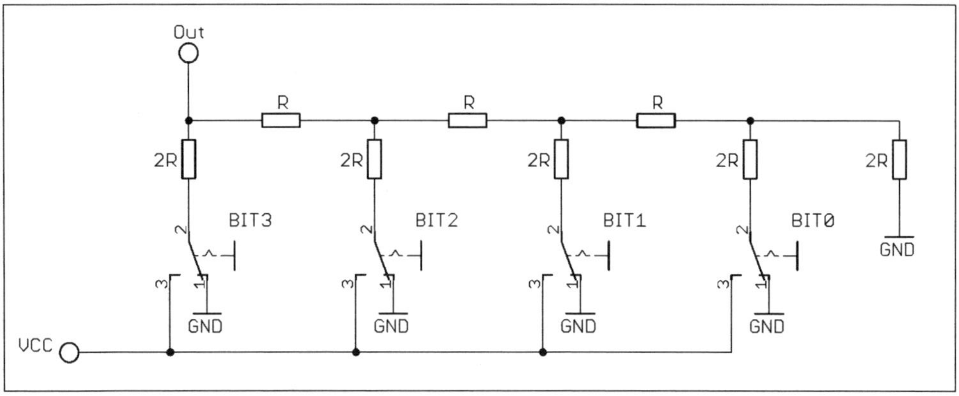

Abbildung 8.4: *Funktionsprinzip R2R-Netzwerk.*

Einziger Nachteil ist der erhebliche Bauteilaufwand, der bei höheren Auflösungen schnell zu einem wahren Widerstandsgrab führt.
Obwohl es von einigen Herstellern (z. B. http://www. bourns. com) spezielle R2R-Netzwerke fertig in SIL Bauform gibt, sind diese im Einzelhandel kaum zu bekommen, so dass Sie auf Einzelwiderstände mit möglichst hoher Präzision zurückgreifen müssen. Benötigen sie eine bestimmte Ausgangsleistung, dann kann es sinnvoll sein, den Ausgang des D/A-Wandlers noch über einen Operationsverstärker zu führen.

Mit einem einzelnen Port können Sie nun einen D/A-Wandler aufbauen, der bei 5 V und den verfügbaren acht Bit eine Auflösung von etwa 1,96 mV besitzt:

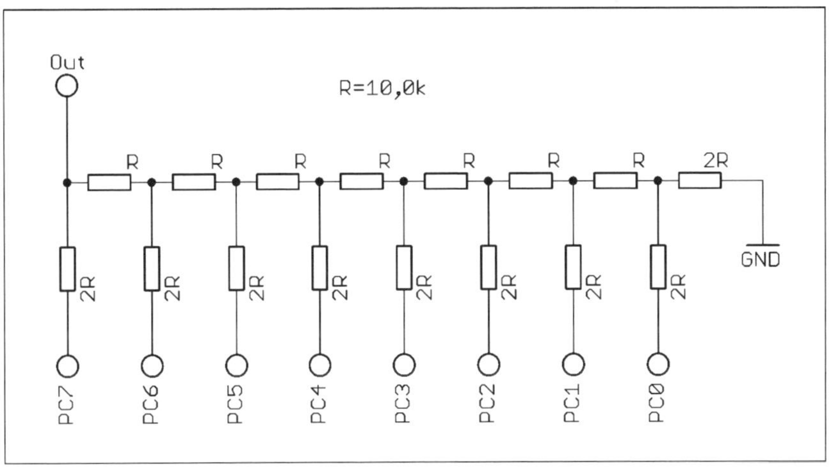

Abbildung 8.5: *Digital-Analog-Wandler.*

Ein einfaches Programm muss jetzt nur noch am Port die Leitungen aktivieren, die für die gewünschte Spannung benötigt werden. Dazu dividieren Sie einfach die gewünschte Spannung (im Bereich von 0...5 V) durch 0,0196 V und Sie erhalten den Zahlenwert, den Sie (gerundet als Ganzzahl) am Port einstellen müssen. Das folgende kleine Programm (D-A_WANDLER) erzeugt fortlaufend eine kontinuierlich innerhalb von ca. 3,8 s ansteigende Spannung von 0 auf 5 V:

```
int main()
{
    uint8_t i;

    DDRC = 0xFF;            // PORTC als Ausgang

    while (1)
    {
        for (i = 0; i<=0xFF; i++)
        {
            PORTC = i;          // D/A Wert
            _delay_ms (15);
        }
    }
    return 0;
}
```

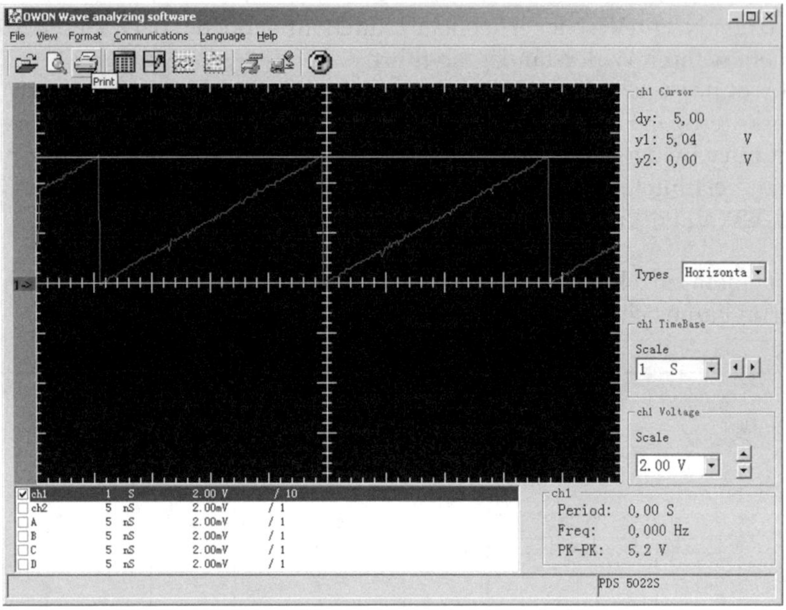

Abbildung 8.6: *Sägezahn mit D/A-Wandler.*

8.5.1 Digitaler Funktionsgenerator

Vom Sägezahn ist es eigentlich nur noch ein relativ kleiner Schritt hin zum eigenen Funktionsgenerator , wie man ihn als Elektroniker immer mal wieder benötigt. Auf eine umfangreiche Lösung mit negativen Spannungen wird hier allerdings verzichtet. Dafür soll der Funktionsgenerator die vier gebräuchlichen Signalformen ausgeben: Rechteck , Dreieck , Sägezahn und Sinus . Vor allem letztere ist etwas kniffelig und bietet Gelegenheit, eine weitere Besonderheit kennen zu lernen. Zusätzlich soll das Mini-Mega-Board über die serielle Schnittstelle (8N1, 9600 Bd) gesteuert werden können und die aktuelle Signalform und Frequenz auf dem LCD anzeigen (vgl. dazu S. 148 und 139). Für das Projekt `FUNKTIONSGENERATOR` wird der D / A-Wandler wie aus dem vorherigen Abschnitt aufgebaut, diesmal aber an Port B angeschlossen. Damit die LEDs auf dem Mini-Mega-Board nicht flimmern und den Ausgang belasten, wird JP1 geöffnet.

Wie beim kennenlernen der seriellen Schnittstelle wird das einfache Windows Terminalprogramm *HyperTerminal* benutzt. Dieses muss wieder auf die richtige Übertragungsrate eingestellt werden. Zusätzlich muss als Terminalemulation VT-100 gewählt sein, da das Programm im μC den Bildschirm per Steuerbefehl löschen können soll: Datei / Eigenschaften, Registerkarte Einstellungen.

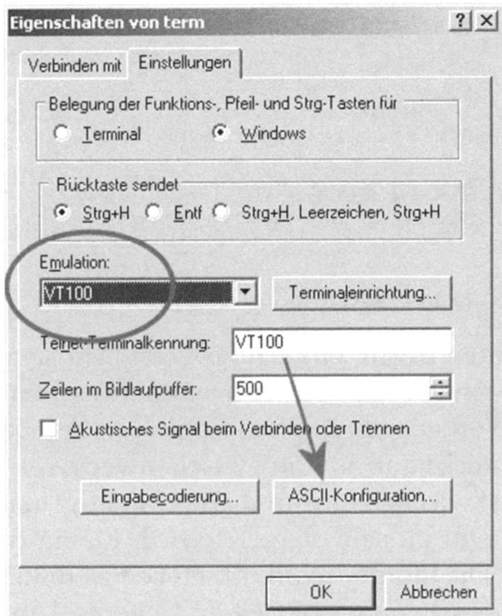

Abbildung 8.7:
Emulationseinstellung.

Über die Schaltfläche ASCII-Konfiguration stellen Sie noch ein, dass gesendete Zeichen nicht nur mit einem Wagenrücklauf (Carriage Return: „\r"), sondern auch mit einem Zeilenvorschub („\n") enden sollen und aktivieren das lokale Echo.

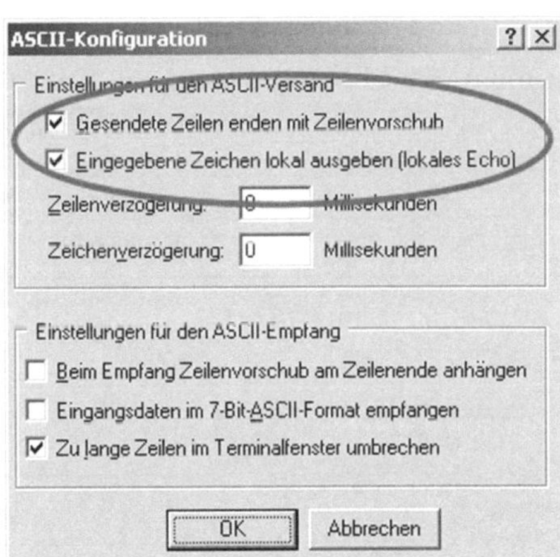

Abbildung 8.8:
ASCII Konfiguration.

Das Programm im Mikrocontroller wartet später auf die Eingabe von Zeichen über die serielle Schnittstelle. Wird ein Buchstabe empfangen, der die Signalform bestimmt, ist es nicht erforderlich auch noch <Eingabe> zu drücken. Werden nicht passende Buchstaben oder Zahlen eingegeben, wartet das Programm, bis <Eingabe> gedrückt wird. Zu beachten ist, dass das Terminalprogramm ausnahmsweise zwischen <Eingabe>/<Return> auf dem Haupttastenfeld und <Enter> auf dem Nummernblock unterscheidet. Es funktioniert nicht mit <Enter>. Im Programm wird die eingegebene Zeichenfolge ausgewertet, wozu das Ende, welches aus „\r\n" besteht, erkannt wird und die vorherigen Zeichen in ein Zeichenarray übertragen werden, welches mit „\0" abgeschlossen wird und dann mit atol() in eine Zahl konvertiert wird (wenn dies möglich ist – ansonsten liefert atol 0 zurück):

```
while (zeichen != '\n')              // bis \r\n empfangen wurde
{
    if (zeichen == '\r')
        zeichen = '\0';              // \r durch
  Stringendekennzeichen ersetzen => String fertig.Nur noch
  \n aus Empfangsbuffer abholen
    eingabe[i] = zeichen;            // String erweitern
    zeichen = ser_getc();            // nächstes Zeichen empfangen
    i++;
}
pause = atol (eingabe);              // Eingabestring in intger wandeln
```

Die Generierung der meisten Signalformen dürfte einfach zu verstehen sein und sich aus dem vorherigen Abschnitt zum Digital-Analogwandler ergeben: Es wird eine Schleife genutzt, die von 0...255 zählt und diesen Wert ausgibt. Je nach Zählweise ergeben sich die unterschiedlichen Signalformen. Beim Rechteck kann auf die Zwischenwerte verzichtet werden und es wird nur eine kleine Verzögerung zwischen Low und High benötigt, damit das Signal auch annähernd rechteckig wird und nicht zu sehr verzerrt wird. Einzig die Sinuskurve bedarf einer etwas näheren Betrachtung: Die Library math.h bietet eine Funktion, mit der Sinuswerte im Bogenmaß berechnet werden können. Mit einer weiteren Umrechnung, die M_PI als Konstante für die Kreiszahl Pi verwendet, kann man auch Gradmaße von 0...359 nutzen:

```
sin (i * M_PI/180)
```

Da der Sinus sich zwischen -1 und +1 bewegt, wird das Ergebnis der Berechnung mit der Hälfte der maximalen Amplitude (ca. 2,5 V bei einem D/A-Wert von 127) multipliziert, um Werte zwischen -127 und +127 zu bekommen. Anschließend wird die Kurve noch um 127 nach oben verschoben, damit lediglich positive Werte auftreten (0...254). Der maximale D/A-Wert von 255 wird so allerdings nicht erreicht.

Abbildung 8.9: *Sinuswertberechnungen.*

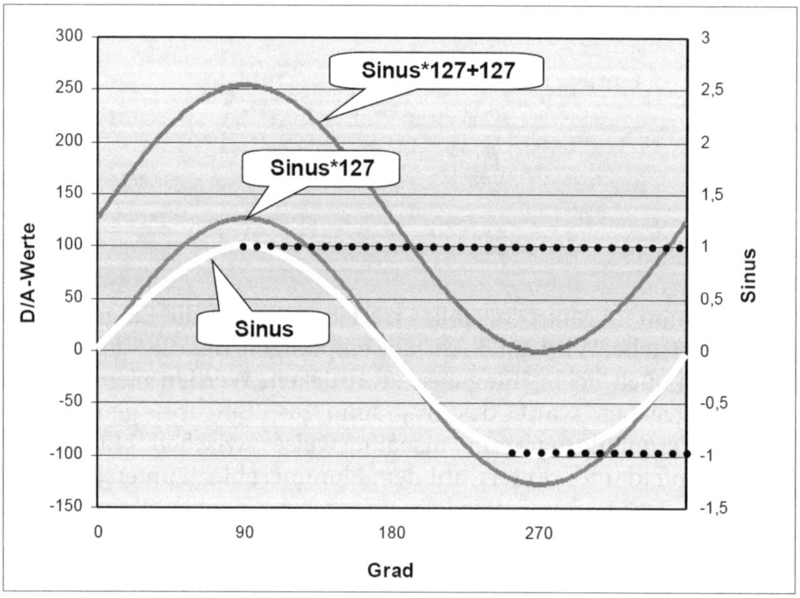

Im Funktionsgenerator können Sie diese Form der Signalgenerierung durch Wahl des Buchstaben „S" (großes S) einstellen. Mit Hilfe eines Frequenzmessgerätes oder am Oszilloskop werden Sie dann aber feststellen, dass diese Berechnungen (und vor allem die trigonometrischen Funktionen) sehr viel Rechenzeit benötigen und so lediglich eine maximale Frequenz von ca. 4 Hz möglich ist.

Deshalb wurde eine zweite Umsetzung integriert: In einer so genannten Look-Up Tabelle werden 256 Werte abgelegt, die nacheinander ausgegeben, eine Sinuswelle repräsentieren. Gewonnen wurde die Tabelle mit einer Tabellenkalkulation, in welcher der 360° Kreis in 256 Segmente zerteilt wurde, zu denen dann der passende D / A-Wert berechnet wird. Diese Tabelle finden Sie im Projektverzeichnis sowohl für Excel, als auch für OpenOffice, wenn Sie sich näher damit befassen wollen. Die Schleife, die Sie im Programm mit „s" (kleines s) aufrufen können, nimmt einfach nacheinander die berechneten Werte aus dem Array und gibt sie am D / A-Wandler aus. Damit sind dann immerhin schon ca. 400 Hz möglich.

Das Programm ist bei weitem nicht optimal, denn Sie können zwar eine Verzögerung eingeben, aber nicht genau die Frequenz vorbestimmen. Zudem sind die Aufrufe der Verzögerungsroutinen sehr zeitraubend, auch wenn dann gar keine Verzögerung stattfinden soll (Wert gleich Null). Würde man beispielsweise bei der Sinuskurve mit Look-Up Tabelle den Aufruf von delay_us () entfernen, könnte der ATmega16 mit 8 MHz Quarz eine Frequenz mit bis zu ca. 1.630 Hz ausgeben (Aufruf mit „x"). Sie haben also noch viele Möglichkeiten, das Programm ggf. zu optimieren und an eigene Bedürfnisse anzupassen.

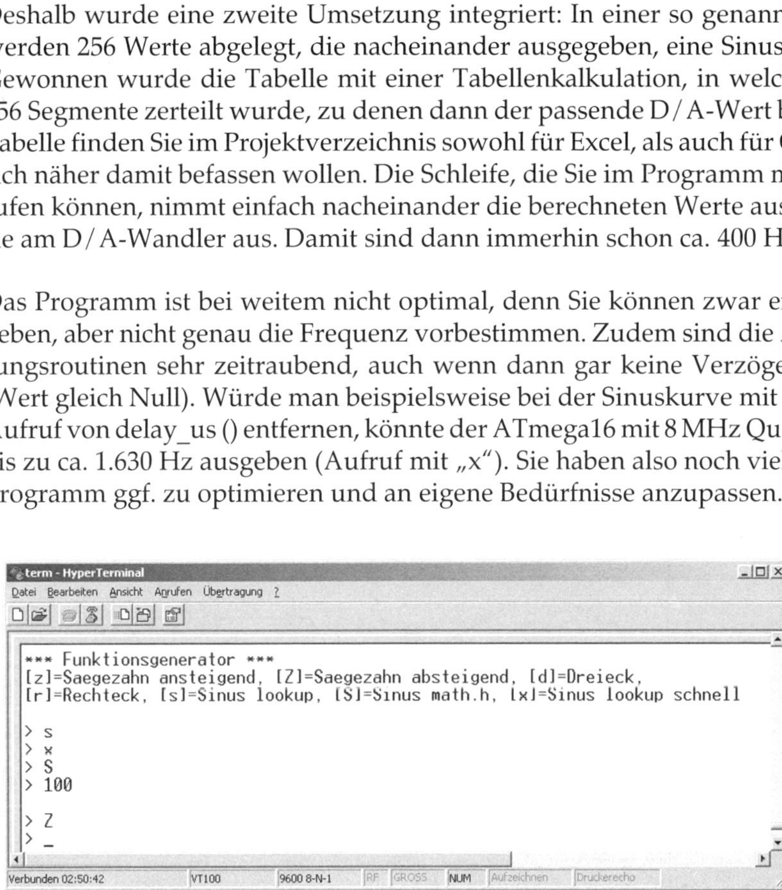

Abbildung 8.10: *Steuerung des µC vom Terminalprogramm aus.*

9. Programmablaufsteuerung mit Interrupts

Üblicherweise wird ein Programm auf einem Mikrocontroller linear abgearbeitet, zumal es in C auch keine Sprungbefehle gibt, wie zum Beispiel GOTO in Basic bzw. diese nicht eingesetzt werden sollten. Es kann aber notwendig sein, dass Ihr Programm auf ein Ereignis unmittelbar reagiert und nicht erst wartet, bis das Eintreten des Ereignisses während des Programmablaufs abgefragt wird. Das folgende Ablaufdiagramm zeigt ein Programm, welches unter anderem auf einen Tastendruck wartet. Allerdings wird nur alle fünf Sekunden die Stelle erreicht, an welcher der Zustand des Tasters abgefragt wird. Ist der Taster dann nicht gedrückt, wird weitere fünf Sekunden gewartet und somit können im ungünstigsten Fall diese fünf Sekunden vergehen zwischen Drücken der Taste und Aufleuchten der Lampe. Drückt dann der Benutzer die Taste nicht lange genug, um die Pause zu überbrücken, registriert das Programm den Tastendruck überhaupt nicht und das Programm läuft endlos weiter.

Abbildung 9.1: *Ablaufdiagramm lineare Tastenabfrage.*

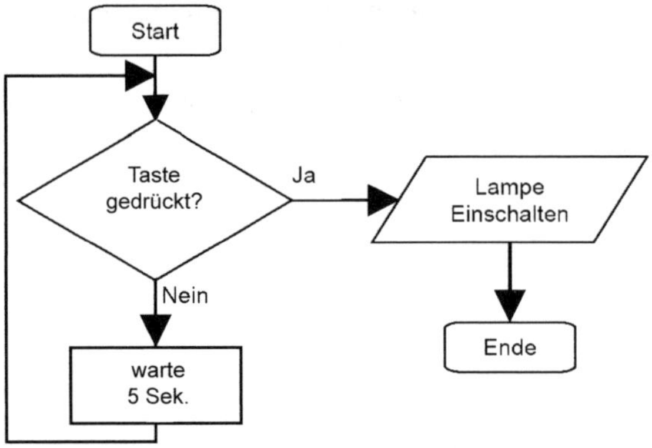

Für solche Fälle gibt es die Interruptsteuerung: Ein Ereignis löst einen Interrupt aus (auch als IRQ bezeichnet: Interrupt Request) und zwingt dadurch das Programm (bei aktivierter Interruptbehandlung) die Programmausführung des Hauptprogramms zu unterbrechen und die Interruptroutine auszuführen. Es findet keine parallele Ausführung des Hauptprogramms und der Interruptbehandlung statt. Nachdem die Interruptroutine abgearbeitet ist, wird das Hauptprogramm wieder fortgesetzt. Wird das Interrupt beispielsweise durch einen Tastendruck ausgelöst (beispielsweise High Signal an einem I/O-Pin), dann geht der Tastendruck nicht verloren und das Programm reagiert unmittelbar ohne Verzögerung auf die Taste.

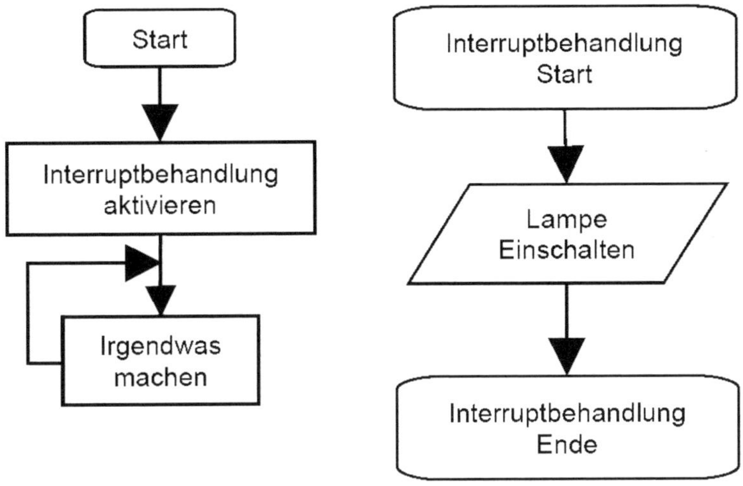

Abbildung 9.2: *Programmablauf mit Interruptsteuerung.*

9.1 Quellen für Interrupts

AVRs besitzen eine ganze Reihe an Quellen für Interrupts. Das heißt, verschiedene Ereignisse können ein IRQ auslösen und eine individuelle Interruptbehandlung anstoßen. Welche Interrupts es im Einzelnen bei Ihrem Prozessortyp gibt, können Sie im Datenblatt im Abschnitt *Interrupt Vectors* nachlesen. Die einzelnen Interrupts werden bei Atmel über Vektoren angesprochen und sorgen dafür, dass die Interruptbehandlung an der zugehörigen Speicheradresse startet. In C müssen Sie sich über die Adressierung keine großen Gedanken machen. Wichtig ist nur, dass Sie wissen, welches Ereignis zu welchem Interruptvektor gehört. Eine kleine (unvollständige) Auswahl der möglichen Interrupts zeigt die Tabelle:

Vektor	Ereignis	Beschreibung
1	RESET	Reset bzw. Einschalten der Stromversorgung
2	INT0	Externer Interrupt 0
3	INT1	Externer Interrupt 1
5	TIMER2 OVF	Timer/Counter2 Überlauf
9	TIMER1 OVF	Timer/Counter1 Überlauf
12	USART, RXC	USART Empfang abgeschlossen

Die Reihenfolge zeigt auch die Priorität der Interrupts: Wenn mehrere Interrupts gleichzeitig ausgelöst werden, dann wird mit der Abarbeitung der höherwertigen Interrupts (die mit einer kleineren Vektorzahl) begonnen. Während eine Interruptroutine ausgeführt wird, wird diese normalerweise nicht unterbrochen (was aber geändert werden kann, wenn es wirklich mal benötigt wird). Treten währenddessen weitere IRQs auf, werden die in der Reihenfolge ihrer Priorität anschließend abgearbeitet.

Damit andere Interrupts nicht zu lange auf ihre Interruptbehandlung warten müssen oder eventuell sogar der gleiche IRQ erneut eingeht, bevor die erste Behandlung abgeschlossen ist, sollte der Programmcode in einer Interruptroutine keine größeren Verzögerungen enthalten. Problematisch wird es nämlich vor allem dann, wenn die gleiche Routine während ihrer bereits abgestoßenen Abarbeitung durch weitere Ereignisse erneut aufgerufen wird. Da während einer Interruptbehandlung normalerweise keine weiteren Aufrufe zugelassen sind, wird das zugehörige Interrupt-Flag zwar gesetzt und die Interruptbehandlung wird auch ausgeführt, wenn die vorherige abgeschlossen ist, doch Sie haben keine Möglichkeit festzustellen, wie oft inzwischen das Ereignis eintrat.

Stehen nach einem Ereignis aufwendige Aktionen oder Berechnungen an, dann können Sie ggf. in der Interruptroutine lediglich ein Flag setzen (einer beliebigen Variable einen entsprechenden Wert zuweisen) und dann im Hautprogramm regelmäßig prüfen, ob das Flag gesetzt wurde, um dann dort die eigentliche Reaktion auf das Ereignis auszuführen.

9.1.1 Interruptbehandlung

Damit Ihr Mikrocontroller auf ein Interrupt reagieren kann, benötigen Sie selbstverständlich auch den auszuführenden Code, der ablaufen soll, wenn das Ereignis eintritt. Dazu existieren in AVR-GCC zwei Definitionen: SIGNAL und ISR .

SIGNAL ist veraltet und sollte heute nicht mehr verwendet werden. Aber natürlich kann es sein, dass Sie mal mit älterem Code konfrontiert werden, und zudem sind die neuen Compilerversionen abwärtskompatibel, so dass der Code trotzdem funktionieren sollte. Für die Interruptbehandlung mit SIGNAL wurde die gleichnamige Header-Datei signal.h eingebunden.

Für die zeitgemäße Verarbeitung binden Sie interrupt.h ein und benutzen ISRs (Interrupt Service Routine) nach folgendem Schema:

```
#include <avr/interrupt.h>

ISR(Vectorname)
{
    /* Interrupt Code */
}
```

Für jedes eigenständige Interrupt, auf das Ihr Programm reagieren soll, müssen Sie einen solchen Block mit den Behandlungsroutinen erstellen, wobei Sie den jeweiligen Vektornamen des Interrupts einsetzen. Eine etwas mühsame Arbeit ist es, den richtigen Vektornamen zu ermitteln. Dieser kann bei verschiedenen Prozessortypen unterschiedlich lauten, so dass Sie beim Wechsel des Prozessors eventuell den Code anpassen müssen.

1. Ermitteln Sie zuerst den Vektorbezeichner für den jeweiligen Interrupt anhand des Datenblattes. Dazu schauen Sie im Abschnitt *Interrupts* in die Tabelle der Vektoren und suchen die Nummer heraus, die zu der Aufgabe passt. Wenn Sie sich nicht sicher sind, welchen der teilweise ähnlich bezeichneten Vektoren Sie benötigen, vergleichen Sie ggf. die Angaben im Abschnitt zu dem der Interrupt gehört. Beispielsweise bei den Timern, was ein Compare Match ist.

2. Subtrahieren Sie von der ermittelten Vektorzahl 1. Für External Interrupt Request 2 (Vektor 19) ergibt sich beim ATmega16 somit die 18.

3. Öffnen Sie im Installationsverzeichnis von AVR-GCC den Ordner `AVR/INCLUDE/AVR` die IO-Definitionsdatei zu exakt Ihrem Prozessortyp. Z. B. `IOM16.H` für einen ATmega16. Vergleiche hierzu auch Seite 94: Register-Konstanten aus der I/O-Standardbibliothek.

4. Blättern Sie nach unten bis zum Abschnitt „/* Interrupt vectors */" o. Ä. Suchen Sie hier jetzt die im zweiten Schritt berechnete Vektorzahl (bspw. 18). Wie Sie sehen, steht davor auch der Name des Interrupts als Kommentar:

```
/* External Interrupt Request 2 */
#define INT2_vect                      _VECTOR(18)
#define SIG_INTERRUPT2                           _VECTOR(18)
```

5. Die Konstante „SIG_ " (gefolgt von irgendeinem Text) dient der Abwärtskompatibilität zu SIGNAL und wird nicht mehr verwendet. Bei einigen Interrupts finden Sie auch noch weitere Definitionen, die Sie ignorieren können. Für Sie ist nur die Angabe mit „_vect " am Ende wichtig. Diesen Namen (im Beispiel also „INT2_vect") haben Sie gesucht und müssen Sie dann in der oben gezeigten Interruptbehandlungsroutine ISR einsetzen.

9.1.2 Interrupts aktivieren

Es genügt nicht, im Programm lediglich die Interruptbehandlung einzubauen – Sie müssen über die entsprechenden Register die Interruptüberwachung konfigurieren. In der Regel sind dazu Schritte notwendig:

- Auslöseverhalten des Interrupts konfigurieren: Unter welchen Bedingungen wird der IRQ ausgelöst?
- Aktivierung der Überwachung dieses speziellen Interrupts: Interrupt Request Enable.
- Aktivierung der generellen (globalen) Interruptüberwachung: Global Interrupt Enable .

Für die ersten beiden Punkte finden Sie die zugehörigen Register und Angaben im Datenblatt jeweils bei der Funktionsbeschreibung der auslösenden Quelle. Also beispielsweise im Abschnitt Timer/Counter oder beim USART. Im noch folgenden Beispiel soll auf externe Signale reagiert werden. Die zugehörigen Interruptregister finden Sie im Abschnitt *External Interrupts*.

Damit der AVR überhaupt auf irgendwelche Interrupts reagiert, muss das Global Interrupt Enable Bit im Statusregister (siehe Abschnitt *Features* im Datenblatt) gesetzt werden. Nach Programmstart ist das Bit stets gelöscht. Ebenso wird es gelöscht, solange eine Interruptbehandlung abläuft. Anschließend wird es automatisch wieder gesetzt, damit weitere IRQs abgearbeitet werden können, wie oben bereits beschrieben wurde.

In C können Sie das Register mit zwei Makros direkt steuern:

Makroaufruf	Funktionsweise
cli()	Global Interrupt Enable Bit löschen. Dadurch werden alle Interruptbehandlungen deaktiviert.
sei()	Global Interrupt Enable Bit setzen: Alle Interruptbehandlungen (für die ein Interrupt Request Enable aktiviert ist) zulassen.

9.2 Externe Unterbrechungsanforderungen verarbeiten

Um Ihnen ein allgemeines Verständnis für die Interruptprogrammierung zu verschaffen, soll an einem einfachen Beispiel gezeigt werden, wie Sie auf eine Unterbrechungsanforderung von Außen reagieren können. Weitere Beispiele finden Sie immer punktuell dort, wo Interrupts für den jeweiligen Einsatz sowieso benötigt werden (z. B. bei der seriellen Schnittstelle oder bei Timern). Das Programm ist relativ übersichtlich und nutzt das Mini-Mega-Board mit angeschlossenem LCD:

```
#include "lcd_tools.h"
#include <avr/io.h>
#include <avr/interrupt.h>
#include <util/delay.h>

volatile uint8_t cnt = 0;

ISR (INT0_vect)
{
    cnt++;
    lcd_gotopos (1,1);          // Zählerstand ausgeben
    lcd_writezahl (cnt, 3, 1);
}

int main()
{
    lcd_ini();

    DDRD &= ~(1 << DDD2);           // PD2 als Eingang
    DDRD |= (1 << DDD0);            // PD0 als Ausgang

    MCUCR = (1 << ISC00)|(1 << ISC01); // steigende Flanke INT0 => IRQ
    GICR = (1 << INT0);             // IRQ an INT0 aktivieren
    sei();                          // IRQs global zulassen

    while (cnt < 10)
    {
```

```
28          _delay_ms (30);
29          _delay_ms (30);
30          _delay_ms (30);
31          _delay_ms (30);
32          PORTD ^= (1 << PD0);      // toggle PD0
33      }
34
35      lcd_gotopos (2,1);            // Ende ausgeben
36      lcd_writetext („Ende");
37
38      return 0;
39 }
```

Im Hauptprogramm wird Pin 2 von Port D als Eingang geschaltet. Dieser Pin kann beim ATmega16 als Interrupteingang genutzt werden, der dann das externe Interrupt INT0 auslöst. PD0 dient als Ausgang. Hardwaremäßig muss PD0 mit PD2 von Ihnen durch eine kurze Drahtbrücke verbunden werden!

In Zeile 22 wird dann für das Interrupt INT0 festgelegt, bei welchem Signalzustand der IRQ ausgelöst werden soll. In diesem Fall wird bei steigender Signalflanke die Unterbrechung ausgelöst. Beachten Sie den Hinweis im Datenblatt, dass nur Impulse, die länger als der Systemtakt anliegen, sicher erkannt werden können.

Durch Beschreiben des Registers GICR in Zeile 23 wird dann der INT0 aktiviert. Jetzt kann das Programm darauf reagieren, wozu aber noch die globale Interruptbehandlung mit sei() in der darauf folgenden Zeile aktiviert werden muss.

Anschließend wird eine Schleife begonnen, die so lange durchlaufen werden soll, bis die globale Variable cnt nicht mehr kleiner als 10 ist. In der Schleife wird dann ein klein wenig gewartet. Wenn Sie sich darüber wundern, warum hier mehrmals die Wartefunktion direkt aus der Libc benutzt wird, statt der üblichen Funktion, die diese maskiert, dafür aber mit größeren Verzögerungen arbeiten kann, dann gedulden Sie sich noch ein wenig bis zum nächsten Abschnitt. Mit der Interruptbehandlung hat das erst einmal nichts zu tun. Wichtiger ist da das Umschalten von PD0 in der Schleife. Dieser Impuls am Ausgang von PD0 wird durch die Drahtbrücke an PD2 geleitet und löst dort nun den Interrupt aus. Alternativ hätten Sie auch einen Taster an PD2 anschließen können und im Hauptprogramm irgendetwas anderes erledigen können. Da ein Taster aber prellt, würde das Programm etwas unkontrolliert oft in die Interruptbehandlung getrieben werden.

Durch den Impuls wird nun also das Hauptprogramm unterbrochen und die zugehörige Interruptbehandlungsroutine INT0_vect angesteuert. Dort geschieht nichts weiter, als dass die globale Zählvariable inkrementiert und der aktuelle Zählerstand auf dem Display ausgegeben wird. Anschließend kehrt der Mikrocontroller an die Stelle im Hauptprogramm zurück, an der die Ausführung unterbrochen wurde. Im Beispiel wird die Schleife fortgesetzt.

Nachdem die Interruptbehandlung zehnmal aufgerufen wurde, ist das Abbruchkriterium der Schleife erfüllt und es wird der nachfolgende Teil ausgeführt: Auf dem Display erscheint die Meldung „Ende".

9.2.1 Exkurs: volatile

Es wird Zeit, zu klären, warum im Programm zuvor die Verzögerungsfunktion direkt aus der Libc benutzt wurde. Vielleicht haben Sie sich aber auch noch etwas anderes gefragt: Warum steht vor der globalen Variablendeklaration das Schlüsselwort „volatile"?

Dies ist keine Besonderheit von AVR-GCC, sondern gehört zu Standard C. Allerdings wird bei den meisten Anwendungen, die auf einem größeren Computersystem laufen, dies nur selten benötigt, denn volatile ist vor allem bei der Interruptbehandlung relevant und die nutzt man eben oft nur auf einem Mikrocontroller. Volatile kommt aus dem englischen Sprachraum und bedeutet dort etwa: veränderlich. Und genau das wollen Sie dem Compiler damit mitteilen: diese Variable ist veränderlich. Das trifft zwar im Grunde auf jede Variable zu, aber im Zusammenhang mit Interrupts gibt es eine Besonderheit: Schauen Sie sich noch einmal den vorherigen Programmcode an und stellen Sie sich vor, die Interruptbehandlung wäre völlig leer – dort würde also nichts gemacht werden. Dann ändert sich die Variable cnt überhaupt nicht im Hauptprogramm. Genau das macht auch der Compiler: Bei seiner Optimierung kann es sein, dass er davon ausgeht, dass sich die Variable gar nicht ändert, da er den Zusammenhang zur Interruptbehandlung nicht sieht. Für ihn stellt es sich dann so dar, dass es optimaler (im Sinne vom Befehlsaufwand und Speicherverbrauch) wäre, wenn er die Variable im Hauptprogramm komplett wegoptimiert und stattdessen an der einzigen Stelle, an der sie im Hauptprogramm benutzt wird, die Konstante 0 als fixen Wert aus einem Register einsetzt, da damit die Variable initialisiert wurde. Das führt dann dazu, dass der Vergleich im Grunde folgendermaßen aussieht:

```
while (0 < 10)
{
    ...
}
```

Das ist immer erfüllt und somit wird die Schleife endlos durchlaufen. Probieren Sie es aus: Entfernen Sie volatile aus dem Quellcode und lassen Sie das neu erzeugte Programm auf dem μC laufen: Es sollte endlos laufen, wobei wieder bei 0 mit dem Zählen begonnen wird, wenn die Variable cnt überläuft. Ganz entfernt hat der Compiler die Variable nämlich nicht: In der Interruptroutine ist sie noch verfügbar und dort funktioniert sie auch wie gewollt. Mit dem Schlüsselwort volatile modifizieren Sie nun eine Variable so, dass der Wert dieser Variablen vor jedem Zugriff neu aus dem Hauptspeicher eingelesen werden muss, da Sie dem Compiler mitteilen, dass Sie veränderlich ist – auch wenn er dies nicht erkennen mag. Deshalb sollten Variablen, die global deklariert und in Interruptroutinen benutzt werden, als volatile gekennzeichnet werden.

Wichtig ist, das es nur sein kann, dass der Compiler wie beschrieben optimiert. Es muss nicht so eintreten und der Code könnte auch ohne volatile korrekt laufen. Dies ist auch der Grund, warum nicht auf die sonst hier im Buch benutzte eigene Funktion delay_ms zurückgegriffen wurde. Ein (nicht vorhersagbarer) Seiteneffekt ist nämlich, dass der Compiler bei Benutzung der eigenen Funktion delay_ms davon ausgeht, dass dort cnt verändert wird und dann auch ohne die Angabe volatile die Variable nicht optimiert und ihren Inhalt stets aus dem Speicher ausliest, so dass kein Unterschied im Programmablauf erkennbar gewesen wäre. Zusätzlich ist der Grad der Optimierung, der beim Compileraufruf im makefile angegeben wird, mit entscheidend dafür, ob die Angabe von volatile erforderlich ist.

9.2.2 Atomare Datenzugriffe

Eine weitere Besonderheit darf bei der Benutzung von Unterbrechungen nicht unbeachtet bleiben: Wie der Mikrocontroller auf Daten zugreift. Soll ein Wert aus dem Speicher gelesen werden (beispielsweise für einen Vergleich oder eine Veränderung, dann kann dies in einem einzelnen Taktschritt erfolgen, es kann aber auch sein, dass der Maschinencode so übersetzt wurde, dass der μC mehrere Takte benötigt. Man spricht von einem atomaren Datenzugriff, wenn der Zugriff innerhalb einer ununterbrechbaren Maschinenanweisung abgearbeitet wird.

Nun kann es im ungünstigen Fall sein, dass genau zwischen zwei Takten ein Interrupt ausgelöst wird und der Speicherzugriff unterbrochen wird. Problematisch ist dies bei allen Variablen, Steuerregistern und I/O-Ports, die sowohl im Hauptprogramm als auch in Interrupts verwendet werden. Schwierig ist hier die Ursachenforschung, wenn das eigene Programm über diese Hürde stolpert, da der Fall nur selten auftritt und nicht oder nur sehr schwer reproduzierbar ist.

So lange Sie nicht in den erzeugten Maschinencode schauen wollen, um festzustellen, ob eine Anweisung einen oder mehrere Takte benötigt, hilft es, wenn Sie um kritische Anweisungen herum die Interruptbehandlung aussetzen. Zum Beispiel:

```
cli();                          // IRQs aus
PORTA = PORTA | 0x03;
sei();                          // IRQs ein
```

Ohne das globale Ausschalten der Interruptbehandlung könnte ansonsten Folgendes passieren: Der Inhalt von PORTA wird eingelesen. Jetzt wird das Hauptprogramm unterbrochen und in der Interruptbehandlung wird ebenfalls auf PORTA zugegriffen und der Zustand des Ports wird verändert. Anschließend kehrt die Programmausführung zurück und möchte die (zuvor unterbrochene) Zuweisung fortsetzen. Da der Inhalt von PORTA bereits vor der Unterbrechung ermittelt wurde, geschieht dies nicht erneut, sondern es wird nur noch die Oder-Verknüpfung mit dem bereits ermittelten und nun eigentlich überholten Zustand durchgeführt. Die in der Interruptroutine vorgenommenen Änderungen an PORTA gehen damit verloren.

Ein ähnliches Problem besteht, wenn Sie mit Variablen arbeiten, die breiter sind als die Systemarchitektur. Bei den AVRs mit ihren 8 Bit tritt das ein, wann immer Sie mit Variablen arbeiten, die größer als ein Byte sind. Die Zugriffe auf diese Variablen erfolgen immer in mehreren Schritten. Haben Sie z. B. im Hauptprogramm eine Variable mit dem Inhalt 0x00FF und erhöhen diese in der Interruptroutine um eins, dann kann das Hauptprogramm statt 0x0100 durchaus die Werte 0x0000 oder 0x01FF lesen, wenn es genau zwischen dem Verarbeiten der beiden Bytes unterbrochen wird – je nachdem, wann welches Byte gelesen wird:

Abbildung 9.3: Falscher Variablenwert durch Interruptbehandlung Fall 1: 0x0000.

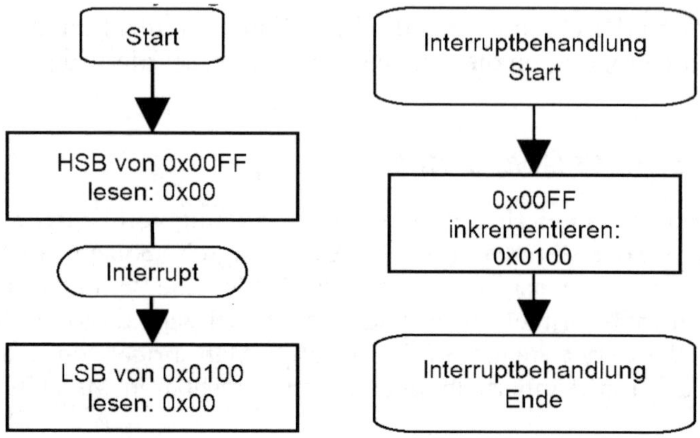

Abbildung 9.4: Falscher Variablenwert durch Interruptbehandlung Fall 2: 0x01FF.

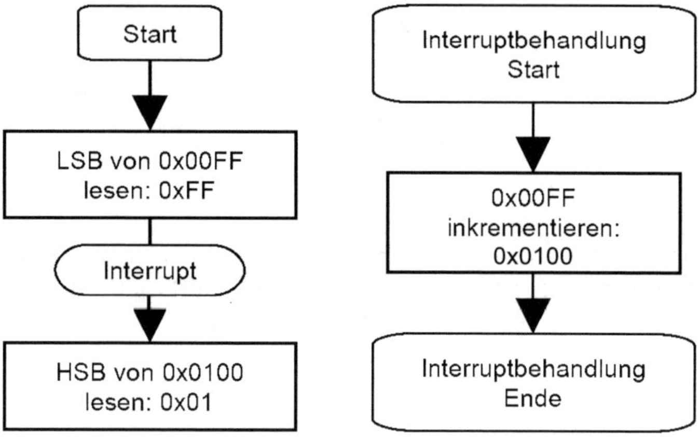

9.3 Ein Wachhund gegen Programmfehler

Der Watchdog löst im eigentlichen Sinne keinen Interrupt aus, sorgt aber auch für eine Unterbrechung des eigentlichen Programmcodes. Mit Hilfe des Watchdogs ermöglichen Sie es Ihrem Programm zu erkennen, ob sich die Ausführung festgefahren („aufgehängt") hat. Anstatt dann in einer endlosen Schleife zu verharren, kann der Watchdog dafür sorgen, dass der Mikrocontroller automatisch zurückgesetzt wird und Ihr Code von Beginn an wieder ausgeführt wird.

Natürlich ist es immer besser, potenzielle Schwachstellen im Programm vorher zu erkennen und als Programmierer gleich zu vermeiden. Aber niemand ist unfehlbar, und es ist allemal sinnvoller, einen Notfallplan vorzusehen, anstatt auf mögliche Fehler gar nicht zu reagieren.

Wirklich intelligent ist unser Wachhund auf dem μC aber auch nicht: Zum einen müssen Sie ihn erst einmal scharf machen und zum anderen müssen Sie ihm immer wieder bei Laune halten, indem Sie ihm mitteilen, dass das Programm noch korrekt ausgeführt wird. Erst wenn diese Rückmeldung ausbleibt, löst der Watchdog ein Reset aus.

Wenn Sie folgendes Programm (*watchdog1*) kritisch betrachten, werden Sie erkennen, dass der Befehl nach der Schleife (Zeile 14) niemals erreicht werden kann:

```
1 int main()
2 {
3     uint8_t cnt = 127;
4
5     DDRB = 0xFF;                // PORTB als Ausgang
6
7     while (cnt >= 0)            // WHL solange bis cnt < 0
8     {
9         PORTB = cnt;            // LEDs Zaehlerstand anzeigen lassen
10        _delay_ms (10);
11        cnt–;
12    }
13
14    PORTB |= (1 << PB7);        // LED an Pin 7 ein
15 }
```

Es wird eine Variable vom Typ *unsigned Integer* deklariert. Deren Wertebereich geht von 0…255. In der Schleife wird der Zählerstand an die LEDs des Mini-Mega-Boards ausgegeben (dazu JP1 stecken) und stetig dekrementiert. Die LEDs zeigen dabei den Wert in binärer Darstellung an: Zu Beginn leuchten die LEDs an PB0…PB6 (127d = 0111 1111b). Die Schleife soll solange durchlaufen werden, wie der Zählerstand größer oder gleich Null ist. Mit anderen Worten: Sie soll abgebrochen werden, wenn der Zählerstand kleiner Null ist. Dies kann aber nie eintreten, da der Wertebereich der Variablen ja keine negativen Zahlen kennt. Von daher wird die Schleife endlos durchlaufen und es kommt nach dem ersten Durchlauf noch zu einem weiteren Nebeneffekt: Wird die Variable bei einem Zählerstand von 0 dekrementiert, tritt ein negativer Überlauf ein und es wird 255 (1111 1111b) in ihr gespeichert, was dazu führt, dass nun alle LEDs aufleuchten und dann weniger werden.

Der Compiler sollte aber auf das Problem mit dem Wertebereich mit einer Warnung hinweisen: „warning: comparison is always true due to limited range of data type".

9.3.1 Den Watchdog nutzen

Mit Hilfe des Watchdogs könnten Sie nun das Programm aus dieser Endlosschleife befreien. Dazu kennen die AVRs das Watchdog Timer Control Register WDTCR. Im Grunde ist der Watchdog nämlich ein eigenständiger Timer. Dieser wird gestartet und zählt dann automatisch regelmäßig hoch. Wird ein (zuvor von Ihnen) konfigurierter Wert (der als Vorteiler bezeichnet wird) erreicht, dann löst der Watchdog aus und setzt den Prozessor zurück. Im Programmcode müssen Sie nun in regelmäßigen Abständen den Timer des Watchdogs zurücksetzen, damit er immer wieder bei Null beginnt und den Wert zum Zurücksetzen nicht erreicht. Bleibt so ein auf Null-Setzen aus, ist dies das Zeichen für den Watchdog, dass sich Ihr Programm festgefahren hat.

Wenn Sie die Include-Datei `AVR/WDT.H` in Ihr Programm einbinden, müssen Sie sich um die etwas trickreiche Steuerung des Watchdogs kaum Gedanken machen, da Sie dann auf drei einfache Funktionen zur Steuerung zurückgreifen können:

Funktion	Beschreibung
wdt_enable (uint8_t timeout)	Aktiviert den Watchdog und stellt den Vorteiler auf den gewünschten Wert als Abbruchzeitpunkt ein.
wdt_disable ()	Deaktiviert die Watchdogfunktion
wdt_reset ()	Setzt den Zähler des Timers auf Null zurück. Muss regelmäßig aufgerufen werden bevor der Timer den eingestellten Wert des Vorteilers erreicht hat.

In der Datei sind auch die möglichen Werte für den Vorteiler als Konstanten vorgegeben, so dass Sie beim Aktivieren gleich angegeben können, wie lange der Watchdog warten soll, bis er auslöst:

Konstante	Timeout nach...
WDTO_15MS	15 ms
WDTO_30MS	30 ms
WDTO_60MS	60 ms
WDTO_120MS	120 ms
WDTO_250MS	250 ms
WDTO_500MS	500 ms
WDTO_1S	1 Sekunde
WDTO_2S	2 Sekunden

Wenn Sie also beispielsweise den Watchdog mit 500 ms starten, dann wird nach 500 ms der Mikrocontroller zurückgesetzt, wenn Sie den Timer nicht bis dahin auf Null zurückgesetzt haben. Anschließend haben Sie wieder 500 ms Zeit, den Timer zurückzusetzen. Natürlich ist es in der Regel relativ schwer, die Ausführungszeit des Programmcodes abzuschätzen, zumal diese auch unmittelbar vom CPU-Takt abhängig ist. Da der Prozessor aber sehr schnell ist, müssen Sie nicht nach jedem Befehl auch ein wdt_reset einbauen. Es genügt, dies gelegentlich aufzurufen. Zum Beispiel nach einer Schleife oder wenn Sie auf externe Daten warten (bspw. über die serielle Schnittstelle). Schwierig ist es natürlich, wenn Sie in einer Schleife auch warten und dadurch die Schleife sowieso länger als zwei Sekunden benötigt.

Das Programm `WATCHDOG2` aktiviert nun den Watchdog mit einem Timeout nach zwei Sekunden (Zeile 7). Wird innerhalb dieser Zeit der Watchdogtimer nicht zurückgesetzt, löst er ein Reset des Mikrocontrollers aus (und das Programm beginnt von vorne).

```
1 if ((MCUCSR & (1 << WDRF))) // watchdog-reset?
2 {
3     MCUCSR = 0;               // wichtig!
4 }
5 else
6 {
7     wdt_enable (WDTO_2S);     // Watchdog einschalten: 2s
8
9     while (cnt >= 0)          // WHL solange bis cnt < 0
10    {
11        PORTB = cnt;          // LEDs an PortB Zaehlerstand anzeigen lassen
12        _delay_ms (10);
13        cnt–;
14    }
15
16    wdt_reset ();      // Watchdog zurücksetzen (wird nie erreicht)
17 }
18
19 PORTB |= (1 << PB7);    // LED an Pin 7 ein
```

Da dies aber wenig sinnvoll wäre, prüft das Programm zusätzlich noch zu Beginn, ob ein Watchdogreset vorliegt, was der Fall ist, wenn das Bit WDF im Register MCUCSR gesetzt ist (Zeile 1). Ist dies der Fall, wird die Zählschleifer gar nicht ausgeführt, sondern übersprungen, und am Ende des Programms die LED an Pin 7 eingeschaltet. Wichtig ist aber, das zuvor noch das Watchdog-Register MCUCSR möglichst kurz nach Programmstart gelöscht wird, da ansonsten das Flag für den Reset erhalten bleibt und der Watchdog nach der eingestellten Zeitspanne erneut auslöst, auch wenn er nach dem vorherigen Watchdogreset gar nicht noch einmal explizit gestartet wurde.

Das Programm lässt nun die ersten sieben LEDs aufleuchten, zählt dann herunter auf 0, erzeugt den angesprochenen Überlauf beim weiteren Dekrementieren, woraufhin alle acht LEDs aufleuchten und heruntergezählt werden, bis die zwei Sekunden des Watchdogtimers abgelaufen sind. Der ausgelöste Reset führt dann dazu, dass die Schleife nicht erneut durchlaufen wird, sondern nur noch die letzte LED permanent leuchtet.

10. Timer/Counter

Timer gehören zu den nützlichsten Funktionen eines Mikrocontrollers – auch wenn ihre eigentliche Aufgabe mehr als primitiv klingt: In regelmäßigen Abständen wird ein Zählwert um eins erhöht (inkrementiert) oder um eins verringert (dekrementiert). Da es bei einem Timer erst einmal nur ums Zählen geht, wird er auch oft als Counter (engl.: Zähler) bezeichnet. Im Grunde können Sie das auch selber in Ihrem Programm machen:

```
while (1)
{
   zaehler++;
   ...   // irgendwas machen
}
```

Eine Endlosschleife, die den Inhalt der Variablen immer weiter hoch zählt – das ist noch nichts besonderes. Ein Timer hat aber im wesentlichen zwei gravierende Unterschiede:

- Er wird automatisch vom System in absolut regelmäßigen Zeitabständen in- oder dekrementiert.

- Er kann einen Interrupt auslösen, wenn ein bestimmter Zählwert erreicht wird oder Ähnliches eintritt.

Der erste Punkt ist deshalb so interessant, da nur mit einem Timer die Möglichkeit besteht, zeitliche Abstände genau zu bestimmen. Wenn Sie in Ihrem Programm eine normale Variable verändern, dann kostet dies und alles, was Ihr Programm sonst noch erledigt, Rechenzeit, die Sie nicht oder nur sehr schwer berechnen können. Es ist kaum möglich, die Variable wirklich exakt (auf mehrere tausendstel Sekunden genau) beispielsweise jede Sekunde um eins zu erhöhen. Es wird schier unmöglich, wenn Ihr Programm sogar noch nebenbei auf etwas wartet (beispielsweise auf einen Tastendruck oder Daten an der seriellen Schnittstelle). Den Timer hingegen bringt nichts aus dem Takt und Sie müssen sich nicht einmal darum kümmern, wenn Sie ihn erst einmal gestartet haben.

Aus ähnlichen Gründen ist auch der zweite Punkt so interessant: Wie Sie ja schon kennengelernt haben, unterbricht ein Interrupt die Ausführung des Hauptprogramms. Und zwar völlig unabhängig davon, was es gerade macht. Ihr Timer kann also dafür sorgen, dass in exakt gleichen Zeitabständen etwas erledigt wird – unabhängig davon, was sonst gerade ansteht.

10.1 Arbeitsweise eines Timers

Jeder Timer wird mit einem Taktsignal gesteuert. Bei jedem Impuls wird der Zählwert im Timer verändert. Auf den AVRs gibt es unterschiedlich viele Timer, die je nach Modell auch immer ein klein wenig andere Aufgaben oder Funktionen wahrnehmen können. Ein wichtiges Entscheidungskriterium für die Wahl des passenden μC sind deshalb auch die vorhandenen Timer, die zum jeweiligen Projekt passen müssen. Grundsätzlich können alle in einem Mikrocontroller vorhandenen Timer parallel genutzt werden, um so verschiedene Ereignisse zu zählen oder zu unterschiedlichen Zeitpunkten Aktionen auszuführen.

10.1.1 Bitbreite und Interrupt des Timers

In der Regel gibt es mindestens zwei Timer pro AVR: einen mit 8 Bit und einen doppelt so breiten mit 16 Bit. Da Timer stets vorzeichenlos arbeiten, kann der eine also von 0...255 und der andere von 0...65.535 zählen. Es ist auch möglich, das Timerzählregister zu beschreiben und dabei einen Startwert zu definieren, von dem dann begonnen wird weiterzuzählen.

Je nach Timer kann zu unterschiedlichen Zeiten ein Interrupt ausgelöst werden. Generell können alle Timer den Überlauf signalisieren: Der Timer zählt vom Startwert bis zu seinem Höchstwert (abhängig von der Datenbreite) und beginnt beim nächsten Taktimpuls dann wieder bei Null. Dieser Wechsel auf Null wird als Überlauf bezeichnet und kann ein Interrupt auslösen, welches dann anzeigt, dass 256 bzw. 65.536 Impulse vom Timer gezählt wurden.

Eine andere Möglichkeit, einen Interrupt zu generieren, besteht darin, den aktuellen Zählstand mit einem Vergleichswert zu vergleichen. Dies geschieht ebenfalls automatisch und zwar nach jeder Zähleränderung. Ist der im Register eingestellte Wert erreicht, wird das Interrupt ausgelöst und ggf. das Zählregister auf 0 zurückgesetzt.

10.1.2 Taktquellen und Vorteiler

Als Taktquelle gibt es bei AVRs drei Möglichkeiten:

- Der CPU-Takt.
- Der Vorteiler (engl.: Prescaler) welcher den CPU-Takt in einem bestimmten Verhältnis teilt.
- Ein an einem I/O-Pin anliegendes Signal.

Der CPU-Takt ist in der Regel viel zu schnell, um damit sinnvoll einen Timer zu versorgen. Bei 8 MHz würde der Timer dann immerhin in einer Sekunde 8 Millionen Mal verändert werden. Deshalb nutzt man sehr oft den Vorteiler, welcher die Taktrate reduziert. Mögliche Teilungsverhältnisse sind: 1/8, 1/64, 1/256 und 1/1024. Bei 1/256 bekommt der Timer dann nur noch 31.250 Impulse pro Sekunde bei Verwendung eines 8 MHz CPU-Taktes. Durch Festlegen der Taktquelle bzw. des Vorteilers wird der Timer im selben Moment auch gestartet.

Da es nur wenige und zudem nicht dezimal gestaffelte Teilerwerte gibt, entsteht ein kleines Problem, wenn man beispielsweise eine Uhr programmieren will. Es ist nicht möglich, einen 8-Bit Timer zu verwenden, der von 0...255 zählt und dabei einen genauen Sekundentakt zu generieren. Bei einem 8 MHz Takt kann man den Timer mit jedem der verfügbaren Prescalerwerte ansteuern: Es gelingt nicht, anschließend eine Division durch 256 ohne Rest zu realisieren. Beispielsweise bei einem Vorteiler von 1/64 ergibt sich: 8.000.000 / 64 = 125.000 Impulse pro Sekunde. Das bedeutet, dass der Timer 488,28125 (125.000 / 256) Mal überlaufen muss, um eine Sekunde zu erhalten. Da man nur ganzzahlige Timerüberläufe zählen kann (488 oder 489), schleicht sich ein kleiner Fehler ein und die Uhr geht ein wenig vor oder nach. Aus diesem Grund werden für solche Aufgaben gerne Quarze mit einer Frequenz genommen, die dann bei Teilung einen akkuraten Sekundentakt ergeben. Beispielsweise kann bei Verwendung eines 32,768 kHz Taktes der Prescaler auf 1/64 eingestellt werden und nach genau zwei 8-Bit Timerüberläufen ist eine Sekunde abgelaufen. In Zusammenhang mit dem asynchronen Modus des Timer 2 kommt diesem Umstand auch noch eine weitere Bedeutung zu: Sie können an die I/O-Pins TOSC1 und TOSC2 eine zweite Taktquelle anschließen, mit der dann der Zähler von Timer 2 inkrementiert wird. Atmel sieht hierfür explizit einen so genannten Uhrenquarz mit den besagten 32,768 kHz vor.

10.2 Die Timer des ATmega16

Anhand der Timer, die der ATmega16 auf dem Mini-Mega-Board besitzt, soll an einigen Beispielen deren Einsatzmöglichkeiten demonstriert werden. Die meisten Funktionen, die Sie für einen bestimmten Timer kennenlernen werden, können Sie auch auf einen anderen Timer übertragen, wobei Sie meist nur die Registerbezeichner anzupassen brauchen.

10.2.1 Überlauf mit 8-Bit Timer 0

Das folgende kleine Beispiel (*timer1*) zeigt, wie einfach sich die Timer zusammen mit Interrupts einsetzen lassen. Am Pin PB0 soll die LED blinken. Dazu wird der Timer 0 über den Vorteiler 1/1024 mit dem CPU-Takt verbunden (üblicherweise 8 MHz beim Mini-Mega-Board). Bei jedem Timerüberlauf wird dann ein Interrupt ausgelöst und der Zustand des I/O-Pins umgekehrt.

```
#include <avr/io.h>
#include <avr/interrupt.h>

// Timer/Counter0 Overflow
ISR (TIMER0_OVF_vect)
{
    PORTB ^= (1 << PB0);          // PB0 togglen
}

int main()
{
    DDRB |= (1 << DDB0);        // PORT B0 als Ausgang

    TIMSK |= (1 << TOIE0);                  // IRQ bei Überlauf 0xFF -> 0x00
```

```
    sei();                          // IRQs enable
    TCCR0 |= (1 << CS00) | (1 << CS02);// Prescaler: 1/1024 (CS1=0 per default)

    while (1);          // endlos
    return 0;
}
```

Den Namen der Interruptroutine ermitteln Sie, wie es im Kapitel 9.1.1 ab Seite 170 vorgestellt wird. Im Datenblatt des μC schauen Sie dann nach, welches Register für die Interruptkontrolle des Timers zuständig ist. Dies ist in diesem Fall das Timer / Counter Interrupt Mask Register TIMSK, welches aber auch noch für die anderen Timer benötigt wird, da über es für alle Timer eingestellt wird, welche Interrupts ausgelöst werden. Aus diesem Grund sollten Sie dem Register den neuen Wert auch als Zuweisung über eine Verknüpfung mit dem bisherigen Inhalt übergeben, damit die anderen Einstellungen im Register unverändert bleiben. Laut Datenblatt muss das Bit TOIE0 gesetzt werden, um bei einem Überlauf des Timer 0 einen Interrupt auszulösen. Aktivieren Sie mit sei() die globale Interruptbehandlung, da ansonsten zwar der Timer arbeitet, aber keine IRQs bearbeitet werden. Nun starten Sie den Timer, indem Sie die Taktquelle über das Kontrollregister TCCR0 einstellen. Solange Sie in Ihrem Programm den Timer nicht schon anderweitig verwendet haben, sind alle Bits im Register auf 0, so dass Sie lediglich die Bits CS00 und CS02 auf 1 setzen müssen, um den gewünschten Vorteiler 1/1024 einzustellen. Das Hauptprogramm kann dann irgendetwas anderes machen. Im Beispiel hängt es tatenlos in einer Endlosschleife fest. Trotzdem arbeitet der Timer und produziert nun alle 32,768 ms einen Überlauf und lässt damit die LED in einer Frequenz von 15,26 Hz blinken:

$$t = \left(\frac{\mathit{Takt\ Timer}}{\mathit{Anzahl\ Takte\ bis\ Überlauf}}\right)^{-1} = \left(\frac{\frac{8.000.000}{1024}}{256}\right)^{-1} s$$

$$f = \frac{t^{-1}}{2}$$

10.2.2 Timer 0 mit Voreinstellung

Das Register, in dem der aktuelle Zählerstand des Timers abgelegt ist, lässt sich nicht nur auslesen, es kann auch von Ihnen beschrieben werden. So ist es möglich, einen Startwert vorzugeben, von dem aus dann bis zum Überlauf etc. weitergezählt wird. Allerdings ist zu beachten, dass der Überlauf den Zählerstand dann auf Null und nicht wieder auf den Startwert zurückstellt. Sie müssen sich also selber darum kümmern, wenn der Anfangsstand immer wieder genutzt werden soll. Dadurch können Sie dann die Zeitspanne bis zum Timerüberlauf sehr fein justieren.

```
#define TimerStart 206              // Startwert fuer den Timer

// Timer/Counter0 Overflow
ISR (TIMER0_OVF_vect)
{
    TCNT0 = TimerStart;             // Startwert in Timerzaehlregister laden
    PORTB += 1;                     // Wert an Port B hochzählen
}

int main()
{
    DDRB = 0xFF;                    // PORTB als Ausgang
    PORTB = 0;                      // alle LEDs aus

    TCNT0 = TimerStart;             // Startwert in Timerzaehlregister laden
    TIMSK |= (1 << TOIE0);          // IRQ bei Überlauf 0xFF -> 0x00
    sei();                          // IRQs enable
    TCCR0 |= (1 << CS00) | (1 << CS02);// Prescaler: 1/1024 (CS1=0 per default)

    while (1);      // endlos
    return 0;
}
```

Im Projekt `TIMER2` wird ein Startwert von 206 definiert. Damit wird dann im Hauptteil das Timer-Register TCNT0 geladen. Der Timer zählt damit dann nur noch von 206…255 und löst dann im folgenden Schritt ein Interrupt aus – es wurden somit also 50 Taktschritte des Vorteilers gezählt. Damit der Counter anschließend nicht ab 0 zählt, wird in der Interruptbehandlung das Timerregister wieder mit dem Startwert beschrieben. Dies sollte gleich zu Beginn der Interruptbehandlung geschehen, da der Timer ja auch dann weiterzählt, wenn das Interrupt ausgelöst und bearbeitet wird. Wurde das interrupt ausgelöst, zählt der Timer beim nächsten Takt von 0 aus los, wenn Sie nichts anderes ins Register schreiben oder sich damit mehrere Befehle lang Zeit lassen.

Im zweiten Fall wird Ihr Timerverhalten ungenau, denn der Timer zählt (je nach Umfang der vorangehenden Befehle) mehrere Impulse von 0 an und wird dann auf den Startwert gesetzt. Die bereits gezählten Impulse sind dann im Prinzip verloren, denn Ihr Startwert wäre um diese Impulse bereits weitergezählt worden.

Entsprechend den Formeln im vorherigen Abschnitt erzeugt das Programm ein (nicht mehr wahrnehmbares) Blinken der LED ($t = 0{,}0064$ s) bei einer Periodendauer von 12,8 ms (78,125 Hz). Damit überhaupt etwas mit bloßem Auge zu sehen ist, zeigen die LEDs am gesamten Port B die Zahlen 0…255 in binärer Darstellung an.

10.2.3 Timer 0 mit Vergleichswert

Ähnlich wie beim Prinzip mit voreingestelltem Startwert liefert die Verwendung des Vergleichsregisters einen Interrupt zu einem beliebig definierbaren 8-Bit Wert. Dieses Verfahren ist unabhängig von den bereits gezeigten und kann sogar parallel genutzt werden – wichtig ist nur, dass Sie darauf achten, dass sich Ihre Aktionen nicht gegenseitig beeinflussen. Aktivieren Sie beispielsweise ein IRQ bei Erreichen des Vergleichswertes 100 und nutzen aber gleichzeitig per Voreinstellung stets einen Startwert von 200, dann wird die Vergleichsbedingung (engl.: compare match) nie erfüllt.

```
// Timer/Counter0 Overflow
ISR (TIMER0_OVF_vect)
{
    PORTB ^= (1 << PB0);            // PB0 togglen
    PORTB &= ~(1 << PB7);           // PB7 aus
}

// Timer/Counter0 Compare Match
ISR (TIMER0_COMP_vect)
{
    PORTB |= (1 << PB7);            // PB7 ein
}

int main()
{
    DDRB = 0xFF;            // PORTB als Ausgang
    PORTB = 0;

    TIMSK |= (1 << TOIE0) | (1 << OCIE0);   // IRQ bei Überlauf + Compare Match
    OCR0 = 0x80;                            // Vergleichswert 128 einstellen
    sei();                                  // IRQs enable
    TCCR0 |= (1 << CS00) | (1 << CS02);// Prescaler: 1/1024 (CS1=0 per default)

    while (1);          // endlos
    return 0;
}
```

In `TIMER3` wird das erste Beispiel zu Timern etwas erweitert: In das Output Compare Register des Timer 0 (OCR0) wird der Vergleichswert 128 geladen. Zudem wird im bereits bekannten Register TIMSK eingestellt, das bei Erreichen des Vergleichswertes das zugehörige Interrupt ausgelöst werden soll. Wird der Vergleichswert erreicht, wird die LED an Pin 7 eingeschaltet. Beachtenswert dabei ist, dass der Vergleich nicht in dem Moment stattfindet, wenn der Timerzähler erhöht wird, sondern erst beim darauf folgenden Takt (vgl. auch S.187: Externe Impulse mit Timer 0 zählen). Der Inhalt des Zählregisters wird dabei in keiner Weise verändert. Nach weiteren 128 Impulsen tritt dann ein regulärer Überlauf ein, der das andere Overflow-Interrupt auslöst, indem die erste LED um- und die letzte LED ausgeschaltet wird. LED1 blinkt also wie schon früher mit ca. 15 Hz und die letzte LED an Port B blinkt doppelt so schnell.

10.2.4 Der CTC-Modus des Timer 0

Eine Erweiterung der Vergleichswertfunktion des Timers ist der Clear Timer on Compare Match (CTC) Modus. Hierbei wird das Zählerregister bei Erreichen des Vergleichswertes automatisch wieder auf 0 gesetzt. Dadurch manipulieren Sie im Grunde die obere Grenze des Timers, denn es wird nicht mehr bis zum normalen Maximalwert gezählt, wie er sich aus der Bitbreite ergibt (255 bzw. 65.535). Natürlich stehen Ihnen alle anderen Funktionen des Timers dabei weiterhin zur Verfügung. So können Sie beispielsweise (wie zuvor gezeigt) ein Interrupt auslösen, wenn der Vergleichwert erreicht wird. Allerdings ist im CTC-Modus das Zurücksetzen des Zählers auf 0 nicht gleichbedeutend mit dem normalen Überlauf bei Erreichen des Timer-Maximalwertes.

Wie schon bei Benutzung des einfachen Vergleichswertes, wird für den CTC-Modus im Register OCR0 der Vergleichswert festgelegt. Zusätzlich wird noch das Bit WGM01 im Register

TCNT0 auf 1 uns Bit WGM00 auf 0 gesetzt, wobei WGM00 standardmäßig schon auf 0 steht, wenn das Register nicht vorher anders eingestellt wurde.

Möchten Sie eine bestimmte Frequenz an einem I/O-Pin erzeugen, können Sie den Vergleichswert für das Register OCR mit folgender Formel berechnen:

$$Vergleichswert = \left(\frac{CPU\,Takt}{2 \cdot N \cdot Frequenz}\right) - 1$$

Für N setzen Sie dabei den Wert des Vorteilers ein (1, 8, 64, 256, oder 1024). Da der Vergleichswert beim Timer 0 nur 8-Bit groß sein darf, muss N entsprechend gewählt werden, wobei natürlich nicht jede beliebige Frequenz möglich ist. Zudem ergibt sich immer einer kleine Abweichung der resultierenden Frequenz, wenn der errechnete Vergleichswert nicht ganzzahlig ist und gerundet werden muss. Für eine Frequenz von beispielsweise 20 Hz ergibt sich beim Mini-Mega-Board ein gerundeter Wert von 194 für OCR0 wenn der Prescaler auf 1024 eingestellt wird, wie im Projekt `TIMER6` demonstriert wird:

```
// Timer/Counter0 Compare Match
ISR (TIMER0_COMP_vect)
{
    PORTB ^= (1 << PB0);            // PB0 togglen
}

int main()
{
    DDRB |= (1 << DDB0);            // PORT B0 als Ausgang

    TIMSK |= (1 << OCIE0);          // IRQ Compare Match
    OCR0 = 194;                     // Vergleichswert 194 einstellen => 20,03 Hz
    sei();                          // IRQs enable
    TCCR0 |= (1 << WGM01);          // CTC-Modus
    TCCR0 |= (1 << CS00) | (1 << CS02);// Prescaler: 1/1024 (CS1=0 per default)

    while (1);      // endlos
    return 0;
}
```

10.2.5 Timer 0 als Signalgenerator

In den bisherigen Beispielen wurden Timerzustände stets per Interrupt abgefangen und die Interruptroutine änderte dann den Zustand eines I/O-Ports, um eine LED blinken zu lassen. Dies kann aber auch der Timer selber übernehmen, denn zu jedem Timer gibt es einen fest zugeordneten I/O-Pin, der den Zustand ändern kann. Sobald der im Output Compare Register eingetragene Wert erreicht ist, kann der Timer selbständig den Signalzustand umschalten oder gezielt auf Low oder High setzen.

```
int main()
{
     DDRB |= (1 << PB3);                 // PORT B3 als Ausgang

   OCR0 = 0x80;                        // Vergleichswert 128 einstellen
     TCCR0 |= (1 << COM00);              // Toggle OC0 bei Vergleichwert
   TCCR0 |= (1 << CS00) | (1 << CS02); // Prescaler: 1/1024 (CS1=0 per default)

   while (1);        // endlos
   return 0;
}
```

Das Demoprojekt TIMER4 kommt völlig ohne Interrupts aus und lässt trotzdem die LED an PB3 (dieser Pin entspricht OC0 des Timer 0) blinken. Dazu wird zuerst der Vergleichswert eingestellt und dann über das Timer Control Register TCCR0 Pin PB3 mit OC0 verbunden, wobei gleichzeitig eingestellt wird, das der Signalzustand stets geändert werden soll (COM00 setzen und COM01 unverändert auf 0 belassen). Wichtig ist dabei aber, dass man als Programmierer dafür Sorge tragen muss, dass das Datenrichtungsregister des entsprechenden Pins richtig als Ausgang gesetzt wurde.

10.2.6 Externe Impulse mit Timer 0 zählen

Im Grunde ist ein Timer ja nur ein Impulszähler . Wenn die Impulse in regelmäßigen Intervallen eingehen, kann mit dem Timer eine Zeitspanne bestimmt werden. Es ist aber vom Funktionsprinzip her völlig unerheblich, wie regelmäßig die Impulse eingehen, und Sie können auch eine externe Signalquelle nutzen – zum Beispiel einen Taster. Bei jeder Flanke (wahlweise der ansteigenden oder fallenden) wird weitergezählt und alle bisher gezeigten Funktionen stehen dabei zur Verfügung. Analog zur Signalausgabe mit Hilfe des Timers gibt es auch für den Signaleingang je Timer einen fest vorgegebenen I/O-Pin. Beim Timer 0 des ATmega16 ist dies Pin 1: T0 .

Das folgende Beispiel (TIMER5) demonstriert den Einsatz: Ein an T0 angeschlossener Taster soll die Flanken erzeugen, die den Timer 0 inkrementieren. Der Taster schaltet gegen VCC und besitzt einen Pull-Down Widerstand gegen Masse (vgl. S. 118). Um störende Tastenprellungen zu unterdrücken, wird ein 100 nF Kondensator parallel zum Taster angeschlossen. Interessant ist, dass die Portrichtung für den T0-Eingang unerheblich ist und nicht extra im Programm eingestellt zu werden braucht.

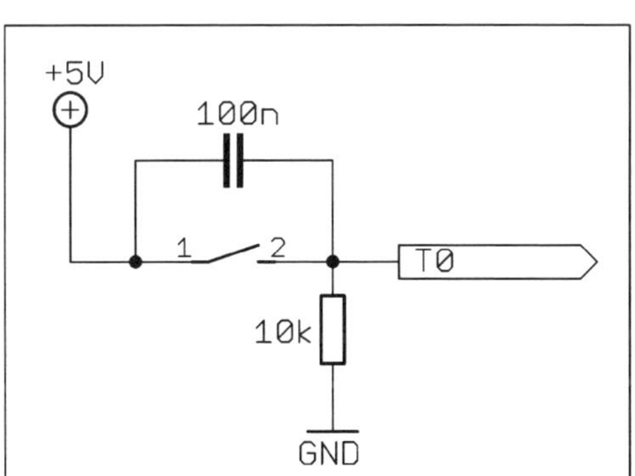

Abbildung 10.1: *Tasterbeschaltung für Counterbeispiel.*

Sobald der Taster fünfmal betätigt wurde, soll die LED am Output Compare Pin OC0 (PB3) aktiviert werden. Dabei ist der bereits oben erwähnte Umstand zu beachten, dass der Vergleich von Zählregister und Vergleichswert immer erst beim nachfolgenden Takt ein Ereignis (Interrupt oder Steuerung von OC0) auslöst, wenn beide Werte gleich sind. Aus diesem Grund wird die Zahl 4 in das Register OCR0 geladen. Trifft dann der fünfte Taktimpuls ein, ist die Bedingung erfüllt, das fünf Tastendrücke gezählt werden sollten:

Zählerstand Counter	Taktimpulse
0	
	1. Tastendruck
1	
	2. Tastendruck
2	
	3. Tastendruck
3	
	4. Tastendruck
4	
	5. Tastendruck, Vergleichswert 4 stimmt mit Zählerstand überein => OC0 auf High

```
int main()
{
    DDRB |= (1 << DDB3);          // PORT PB3 als Ausgang
    PORTB &= ~(1 << PB3);         // OC0 aus

   OCR0 = 4;     // Vergleichswert (-1) einstellen
   TCCR0 |= (1 << COM00) | (1 << COM01);        // OC0 ein bei Vergleichwert
   TCCR0 |= (1 << CS00) | (1 << CS01) | (1 << CS02);
                                     // External Clock an T0, steigende Flanke

   while (1);      // endlos
    return 0;
}
```

Da im Register TCCR0 eingestellt wurde, dass bei ansteigender Signalflanke (Wechsel von Low auf High) der Counter inkrementiert werden soll, registriert das Programm nur den Druck auf den Taster. Möchten Sie sicherstellen, das der Taster auch wieder losgelassen wurde, werten Sie einfach die fallende Flanke aus, indem Sie das Bit CS00 nicht setzen.

Es kann durchaus sinnvoll sein, den Timer zum Zählen von Impulsen zu benutzen. Zum einen sparen Sie sich eine Variable im Speicher und zum anderen den Code, die I/O-Pins zu überwachen und die eigene Zählvariable zu verwalten. Zumal dem Timer keine Zustandsänderungen am Eingangspin verloren gehen, wenn das Programm gerade nicht den Port abfragt. Aus dem gleichen Grund wurden ja auch schon Interrupts benutzt, die auf ein Signal an einem I/O-Port reagieren (s. Seite 168).

10.2.7 Kurz vorgestellt: 8-Bit Timer 2

Große Unterschiede zwischen den beiden 8-Bit Timern gibt es eigentlich nicht – zumindest beim ATmega16. Bei anderen Prozessoren kann dies natürlich anders aussehen, bei denen der Timer 1 meistens wesentlich weniger Features bietet, weshalb stets ein gründlicher Blick ins Datenblatt angebracht ist. Dieser Blick ist auch deshalb wichtig, um die Register- und Bitbezeichner für den Timer 2 zu ermitteln. Diese sind aber im Grunde genau so wie beim Timer 1 zu gebrauchen und nennen sich auch ähnlich, nur dass anstatt einer „0" eine „2" steht – meistens an der letzten Stelle (z. B. TCNT2), wenn es sich nicht um zusammengehörende Gruppen von Bits handelt wie zum Beispiel WGM20 und WGM21.

Wie alle Timer eines Controllers nutzt auch der Timer 2 Teile des Timer Interrupt Mask Register (TIMSK), um dort festzulegen, welche Bedingungen einen Interrupt auslösen. Da der Timer 2 zudem andere Teilungsverhältnisse für den Vorteiler kennt (1, 8, 32, 64, 128, 256 und 1024), ist darauf zu achten, dass im Register TCCR2 die Bits CS20…CS22 abweichend zu Timer 0 gesetzt werden müssen.

Einzige wirkliche Besonderheit des Timer 2 ist der asynchrone Betriebsmodus, der schon erwähnt wurde und bei dem eine zweite Taktquelle direkt mit dem Timer verbunden werden kann, um vor allem hochgenaue Uhrenapplikationen zu ermöglichen. Ein derartiger Einsatz wäre aber etwas zu weitschweifend für dieses Buch, zumal zahlreiche Besonderheiten zu beachten sind, auf die das Datenblatt ausführlich eingeht.

Das Beispielprogramm `TIMER7` ist eine Weiterentwicklung des vorausgegangen Beispiels zum CTC-Modus . Die eingestellte Frequenz von ca. 20 Hz bedeutet eine Periodendauer von ca. 0,05 s. Diesmal soll aber dafür gesorgt werden, dass eine LED eine Sekunde leuchtet und eine Sekunde aus ist – es wird also eine Periodendauer von zwei Sekunden angestrebt. Dies ist mit einem reinen 8-Bit Timer nicht zu bewerkstelligen. Deshalb wird eine Hilfsvariable eingeführt, die mitzählt, wie oft der Vergleichswert erreicht wurde, bei dem der Timer im CTC-Modus dann wieder bei Null beginnt. Für eine Periodendauer von 2 Sekunden sind in diesem Fall 40 Überläufe notwendig. Sind diese erreicht, wird in der Interruptroutine der Überlaufzähler wieder zurückgesetzt und die LED umgeschaltet. Da die gewünschte Frequenz wie immer nicht hundertprozentig exakt erreicht wird, schleicht sich natürlich eine minimale Ungenauigkeit ein.

```
volatile uint8_t overflows = 0;        // Zaehler fuer Ueberlaeufe

// Timer/Counter0 Compare Match
ISR (TIMER2_COMP_vect)
{
    PORTB ^= (1 << PB0);           // PB0 togglen
    overflows++;
    if (overflows == 40)           // => ~1 Sekunde ein/aus
    {
        overflows = 0;
        PORTB ^= (1 << PB1);       // PB1 togglen
    }
}

int main()
{
```

```
    DDRB |= (1 << DDB0) | (1 << DDB1);        // PORT als Ausgang

    TIMSK |= (1 << OCIE2);           // IRQ bei Compare Match
    OCR2 = 194;                      // Vergleichswert 194 einstellen => 20,03 Hz
    sei();                           // IRQs enable
    TCCR2 |= (1 << WGM21);           // CTC-Modus
    TCCR2 |= (1 << CS20) | (1 << CS21) | (1 << CS22);   // Prescaler: 1/1024

    while (1);        // endlos
    return 0;
}
```

10.2.8 Stoppuhr mit dem 16-Bit Timer 1

In erster Linie bietet der 16-Bit Timer natürlich ein doppelt so breites Zählregister im Vergleich zu seinen zwei kleineren Vertretern. Auf den meisten kleineren AVRs ist der 16-Bit Timer auch der leistungsfähigste, mit dem größten Funktionsumfang.

Wann immer Sie ein 16-Bit Register beschreiben oder auslesen wollen müssen Sie bedenken, dass der AVR ein 8-Bit Prozessor ist, deshalb kann er nicht in einem Zyklus auf das gesamte Register zugreifen. Wie schon ab Seite 175 angesprochen, kann es passieren, dass Sie einen falschen Wert auslesen, wenn Sie während des Zugriffs die globale Interruptbehandlung aktiviert haben. Alle 16-Bit Register sind in zwei 8-Bit Register aufgeteilt, die als letzten Buchstaben in ihrem Namen ein „H" oder „L" führen, um das höherwertige und das niedrigwertige Byte zu kennzeichnen. Es gibt stets auch einen Registerbezeichner, der den direkten 16-Bit Zugriff ermöglicht und dessen Name gleich den beiden 8-Bit Registernamen ohne „H" oder „L" am Ende ist. Aber auch dieser Zugriff ist insgesamt nicht atomar, da intern ein Hilfsregister zur Anwendung kommt. Sollten Sie auf die H- und L-Bytes einzeln zugreifen wollen, ist unbedingt auf die Reihenfolge der Zugriffe zu achten: Beim Lesen soll zuerst das L-Register und dann das H-Register abgefragt werden. Beim Schreiben anders herum: Den Wert zuerst im H-Register und dann im L-Register ablegen.

Das folgende Beispiel (`TIMER8`) soll auf dem ans das Mini-Mega-Board angeschlossen LCD eine einfache Stoppuhr umsetzen. Dazu werden gleich zwei Funktionen des Timer 1 verwendet. Zum einen wird der bereits bekannte CTC-Modus genutzt, der bei Erreichen eines Vergleichswertes den Timerzähler zurücksetzt und ein Interrupt auslösen kann. Eine Besonderheit von Timer 1 ist, das er zwei voneinander unabhängige Vergleichswerte verwalten kann. Der eine wird kann OCRA1 gespeichert, der andere In OCRB1. Allerdings kann nur der Wert in OCRA1 für den CTC-Modus genutzt werden. Mit Hilfe des Registers ICR1 gibt es aber auch noch eine alternative Speichermöglichkeit für den Vergleichswert des CTC-Modus. Im Beispielcode wird ICR1 aber für seine eigentliche Aufgabe genutzt.

Da der Timer 1 ein größeres Zählregister besitzt, wird der Vorteiler auf 256 eingestellt und der Vergleichswert OCRA1 so berechnet, dass jede Sekunde der Vergleichswert erreicht und der Counter zurückgesetzt wird. Dazu wird die im makefile angegebene Taktrate durch den Wert des Vorteilers dividiert (Zeile 41). Da sich die übliche Taktrate von 8 MHz ohne Rest durch 256 teilen lässt (31.250 Taktimpulse pro Sekunde), arbeitet die Uhr auch sehr genau. Um sicherzugehen, das auch bei anderen Berechnungen wirklich ein 16-Bit Wert in das Word-breite Register geschrieben wird, steht vor der Rechnung der cast-Operator. Um den

CTC-Modus zu aktivieren, wird das Bit WGM12 gesetzt. Etwas irritierend kann dabei ein flüchtiger Blick ins Datenblatt sein, denn dort steht die Tabelle Waveform Generation Mode Bit Description, in welcher die Bits für den CTC-Modus aufgelistet sind, im Abschnitt zum Register TCCR1A. Das Bit WGM12 befindet sich aber im Register TCCR1B (Zeile 43). Das nun gewonnene sekündliche Auftreten des Timer/Counter1 Compare Match Interrupts wird im Programm genutzt, um die vollen Sekunden zu zählen (ohne Berücksichtigung des Überlaufs in der 256sten Sekunde in Variable sec).

```
 1 volatile uint16_t counter = 0;          // Zaehler fuer Ueberlaeufe
 2 volatile double time = 0;               // Millisekunden
 3 volatile uint8_t running = 0;           // Zustand der Uhr
 4 volatile uint8_t sec = 0;               // Anzahl Sekunden
 5
 6 // Timer/Counter1 Capture Event
 7 ISR (TIMER1_CAPT_vect)
 8 {
 9     if (running)            // wenn Uhr laeuft
10     {
11         counter = ICR1;                   // Zaehlerstand retten
12         time = counter/(F_CPU/256.0);     // = Millisekunden
13         running = 0;                      // Uhr steht
14     }
15     else     // Uhr war gestopt, nun starten
16     {
17         TCNT1 = 0;        // zurueksetzen des Counters
18         running = 1;      // Uhr laeuft
19     }
20 }
21
22 // Timer/Counter1 Compare Match
23 ISR (TIMER1_COMPA_vect)        // je Sekunde einmal
24 {
25     if (running)   // wenn Uhr laeuft
26     {
27         sec++;     // Sekunden zaehlen
28         lcd_gotopos (2, 7);
29         lcd_writezahl (sec, 3, 1);
30     }
31 }
32
33 int main()
34 {
35     uint8_t text[10];
36
37     lcd_ini();
38     lcd_writetext ("  *** STOPUHR ***");
39
40     TIMSK |= (1 << TICIE1) | (1 << OCIE1A);      // Input Capture Interrupt
      Enable+ +Output Compare A Match Interrupt Enable
41     OCR1A = (uint16_t)(F_CPU/256);                // Vergleichswert 1 Sekunde
42     sei();                                        // IRQs enable
43     TCCR1B |= (1 << WGM12);                       // CTC Modus
44     TCCR1B |= (1 << ICNC1) | (1 << ICES1);  // Noise Canceler + steigende Flanke
      an ICP1
45     TCCR1B |= (1 << CS12);  // Prescaler: 1/256
46
47     while (1)       // endlos
48     {
49         if (running == 1)   // wenn Uhr laeuft und dies hier
```

```
50          {                   // noch nicht aufgerufen wurde
51              lcd_gotoline (2);
52              lcd_writetext („Zeit:   0          “);
53              running = 2;    // Damit dieser Teil nur einmal aufgerufen wird
54          }
55          if (counter)        // Stop gedrueckt => Wert in Variable
56          {
57              dtostrf (sec+time, 7, 3, text);
58              lcd_gotoline (2);
59              lcd_writetext („Zeit: “);
60              lcd_writetext (text);
61              lcd_writetext („ Sek.“);
62              counter = 0;
63              sec=0;
64          }
65      }
66      return 0;
67 }
```

Zusätzlich nutzt das Programm noch ein Merkmal des Timer 1: Die Möglichkeit, bei einem externen Ereignis an Pin ICP1 einen Interrupt auszulösen und davon unabhängig den aktuellen Zählerstand in ein separates Register (ICR1) zu kopieren. Wie schon bei Timer 0 ist es auch hier nicht notwendig, den I/O-Pin als Eingang zu definieren. Wie schon ab Seite 187 gezeigt, wird für das Programm ein Taster, diesmal an Pin 20 des ATmega16, angeschlossen. Mit diesem kann die Zeitmessung immer wieder neu gestartet und angehalten werden.

Um den Zählerstand in das Register ICR1 zu retten, wird im Register TCCR1B das Bit ICES1 gesetzt. Timer 1 bietet zudem noch einen so genannten Rauchunterdrücker (Noise Canceler), der Störungen auf der Signalleitung an ICP1 herausfiltern kann. Wird dieser aktiviert (Bit ICNC1), dann muss am Eingangspin vier Taktzyklen lang das gleiche Signal anliegen, bevor das Signal für weitere Aktionen genutzt wird. Allerdings verzögert sich dann die Aktivierung des Timer 1 Caputre Events um eben diese vier Takte, bis der Zählerstand zum Beispiel nach ICR1 kopiert wird. Wenn Sie es genau wissen wollen, müssten Sie diese vier also vom Wert in ICR1 in Zeile 12 später subtrahieren, bevor Sie die Millisekunden berechnen. Allerdings reichen vier Taktzyklen bei weitem nicht aus, um das leidige Tastenprellen in den Griff zu bekommen, so dass die Verwendung hier im Programm nur instruierende Bedeutung hat.

Da das Zählregister automatisch durch den CTC-Modus jede Sekunde gelöscht wird, repräsentiert der aktuelle Zählerstand die Anzahl der vergangenen Taktimpulse von der letzten vollen Sekunde bis zum Drücken der Taste, wodurch der Zählerstand in das Register ICR1 kopiert wird. In Zeile 12 wird daraus berechnet, wie viele Millisekunden diese Zeitspanne umfasst. Damit das Ergebnis der Rechnung auch garantiert eine Fließkommazahl ist, wird bei der Division der Wert des Prescalers nicht als Integer, sondern als Dezimalzahl angegeben. In Zeile 57 werden die aufaddierten vollen Sekunden und der Millisekundenanteil summiert und in eine Zeichenkette für die Ausgabe auf dem Display konvertiert.

10.3 Pulsweitenmodulation

Viele elektrische Geräte können Sie in ihrer Leistung kontrollieren, in dem Sie die Spannung variieren: Eine Glühlampe leuchtet bei ihrer Nennspannung hell und bei weniger Spannung entsprechend dunkler. Ein Elektromotor läuft umso schneller, je höher die anliegende Spannung ist. Es gibt aber auch Bauteile, die sich nicht (oder nur unvollständig) auf diese Weise beeinflussen lassen: So können Sie LEDs nur in einem sehr begrenzten Umfang über eine Spannungsänderung dimmen – sobald Sie einen Grenzwert unterschreiten, leuchtet sie einfach nicht mehr. Auch für Elektromotoren gilt dies in ähnlicher Form: Damit er sich dreht, benötigt er eine Mindestspannung. Außerdem sinkt der Wirkungsgrad (Drehmoment) rapide ab, wenn er nicht mit seiner Nennspannung betrieben wird.

Hier setzt nun die Pulsweitenmodulation (PWM) ein: Die elektrische Last wird nicht mit einer permanenten (veränderlichen) Spannung versorgt, sondern mit einer konstanten Spannung, die lediglich impulsweise abgegeben wird. Eine Periode besteht dabei aus einer Rechteckspannung mit einem variablen Teilungsverhältnis zwischen High- und Low-Zustand: Das Tastverhältnis wird bei konstanter Frequenz moduliert. Das Verhältnis der eingeschalteten zur ausgeschalteten Zeit wird als duty cylce bezeichnet.

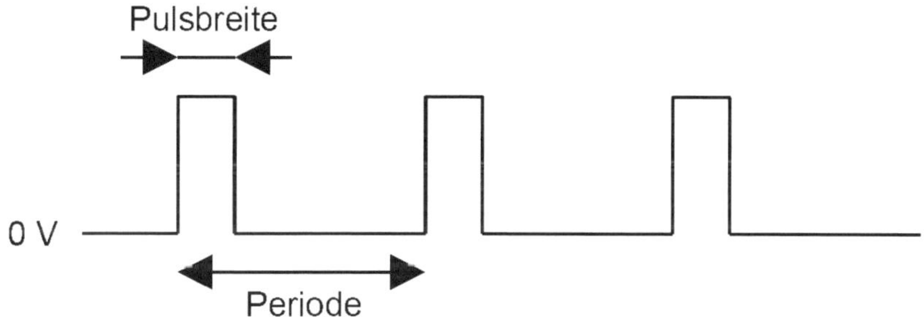

Abbildung 10.2: *Pulsweitenmodulation mit ca. 20 % duty cycle.*

Wird dieses Verfahren beispielsweise auf eine LED angewendet, dann braucht die Frequenz nur hoch genug gewählt zu werden, damit es zu keinem Flimmern bei der Wahrnehmung kommt. Im Prinzip haben Sie bei der Ansteuerung von Displays im Multiplexbetrieb auch schon eine Pulsweitenmodulation realisiert, denn ein einzelnes LED-Segment leuchtet dabei auch nur einen kurzen Moment auf (s. Seite 121ff).

Die AVRs unterstützen (je nach Timer) drei verschiedene Modi, um ein PWM Signal zu erzeugen: Fast PWM, Phasenkorrektes PWM sowie Phasen- und Frequenzkorrektes PWM. Im weiteren Verlauf wird lediglich auf Fast PWM eingegangen.

10.3.1 PWM per Software

Mit Hilfe jeden Timers können Sie eine Pulsweitenmodulation an einem beliebigen I/O-Pin realisieren. Sie müssen dazu nur den Timer starten, den I/O-Pin auf High schalten und dann bei Erreichen eines Vergleichswertes den Ausgang auf Low ändern. Sobald der Timerüberlauf erfolgt, schalten Sie den Ausgang wieder auf High. Der Wert im Vergleichsregister definiert dabei dann die Pulsbreite im Verhältnis zum maximal möglichen Zählerstand.

`PWM1` nutzt genau dieses Funktionsprinzip und steuert so die erste LED an Port B. Nach dem Programmstart wird zuerst ein Tastverhältnis von 50 % eingestellt: Timer 0 kann bis 255 zählen und bei 128 wird die LED ausgeschaltet.

Damit Sie die Pulsbreite während der Laufzeit jederzeit ändern können, wird das Mini-Mega-Board an die serielle Schnittstelle (8N1, 9600 Baud) eines PCs angeschlossen (vgl. dazu auch S. 148ff). Jede Zahl zwischen 0 und 255, die Sie an den μC schicken, verändert das Teilungsverhältnis entsprechend (Zeile 4). Wenn Sie ein komfortables Terminalprogramm besitzen (bspw. das kostenlose HTerm: http://www.der-hammer.info/terminal/), können Sie direkt einen Zahlenwert eingeben und senden. Nutzen Sie lediglich das Windows Hyper-Terminal, müssen Sie sich ein wenig einschränken und ASCII-Zeichen schicken. Jedes Zeichen wird einem ASCII zugeordnet (siehe z. B.: http://de.wikipedia.org/wiki/ASCII-Tabelle). Wenn Sie den Buchstaben drücken, wird der dazugehörende Zahlencode übertragen. Einige Werte zeigt die folgende Tabelle (wobei Werte über 127 zum erweiterten ASCII gehören und ggf. nicht korrekt gesendet werden):

Zeichen	!	A	a	~	§	Ö	ü
ASCII	33	65	97	126	167	214	252

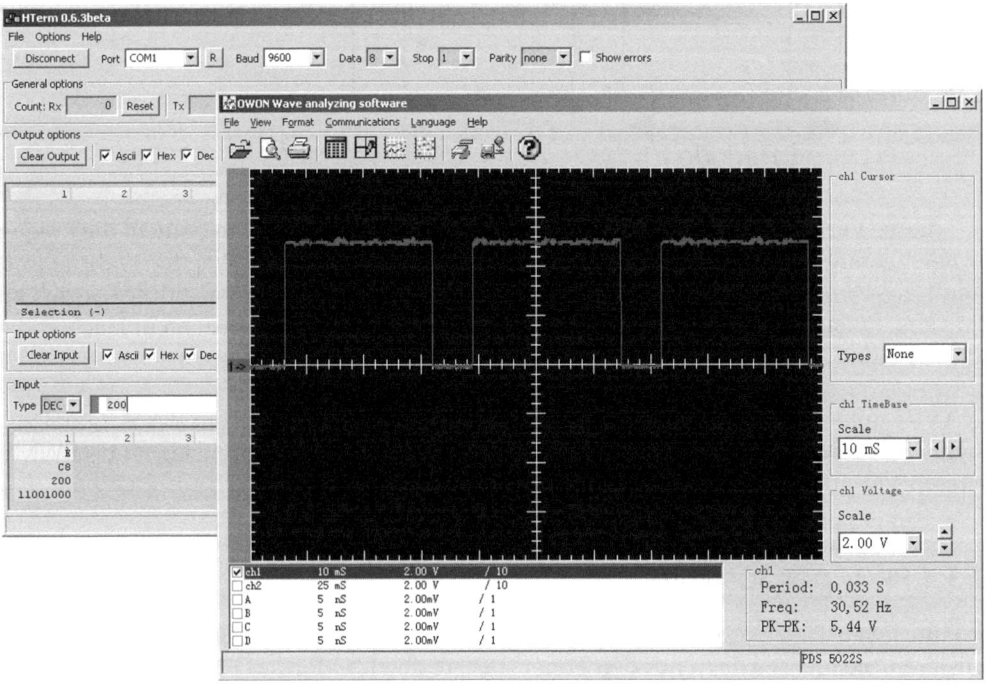

***Abbildung 10.3:** HTerm und PWM-Signal mit einem Wert von 200 für die Pulsdauer.*

```
1 // USART, Rx Complete
2 ISR (USART_RXC_vect)
3 {
4     OCR0 = UDR;          // Byte abholen, sonst Endlosinterrupt
5                          // und als Vergleichswert nutzen
6     TCNT0 = 0xFF;        // MAX in Timerzaehler => gleich Ueberlauf
7 }
8
9 // Timer/Counter0 Overflow
10 ISR (TIMER0_OVF_vect)
11 {
12    PORTB |= (1 << PB0);               // PB0 ein
13 }
14
15 // Timer/Counter0 Compare Match
16 ISR (TIMER0_COMP_vect)
17 {
18    PORTB &= ~(1 << PB0);              // PB0 aus
19 }
20
21 int main()
22 {
23    DDRB = (1 << DDB0);                // B0 an PORTB als Ausgang
24
25    UCSRB |= (1 << RXEN );             // UART RX (empfangen) einschalten
26    UCSRB |= (1 << RXCIE);   // Interruptauslösung für eingehende Daten aktivieren
27    UCSRC |= (1<<URSEL)|(1<<UCSZ0)|(1<<UCSZ1);                 // Asynchron, 8N1
28    UBRRH=(uint8_t)(UART_BAUD_CALC(UART_BAUD_RATE,F_CPU)>>8); // Baudrate wählen
29    UBRRL=(uint8_t)UART_BAUD_CALC(UART_BAUD_RATE,F_CPU);
30
31    TIMSK |= (1 << TOIE0) | (1 << OCIE0); // IRQ bei Überlauf + Compare Match
32    OCR0 = 0x80;                          // Vergleichswert 128 einstellen
33    sei();                                // IRQs enable
34    PORTB |= (1 << PB0);                  // PB0 ein
35    TCCR0 |= (1 << CS00) | (1 << CS02);   // Prescaler: 1/1024 (CS1=0 per de-
fault)
36
37    while (1);          // endlos
38    return 0;
39 }
```

Anzumerken sei, dass das Programm nicht optimal ist, da selbst bei einem Wert von 0 oder 255 eine kurze Signalflanke auftritt. Dies liegt daran, dass die I/O-Leitung stets geschaltet wird, wenn ein Überlauf auftritt oder der Vergleichswert erreicht wird. Dies könnte durch weiteren Programmcode umgangen werden, ist aber für das Verständnis der PWM erst einmal nicht notwendig.

Sollte Ihnen störend auffallen, dass sich die Helligkeit der LED zwar ändern lässt, aber stets ein Flimmern wahrzunehmen ist, dann modifizieren Sie doch einfach mal die Frequenz: Wählen Sie einen kleineren Wert für den Prescaler in Zeile 35, um die Periodendauer zu verringern, da der Timer dann wesentlich schneller inkrementiert wird (Beispielcode: `PWM2`):

```
TCCR0 |= (1 << CS02);        // Prescaler: 1/256
```

10.3.2 Fast PWM mit Timer 0

Nachdem das Funktionsprinzip im vorherigen Beispiel deutlich werden sollte, folgt nun die Realisierung mit den PWM -Fähigkeiten, welche die Timer schon mitbringen. Wie immer bei Timern, ist dabei zu erwähnen, dass die Timer des ATmega16 sehr vielfältig sind und sämtliche PWM direkt unterstützen – bei anderen Prozessoren sieht das anders aus.

Im Grunde funktioniert die Erzeugung eines einfachen PWM-Signals direkt durch den Timer wie im vorherigen Beispiel. Der Vorteil ist aber, dass ganz auf Interrupts und die Steuerung eines I/O-Pins verzichtet werden kann: Der Timer übernimmt dies alles für Sie. Sie müssen lediglich den I/O-Pin, an dem das Signal ausgegeben wird, als Ausgang schalten. Das spart nicht nur Programmcode und ist weniger fehleranfällig, es entlastet auch den Mikrocontroller ungemein, da so mehr Rechenkapazität für andere Aufgaben verfügbar ist und die Interrupts ggf. für andere Funktionen verwendet werden können. Eine Besonderheit hat der PWM-Modus aber noch: Es kann nur der I/O-Pin vom Timer geschaltet werden, der auch schon bei der Erzeugung eines Ausgangssignals benutzt wurde (vgl. S. 186). Bei Timer 0 ist dies der Pin OC0 an Port B.

Für ein PWM-Signal, das dem oben per Software erzeugten Signal entspricht, ist nur eine Registerzuweisung notwendig (die der besseren Lesbarkeit wegen auf drei Anweisungen verteilt wurde) – alles andere übernimmt die Timerhardware:

```
TCCR0 |= (1 << WGM01) | (1 < WGM00);   // Fast PWM
TCCR0 |= (1 << COM01);                  // non-inverting mode
TCCR0 |= (1 << CS02);                   // Prescaler: 1/256
```

In der Beispielapplikation `PWM3` finden Sie das komplette Programm, welches sich wieder über die serielle Schnittstelle steuern lässt.

Seitens Atmel wird diese Art der Signalerzeugung als Fast PWM bezeichnet und mit den Bits WGM01 und WGM02 eingestellt. Über die Bits COM00 und COM01 stellen Sie ein, ob und wie der Signalsausgangspin (OC0) des Timers gesteuert werden soll. Im nicht-invertierenden Modus wird der Ausgang während der Pulsdauer auf High geschaltet und anschließend auf Low – so wie schon beim erzeugten PWM-Signal per Software. Der invertierende Modus arbeitet einfach anders herum: Während der Pulsdauer Low und dann High.

10.3.3 Timer 1: Fast PWM mit beliebiger Frequenz

Wird mit dem Timer 0 (oder auch Timer 2) ein Signal erzeugt, dann ist die resultierende Signalfrequenz nur indirekt über den Vorteiler einstellbar, da der Timer stets bis zum Maximum 255 zählt. Anders sieht es beim 16-Bit Timer aus: Hier können Sie die Frequenz auf zwei Arten beeinflussen:

- Wählen Sie, wie viel Bit Auflösung das Zählregister besitzt: 8, 9 oder 10 Bit, um so bis 255, 511 oder 1023 zu zählen.
- Legen Sie im Register ICR1 oder OCR1A ab, bis zu welchem Zählerstand maximal gezählt werden soll. Sie können Werte zwischen 3 und 65.535 verwenden.

Möchten Sie eine bestimmte Frequenz erzeugen und den dazugehörigen oberen Zählwert (TOP) berechnen, dann können Sie dies mit folgender Formel, wobei Sie ein passendes N für den Wert des Vorteilers wählen müssen:

$$TOP = \left(\frac{CPU\,Takt}{N \cdot Frequenz}\right) - 1$$

Die Beispielapplikation (`PWM4`) erzeugt bei einem Vorteilerwert von 8 ein Signal mit exakt 2,5 kHz im Fast PWM Modus Nummer 14. Bei diesem wird in das Register ICR1 der obere Zählwert TOP eingetragen, bis zu dem der Timer laufen soll (im Beispiel: 399 in Zeile 5). Im PWM-Betrieb findet dann bei diesem Wert quasi ein Überlauf statt und der Zählerstand wird im nächsten Schritt auf 0 gesetzt. In den Registern OCR1A und/oder OCR1B kann dann ein Vergleichswert abgelegt werden, bei dem der zugehörige Signalausgangspin (OC1A bzw. OC1B: Pin 19 bzw. 18) umgeschaltet wird.

Wie schon beim vorherigen Beispiel zu Fast PWM kann u. a. gewählt werden, ob der invertierende oder nicht-invertierende Modus genutzt wird. Für OC1A wird der nicht-invertierende Modus eingestellt – bei 0 bzw. Überlauf wird also der Ausgang auf High gelegt und bei erreichen des Vergleichswertes auf Low. Im Beispielcode ist als Vergleichswert für OC1A einhundert eingetragen. Nach 100 Zählschritten wird der Ausgang also ausgeschaltet, bis er nach dem Überlauf nach 399 wieder auf High geht. OC1B wird invertierend betrieben: Von 0...50 Low und dann High.

Auf einem Oszilloskop ist das Ergebnis am besten zu analysieren. Hier kann man auch gut erkennen, dass OC1A (oberes Signal) exakt ¼ (100 von 400 Schritten) der Periode lang High ist und OC1B invertierend betrieben wird.

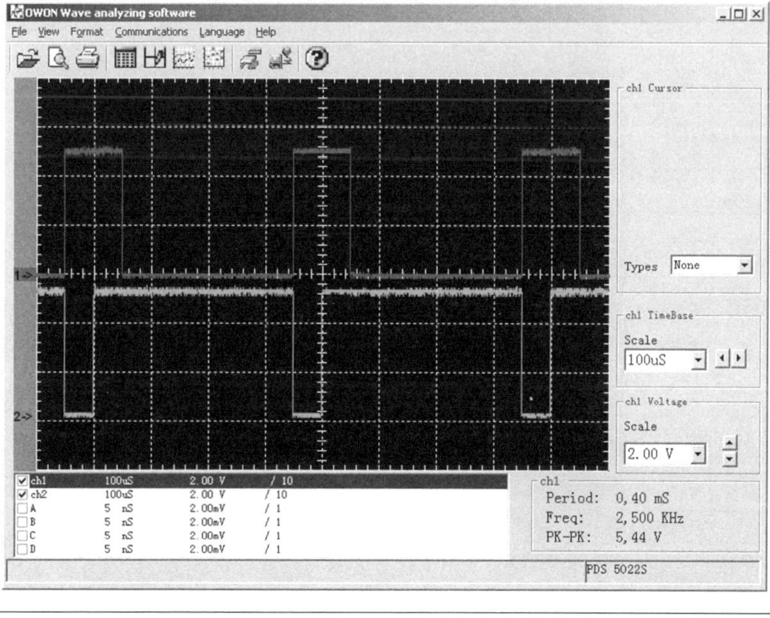

Abbildung 10.4: *PWM Signal mit 2,5 kHz.*

```
 1 int main()
 2 {
 3     DDRD = (1 << DDD5) | (1 << DDD4);        // OC1A+OC1B als Ausgang
 4
 5     ICR1 = (uint16_t)399;         // TOP => 2,5 kHz
 6     OCR1A = (uint16_t)100;        // Vergleichswert einstellen
 7     OCR1B = (uint16_t)50;         // Vergleichswert einstellen
 8
 9     TCCR1A |= (1 << COM1A1);                      // non-inverting mode fuer Pin OC1A
10     TCCR1A |= (1 << COM1B1) | (1 << COM1B0);      // inverting mode fuer Pin OC1B
11     TCCR1A |= (1 << WGM11) ;                      // Fast PWM Mode 14 Teil A
12     TCCR1B |= (1 << WGM13) | (1 << WGM12);        // Fast PWM Mode 14 Teil B
13     TCCR1B |= (1 << CS11);                        // Prescaler: 1/8
14
15     while (1);   // endlos
16     return 0;
17 }
```

Verfügen Sie über kein Oszilloskop und möchten die Übung trotzdem praktisch ausprobieren, dann stellen Sie einfach in Zeile 13 den Vorteiler auf 1/1024. Jetzt können Sie eine LED mit Vorwiderstand an den I/O-Pin OC1A oder OC1B anschließen. Die resultierenden ca. 20 Hz erzeugen ein gut wahrnehmbares Flackern.

```
TCCR1B |= (1 << CS12) | (1 << CS10);
```

11. Speicherzugriffe

AVRs verfügen i. d. R. über drei verschiedene Speicherarten: RAM, Flash und EEPROM. Zwar gibt es auch Mikrocontroller-Typen, bei denen der eine oder andere Speicher eingespart wurde, aber auf diese speziellen Modelle soll hier nicht eingegangen werden. Ab Seite 14 wurden die verschiedenen Speichertypen bereits kurz in ihrer funktionsweise vorgestellt.

Zugriffe auf den RAM erfolgen durch den Compiler und sind in der Regel nichts besonderes: Sobald Sie eine Variable deklarieren und mit einem Inhalt füllen, wird der notwendige Speicher reserviert und verwaltet. So lange Sie mit Ihren Variablen nicht die vom Prozessor zur Verfügung gestellten Speicher ausreizen (vgl. auch S. 36), wird es keine Probleme geben. Was aber, wenn Sie mehr Platz benötigen? Beispielsweise um für ein LCD umfangreiche Textausgaben zu realisieren oder größere Mengen an Zahlen für Messkurven abzulegen. Selbst wenn sich der Inhalt der hierfür benötigten Variablen im weiteren Programmablauf nicht mehr ändern sollte, belegen sie Speicher im RAM, welches meistens nicht sehr großzügig bemessen ist. Weiterhin kann es auch erforderlich sein, einzelne Werte, die während des Programmablaufs zustande gekommen sind, dauerhaft abzuspeichern, um auch nach einem Reset wieder verfügbar zu sein.

11.1 Zugriff auf den Programmspeicher (Flash)

Wenn der Programmcode nicht den gesamten Programmspeicher belegt, können Sie Werte im Flash speichern, um so den Arbeitsspeicher zu entlasten. Sinnvoll ist dies aber nur, wenn sich die Werte nie ändern, da der Flash Speicher wie schon erwähnt nur begrenzt oft beschrieben werden kann. Lesen hingegen ist beliebig oft möglich.

Mittels AVR-GCC ist es allerdings nicht möglich, transparent, also mit C Standardfunktionen, auf den Speicher zuzugreifen. Die Standard-Laufzeitbibliothek des AVR Libc stellt diese Funktionen nach Einbinden der Header-Datei pgmspace.h zur Verfügung. Mit diesen Funktionen können dann einzelne Bytes, Datenworte (16 Bit) und Datenblöcke gelesen werden.

Um Ihnen die Veränderung in der Speichernutzung zu zeigen, finden Sie in `PROGMEM1` zuerst ein kurzes Programm, welches klassisch einen Wert in einer globalen Konstante im RAM ablegt und dann die LEDs am Port B entsprechend des Wertes ansteuert. Im Grunde brauchen Sie das Programm gar nicht in einen Mikrocontroller zu übertragen, sondern nur zu compilieren (ggf. gemäß den Ausführungen ab S. 65 vorher make clean ausführen). Lediglich die Ausgabe zum Speicherverbrauch interessiert vorerst:

```
AVR Memory Usage:
-----------------
Device: atmega16

Program:     170 bytes (1.0% Full)
(.text + .data + .bootloader)

Data:          2 bytes (0.2% Full)
(.data + .bss + .noinit)
```

Es wurden 2 Bytes im RAM durch den Programmcode belegt. Nun soll der Inhalt der Variablen im Programmspeicher stehen. Dazu benötigen Sie lediglich das Attribut PROGMEM, welches in der Variablendefinition zusätzlich angegeben werden muss:

```
#include <avr/io.h>
#include <stdint.h>
#include <avr/pgmspace.h>

const uint8_t PROGMEM wert = 0xAA;

int main()
{
    DDRB = 0xFF;                    // PORTB als Ausgang
    PORTB = pgm_read_byte(&wert);   // Wert an LEDs ausgeben
    return 0;
}
```

Als Ergebnis werden Sie beim Compilieren sehen, dass keinerlei Arbeitsspeicher mehr im μC belegt wird:

```
AVR Memory Usage:
-----------------
Device: atmega16

Program:     174 bytes (1.1% Full)
(.text + .data + .bootloader)

Data:          0 bytes (0.0% Full)
(.data + .bss + .noinit)
```

Die Definition von Flash-Variablen läuft also analog zu der normalen Variablendefinition ab:

```
const uint8_t pgmByte PROGMEM = 123;
const uint16_t pgmWort PROGMEM = 12345;
const uint8_t pgmArray[] PROGMEM = {1, 2 , 3};
const uint8_t *pgmPointer PROGMEM = pgmArray;
```

Lokale Variablen innerhalb von Funktionen können ebenfalls im Programmspeicher abgelegt werden. Dazu ist bei der Definition jedoch ein static voranzustellen, da solche Variablen nicht auf dem Stack bzw. in Registern verwaltet werden können.

Mit der Funktion pgm_read_byte bzw. pgm_read_word aus pgmspace.h erfolgt der Zugriff auf die Daten. Parameter der Funktion ist die Adresse des Bytes im Flash-Speicher, welche Sie üblicherweise durch den Variablennamen mit einem vorangestelltem Und-Zeichen ermitteln.

11.1.1 String-Array im Flash ablegen

Mit den bisher gezeigten Funktionen wäre es sehr aufwendig, Zeichenketten im Flash abzulegen. Deshalb gibt es noch zusätzlich eine Vereinfachung hierfür in der AVR Libc: PGM_P deklariert eine Variable, die ein Zeiger auf einen String im Programmspeicher ist.

```
const char string1[] PROGMEM = "Hello world";
const char string2[] PROGMEM = "Hallo Welt";

PGM_P array[2] PROGMEM =
{
    string1,
    string2
};

int main()
{
    char buf[21];

    lcd_ini();
    strcpy_P (buf, (char *)pgm_read_word(&array[0]));
    lcd_writetext (buf);
    lcd_gotoline (2);
    strcpy_P (buf, (char *)pgm_read_word(&array[1]));
    lcd_writetext (buf);

    return 0;
}
```

Das Programm legt ein Feld mit den zuvor deklarierten Variableninhalten im Flash an. Hierbei darf der Zwischenschritt mit den einzelnen Zeichenkettenvariablen aber nicht weggelassen werden, indem man beispielsweise schreibt

```
PGM_P array[2] PROGMEM =
{
   "Hello world",
   "Hallo Welt"
};
```

Dies führt nicht zum gewünschten Resultat und die Zeichenketten werden dann doch im RAM abgelegt.

Auf die Inhalte im Array (genauer: die Adresse des ersten Zeichens) wird anschließend wie gewohnt mit pgm_read_word zugegriffen, wobei strcpy_P die gesamte Zeichenkette in ein lokales Array kopiert, welches genügend Platz bieten muss, um die Zeichenkette inklusive der Endkennung aufzunehmen (siehe Seite 110). Im Folgenden kann die Zeichenkette dann z. B. wie gewohnt auf dem LCD ausgegeben werden.

11.2 Zugriff aufs EEPROM

Im EEPROM können Sie Daten dauerhaft ablegen, auslesen und ändern. Je nach Mikrocontroller ist die Anzahl der Schreibvorgänge aber stark eingeschränkt: Üblich sind 100.000 Änderungen bevor die Zuverlässigkeit des Speichers nachlässt. Ein weiterer Vorteil des EEPROMs ist, dass Sie die Werte bereits beim Brennvorgang vorgeben können, so dass Ihre Software bereits mit definierten Startwerten arbeiten kann.

Dank der AVR Libc sind die Zugriffe auf den Permanentspeicher sehr einfach, da Sie sich keine Gedanken um den zeitlichen Ablauf machen müssen (Schreibvorgänge dauern mit 8,5 ms relativ lange) und auch die notwendige Unterbrechung der Interruptbehandlung während der Zugriffe automatisch erfolgt. Alle notwendigen Hilfsfunktionen finden Sie in der Header-Datei eeprom.h. Hier wird gewissermaßen ein neuer Variablentyp EEMEM definiert, der im Programm dann dafür sorgt, dass die Zahlen im EEPROM gespeichert werden, was Sie auch an der Ausgabe beim Compilieren erkennen können:

```
AVR Memory Usage:
----------------
Device: atmega16

Program:    1222 bytes (7.5% Full)
(.text + .data + .bootloader)

Data:          0 bytes (0.0% Full)
(.data + .bss + .noinit)

EEPROM:        1 bytes (0.2% Full)
(.eeprom)
```

Wie Sie sehen, wurde ein Byte im EEPROM abgelegt, was folgendes kurzes Programm (`EEPROM1`) erledigt, welches eine Zahl im EEPROM anlegt, diese ändert und dann auf den LEDs des Mini-Mega-Boards ausgibt. Es ist nur Sorgfalt bei Zugriffen auf den Speicher notwendig: Vor jedem Zugriff ist sicherzustellen, dass dieser bereit ist. eeprom_busy_wait wartet so lange, bis der Zugriff erfolgen darf.

```
#include <avr/eeprom.h>

uint8_t eezahl EEMEM = 0xAA;  // Initialisierung (Datei .eep)

int main()
{
    DDRB = 0xFF;             // Port B LEDs als Ausgang

    eeprom_busy_wait();                  // warten bis EEPROM bereit
    eeprom_write_byte(&eezahl, 0xBB);    // schreiben

    eeprom_busy_wait();                  // warten bis EEPROM bereit
    PORTB = eeprom_read_byte(&eezahl);   // lesen und auf LEDs ausgeben

    return 0;
}
```

Die Definition von Werten im EEPROM läuft ähnlich wie die normale Variablendefinition ab:

```
uint8_t eeByte EEMEM = 123;
uint16_t eeWord EEMEM = 12345;
float eeFloat EEMEM = 12.34;
uint8_t eeArray[] EEMEM = {1, 2, 3};
```

Haben Sie erst einmal einen Wert im EEPROM gespeichert, können Sie ihn auch mit einem Brennprogramm wieder auslesen. In AVR8 Burn-O-Mat geht das ganz einfach über die Schaltflächen in der Rubrik *EEPROM*.

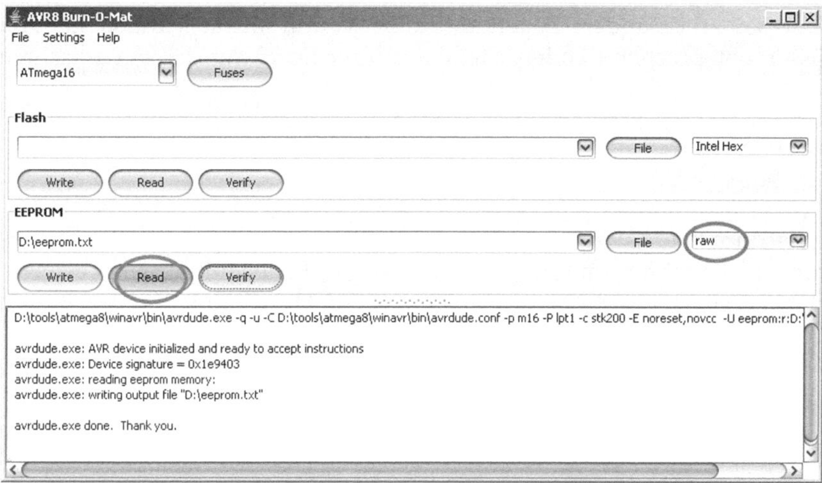

Abbildung 11.1: *EEPROM auslesen.*

Je nach (rechts im Listenfeld eingestellten) Dateityp befinden sich neben den reinen Werten aus dem EEPROM auch noch weitere Werte in der Datei. Mit *raw* erhalten Sie eine reine Textdatei, die nur den Inhalt des EEPROMs wiederspiegelt und die genauso groß ist, wie der Speicher im ausgelesenen Mikrocontroller.

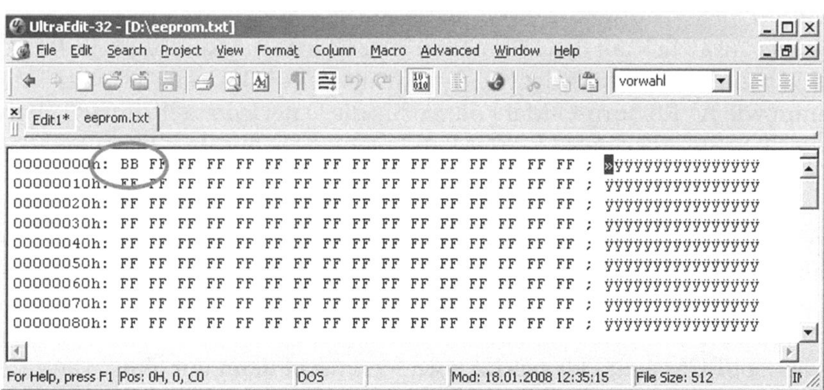

Abbildung 11.2: *Ausgelesener Speicherinhalt.*

Speicherzellen, die im AVR bisher nicht genutzt wurden, stehen per Werkseinstellung auf FFh. Das können Sie in Ihrem Programm ausnutzen, um ggf. festzustellen, ob ein Wert bereits vom Programm im Speicher abgelegt wurde oder nicht. Ist kein Wert gespeichert (also der Zellinhalt gleich FFh – wobei dann die Zahl FFh nicht als zu speichernder Wert benutzt werden kann), benutzt das Programm einfach einen von Ihnen im Code vorgegebenen Standardwert.

Am PC können Sie auch eine Datei vorbereiten, und die Inhalte dann ins EEPROM schreiben, damit Ihr Programm später schon Standardwerte benutzen kann. Dabei ist aber zu beachten, dass die Verteilung der Speicheradressen durch den Compiler erfolgt. Nach einem erneuten Durchlauf kann es also sein, dass andere Zellen im EEPROM nun für die Variable genutzt werden und Sie müssen entsprechend andere Stellen in Ihrer Datei mit den gewünschten Werten füllen.

11.2.1 EEPROM Abbilddatei

Während des Compilerdurchlaufs wird eine ähnliche Datei mit dem Dateisuffix `.EEP` erzeugt. In dieser werden die von Ihnen im Programmcode angegebenen Initialisierungswerte für die EEPROM Speicherzellen notiert. Da die Datei im INTEL Hex-Format (siehe Seite 65) codiert ist, sind die Zahlenwerte leider nicht direkt erkennbar.

Abbildung 11.3: Exempel für das EEPROM Abbild passend zum Beispielcode eeprom1.

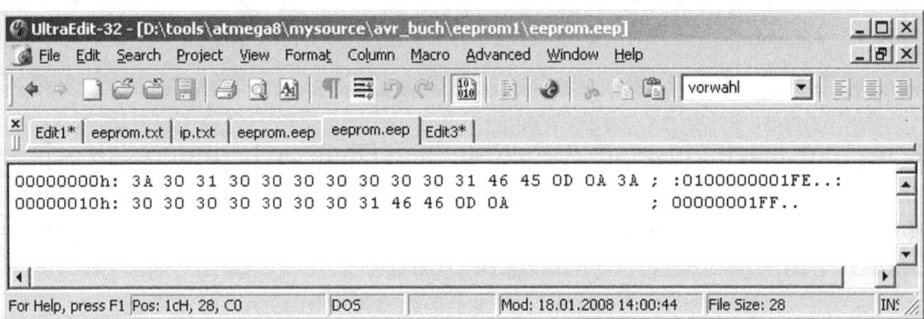

Nur wenn Sie diese Datei zusätzlich auf den Mikrocontroller übertragen, sind auch die Initialisierungswerte wirklich im EEPROM abgelegt (z. B. AAh aus Zeile 3 des Beispielcodes). Mit einem Brennprogramm wie AVR8 Burn-O-Mat können Sie die Datei jederzeit zum μC übertragen: Öffnen Sie die Datei im Abschnitt *EEPROM* und wählen Sie aus dem Listenfeld das Format *Intel Hex* aus bevor Sie auf *Write* klicken.

Während des Programmiervorgangs mit dem eigentlichen Maschinencode Ihres C Programms wird der Inhalt des EEPROMs – je nach Einstellung der Fuse Bits (s. S. 73) – automatisch gelöscht oder beibehalten. Dafür zuständig ist das Fuse Bit EESAVE. Im Normalzustand ist das Bit nicht programmiert, was bedeutet, dass bei jedem Schreiben in den Flash-Speicher der gesamte Inhalt des EEPROMs auf FFh gesetzt wird – es macht dann nur Sinn, wenn Sie zuerst den Programmcode brennen und anschließend den Inhalt des EEPROMs. Der folgende Abschnitt wird Ihnen dies noch etwas verdeutlichen.

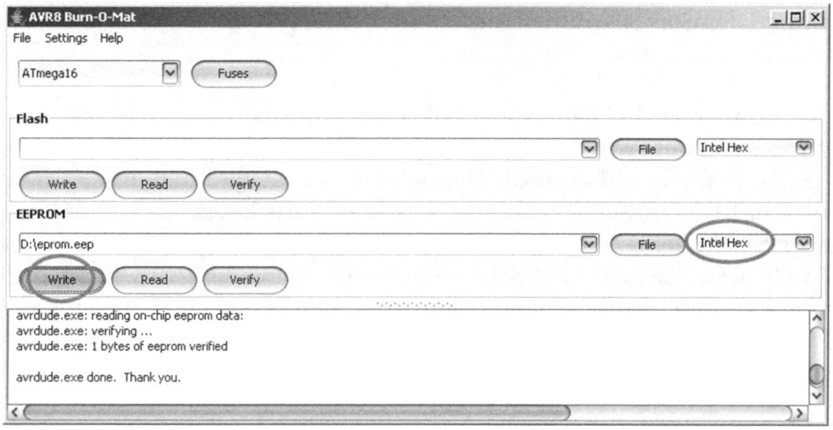

Abbildung 11.4: *Brennen des EEPROM Speicherabbilds.*

11.2.2 Für Fließkommazahlen auf Speicherbereiche zugreifen

Bei ganzzahligen Werten ist die Speichergröße stets bekannt – erst recht, wenn die eindeutigen Typen uint8_t etc. benutzt werden. Wie groß ein float oder double ist, steht hingegen nicht fest; deshalb muss das Programm zur Laufzeit mehrere Bytes hintereinander einlesen bzw. schreiben. Der Beispielcode `EEPROM2` definiert eine Fließkommazahl im EEPROM. Diese wird vom Programm ausgelesen und um eins erhöht. Anschließend wird die Zahl im EEPROM gesichert und auf dem LCD ausgegeben.

```
double eezahl EEMEM = 12.34;     // Initialisierung (Datei .eep)

int main()
{
    double  wert;
    char    text[10];

    lcd_ini();                   // LCD initialisieren

    eeprom_busy_wait();          // warten bis EEPROM bereit
    eeprom_read_block(&wert, &eezahl, sizeof(double)); // double lesen

    wert++;                      // inkrementieren
    eeprom_busy_wait();          // warten bis EEPROM bereit
    eeprom_write_block(&wert, &eezahl, sizeof(double)); // double schreiben

    dtostrf (wert, 6, 2, text);        // Zahl in String konvertieren
   lcd_writetext (text);

    return 0;
}
```

Mit eeprom_read_block bzw. eeprom_write_block werden mehrere Bytes blockweise gelesen und geschrieben. Übergabeparameter sind die Speicheradressen für die lokale Variable, die Variable im EEPROM und die Anzahl der zu lesenden Bytes. Da nicht eindeutig fest steht, wie viele Bytes vom Compiler für eine Fließkommazahl benötigt werden, wird die

Größe mit sizeof während des Compilerdurchlaufs ermittelt. Bei AVR-GCC sind es üblicherweise für float und double vier Bytes.

Wenn Sie dieses Programm in das Mini-Mega-Board übrtragen und nicht auch noch die Speicherabbilddatei (`EEPROM.EEP`), dann wird auf dem Display „NAN " ausgegeben. Das liegt an folgendem Grund: Im Programm wird zwar die Variable *eezahl* in Zeile 1 initialisiert, diese gelangt aber nicht ins EEPROM. Anschließend wird der Wert ausgelesen, der an der Speicherstelle der Variablen eezahl steht (Zeile 11). Nach dem Brennen des Programms in den Mikrocontroller wird üblicherweise das EEPROM gelöscht (Fuse Bit EESAVE nicht programmier). Das Programm liest also vier Bytes à FFh aus. Für C bedeutet der Fließkommawert FF FF FF FFh aber eine ungültige Zahl und ergo ist die nachfolgende Inkrementierung auch ungültig. Deshalb wird bei der Konvertierung der Nicht-Zahl in den Ergebnistextstring „NAN" für Not A Number (engl.: keine Zahl) eingetragen und anschließend auf dem LC-Display ausgegeben.

Erst wenn Sie auch noch die Datei eeprom.eep (und damit den Initialisierungswert für eezahl) auf den Mikrocontroller übertragen, funktioniert das Programm korrekt und kann die Zahl 12,34 aus dem EEPROM auslesen, inkrementieren und abspeichern bzw. auf dem LCD ausgeben. Jedes Mal, wenn Sie das Programm nun per Resettaster neu starten (oder die Spannungsversorgung trennen und wieder anlegen), kann der vorhandene Wert gelesen und um eins erhöht und abgespeichert werden.

12. Serieller Datenbus I^2C (TWI) und SPI

Neben der schon angesprochenen seriellen Datenübertragung über die RS232-Schnittstelle des U(S)ART beherrschen die AVRs in der Regel noch zwei weitere Bussysteme: Das Two-Wire Interface (TWI) respektive I^2C und das Serial Peripheral Interface (SPI). Beide sind hardwaremäßig implementiert, so dass für Sie als Entwickler der Aufwand beim Einsatz minimal bleibt, da Sie sich um die eigentliche Protokollumsetzung so gut wie keine Gedanken machen müssen. Das entlastet zum einen den Programmspeicher, optimiert aber auch die Programmausführung, da mehr Systemleitung für Ihr Hauptprogramm verfügbar ist.

Selbstverständlich können Sie viele weitere Protokolle per Software implementieren. So ist auch das 1-Wire System für Mikrocontroller verbreitet, da es mit einer einzigen Signalleitung auskommt. Über diese können teilweise sogar die angeschlossenen Geräte parasitär mit Spannung versorgt werden, wodurch sogar noch die Leitung für Versorgungsspannung eingespart werden kann und nur noch eine Masseleitung benötigt wird.

Gegenüber RS232 haben beide im AVR vorhandenen Bussysteme den Vorteil, dass sie mit der gleichen Spannung arbeiten können, wie sie auch Ihr Mikrocontroller benutzt. Somit entfällt die Anpassung der Signalpegel und der Schaltungsaufwand reduziert sich.

12.1 Two-Wire Interface (TWI) I^2C

Um mehrere Geräte miteinander zu verbinden, entwickelte die Firma Philips Semiconductors den synchronen, mit nur zwei Signalleitungen auskommenden, I^2C Datenbus. Geschrieben wird dies auch oft als I2C und im deutschen gesprochen als I-Quadrat-C . Da der Name ein eingetragenes Warenzeichen ist, verwenden andere Firmen oft die freie Bezeichnung TWI für Two-Wire Interface – so auch Atmel. Technisch sind beide Busse aber identisch.

Zwar ist die Datenübertragung mit üblicherweise 100 kbit/s nicht besonders schnell, doch für den Einsatz sprechen auch eher andere Punkte, zumal es auch Komponenten für 400 kbit/s und sogar 3,4 Mbit/s gibt. Hauptvorteil des Busses ist aber der sehr geringe Verkabelungsaufwand und die relativ leichte Nutzung. Neben der üblichen Versorgungsspannung wird lediglich eine Daten- und eine Taktleitung benötigt. An diese Leitungen können jederzeit (dank Hot-Plugging auch im laufenden Betrieb) bis zu 120 Komponenten angeschlossen werden.

Auf dem Markt gibt es eine breite Palette an I²C-Modulen, die sich über den Bus sehr einfach an einen Mikrocontroller anschließen lassen und so dessen Einsatzmöglichkeiten und Leistungsfähigkeit stark erweitern können. Zu den typischen Vertretern gehören:

- Sensoren (vor allem für Temperaturen)
- Echtzeituhren-ICs
- A/D- und D/A Wandler
- LC-Displays
- Speicherbausteine (EEPROM etc.)
- Chipkarten (z. B. die deutsche Krankenversicherungskarte)

12.1.1 Funktionsprinzip des I²C-Bus

Die Verbindung zwischen allen Komponenten erfolgt über einen gemeinsamen Bus. Auch wenn es abweichende Beschaltungen gibt, so existiert üblicherweise ein Mastergerät (welches meistens wohl der Mikrocontroller sein wird) und bis zu 119 Slaves . Der Master steuert die mit SCL bezeichnete Taktleitung und gibt so den verbindlichen Takt und die Übertragungsgeschwindigkeit für alle Geräte vor. Mit Hilfe des als *clock stretching* bezeichneten Verfahrens kann ein Slave allerdings den Takt verzögern, wenn er mehr Zeit benötigt. Die Datenleitung SDA arbeitet bidirektional und überträgt die Daten vom Master zu den Slave-Geräten und andersherum.

Aufgrund der Schaltungstechnik beim I²C-Bus ist eine Terminierung der beiden Signalleitungen zwingend erforderlich. Diese wird über einen einfachen Widerstand zwischen Leitung und der Versorgungsspannung gewährleistet. Ein hoher Widerstandswert verbessert zwar die Signalqualität, belastet aber die Bustreiber zusätzlich; üblich ist daher ein Wert um ca. 5 kOhm.

Im Prinzip kann die Übertragungsrate vom Master beliebig verlangsamt werden. Je langsamer die Datenrate und je besser die Abschirmung der Leitungen, desto größere Distanzen können überbrückt werden. Auch wenn I²C nicht als Feldbus entworfen wurde, sind bei langsamer Datenrate bis zu ca. fünf Meter machbar.

Abbildung 12.1:
I²C-Bus.

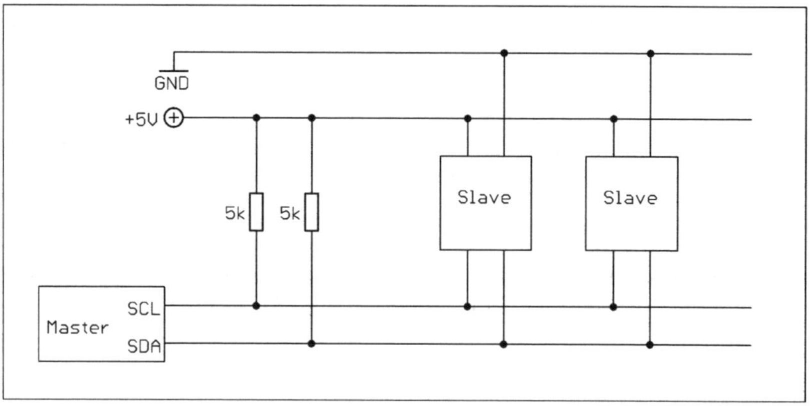

12.1.2 Adressierung der Slaves

Damit die einzelnen Slaves am Bus vom Master gezielt angesprochen werden können, besitzt jeder Slave eine eigenständige Adresse. Diese kann i. d. R. über Konfigurationspins am IC eingestellt werden oder ist vom Hersteller fest vorgegeben. I^2C nutzt sieben Bits für die Adressierung, wobei aber acht Adressen reserviert sind. Wie Sie im weiteren Verlauf beim Einsatz eines EEPROMs noch sehen werden, ist bei der Wahl der Slave-Bausteine auf deren Adressierungsmöglichkeiten zu achten, denn bei einigen Modellen können Sie gar keine Adresse wählen und dann darf auch nur ein Slave mit der vom Hersteller voreingestellten Adresse am Bus genutzt werden.

Das niedrigwertigste Bit eines Bytes wird nicht für die Adressierung genutzt, sondern um dem Slave anzuzeigen, ob schreibend (logisch 0) oder lesend (logisch 1) auf ihn zugegriffen werden soll.

12.1.3 I^2C Busprotokoll

Im Rahmen dieser Einführung soll nicht das exakte Timing der Daten auf dem Bus dargestellt werden. Hierzu gibt es zahlreiche Sekundärliteratur und auch die I^2C-Spezifikation (http://www.nxp.com/acrobat/literature/9398/39340011.pdf) wird Ihnen bei Detailfragen weiterhelfen. Für die Nutzung der TWI-Schnittstelle im AVR ist aber ein kurzer Überblick notwendig.

Eine Datenübertragung wird durch eine Start- und Stoppsequenz eingerahmt. Innerhalb der Datenübertragung werden dann die Nutzdaten byteweise übertragen. Der Master beginnt dabei stets die Kommunikation. Das sendende Gerät legt die acht Bytes nacheinander an die Leitung SDA, wobei mit dem höchstwertigen Bit begonnen wird. Der Master gibt dabei immer den Takt vor und schaltet die Leitung SCL entsprechend der Übertragungsgeschwindigkeit regelmäßig zwischen High und Low um. Der Empfänger kann (muss aber nicht) beim neunten Taktimpuls SDA nach Low ziehen, um so den Empfang der Daten zu bestätigen (ACK). Da keine Prüfsumme oder Ähnliches gebildet wird, beschränkt sich die Anwendung des Busses auf störungsarme Anwendungsbereiche ein.

Um Daten an einen Slave zu übermitteln, sendet der Master zuerst die Startbedingung, dann die Adresse des Slave und dann weitere Datenbytes, die für den Slave bestimmt sind. Die Sendung wird mit dem Stoppmuster beendet und anschließend kann der angesprochene Slave seine Daten an den Master senden, wobei hier lediglich auf die Adresse verzichtet wird, da der Master keine hat.

Abbildung 12.2: *Protokollaufbau I^2C.*

Alternativ ist es auch möglich, dass der Master zwischen einzelnen Daten die Startsequenz wiederholt, ohne dass dem ein Stopp vorausging. Dies ist bei einigen Slaves notwendig, um in einer Übertragung nacheinander mehrere Slaves zu adressieren und Daten an diese zu senden.

12.2 EEPROM per TWI ansteuern

Eine typische Anwendung für I²C ist der Anschluss von zusätzlichen Speichermodulen an den Mikrocontroller. Nicht selten reicht der interne Speicher nicht aus und es wird ein EEPROM benötigt, um Daten extern zu speichern. Dies können z. B. Konfigurationseinstellungen sein, die nur gelegentlich geändert werden, aber dauerhaft abgelegt sein müssen, damit sie auch nach einem Stromausfall wieder verfügbar sind. Sie können das EEPROM auch mit einem zusätzlichen Programmiergerät (welches Sie sich auch mit wenigen Bauteilen selber aufbauen können) programmieren und dann in Ihre Mikrocontroller-Applikation einsetzen, um so dem Hauptprogramm Daten zur Verfügung zu stellen, die den internen Speicher sprengen würden. Dies können zum Beispiel Zeichenketten für die Ausgabe auf einem Display sein. Vor allem mehrsprachige Menüführungen und Hinweistexte etc. kosten viel Speicher (pro Zeichen ein Byte) und eignen sich gut für die Ablage in einem EEPROM, da sie nur ausgelesen und nie vom Programm geändert werden müssen. Ähnlich sinnvoll ist es, Grafiken (z. B. Logos etc.) und Umrechentabellen für Messwertfühler in einem EEPROM zu speichern.

Wie bei jedem EEPROM ist zu beachten, dass es zwar beliebig oft ausgelesen werden kann, aber nur eine begrenzte Anzahl an Schreibzugriffen zuverlässig erlaubt.

12.2.1 Standard Speichertyp 24Cxx

Als universellen EEPROM-Baustein haben sich die Typen mit der Modellbezeichnung 24Cxx etabliert. Die Zahlen am Ende der Typbezeichnung geben die Speichergröße an. Es gibt sie als 8-polige ICs mit einer Speicherkapazität von 1 KBit bis hin zu 1 MBit. Die kleinen und mittleren Größen sind bereits für deutlich weniger als ein Euro erhältlich. Zu beachten ist, dass die Speicherangaben in Bit und nicht in Byte erfolgen. Ein Speicherbaustein mit 16 KBit bietet also 2 KByte Speicher (16 x 1.024 / 8).

Bei der Wahl des passenden Speichers ist ein gründlicher Blick auf die Adressierung der Chips und die der Bytes im Speicher zu werfen - vor allem, wenn mehr als ein Baustein am Bus angeschlossen werden soll. Um ein Byte in einem Speicher zum Lesen oder Schreiben anzusprechen, ist es erforderlich, die Speicherzelle zu adressieren. Ein Schreibzugriff besteht aus dem Senden der Speicherzelle und dem anschließenden Datenbyte.

So lange der Speicherbaustein nur maximal 256 Bytes bietet, können Sie die gewünschte Adresse mit einem einzelnen Byte angeben:

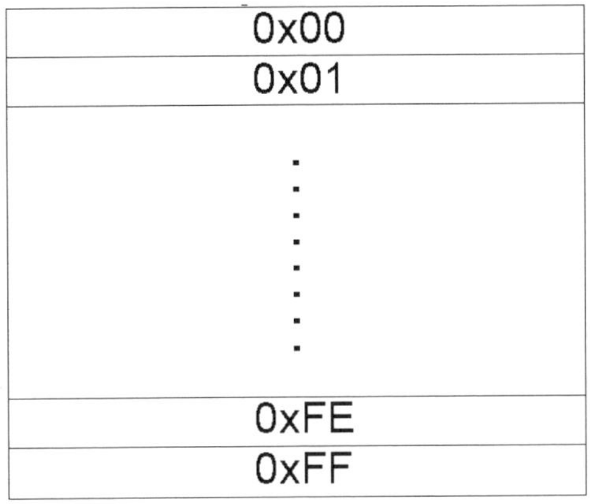

Abbildung 12.3: *Speicherabbild 2 KBit (256 Byte).*

Zusätzlich muss aber noch jeder Speicherbaustein am Bus adressiert werden. Dies geschieht wie gesagt über eine Adresse, die vom Hersteller vorgegeben ist oder die durch die Chipkonfiguration eingestellt werden kann. Bei den 24Cxx-Speichern ist es eine Kombination aus beidem. Die Basisadresse eines jeden Chips ist

1	0	1	0	A2	A1	A0	R/W

Das niedrigwertige Bit gibt die Datenrichtung an, so dass drei Bits für die individuelle Adresskonfiguration verbleiben. Diese wird über die drei Anschlusspins A0...A2 eingestellt, indem diese mit Masse oder der Versorgungsspannung verbunden werden. Es können also acht verschiedene Adressen eingestellt werden und am Bus bis zu acht Module genutzt werden:

HSB				**A2**	**A1**	**A0**	**R/W**	**R/W=0**	**R/W=1**
1	0	1	0	0	0	0	x	A0h	A1h
1	0	1	0	0	0	1	x	A2h	A3h
1	0	1	0	0	1	0	x	A4h	A5h
1	0	1	0	0	1	1	x	A6h	A7h
1	0	1	0	1	0	0	x	A8h	A9h
1	0	1	0	1	0	1	x	AAh	ABh
1	0	1	0	1	1	0	x	ACh	ADh
1	0	1	0	1	1	1	x	AEh	AFh

Es kann aber sein, dass gar nicht alle Adresspins auch am Chip nutzbar sind. Je nach Typ sind dann zwar alle Pins physikalisch vorhanden, aber intern nicht beschaltet, so dass nur mit ein oder zwei der Pins die Adresseinstellung möglich ist. Dann können auch nur so viele Module am Bus angeschlossen werden, wie einzeln adressierbar sind.

Verbinden Sie also zum Beispiel die drei Anschlusspins A0 und A1 am Chip mit Masse sowie A2 mit der Versorgungsspannung und wollen Sie schreibend auf eine Speicheradresse zugreifen (R/W=0), dann wird als Adresse für den Chip im I²C-Protokoll A8h gesendet. Anschließend senden Sie die Speicheradresse innerhalb des Chips und dann das zu schreibende Byte.

Aufwendiger wird es bei größeren Speichern, wenn mehr Speicherzellen vorhanden sind, als mit einem Byte adressiert werden können. Hierfür gibt es zwei Verfahren. Bei dem einen wird der Speicher in so genannte Pages (engl.: Seiten) unterteilt. Eine Page besteht aus 256 Byte. Innerhalb einer Page kann deshalb jede Speicherzelle wie zuvor angesprochen werden. Zuvor muss allerdings die gewünschte Page selektiert werden.

Abbildung 12.4: *Exemplarisches Speichermodul mit 3x256 Byte.*

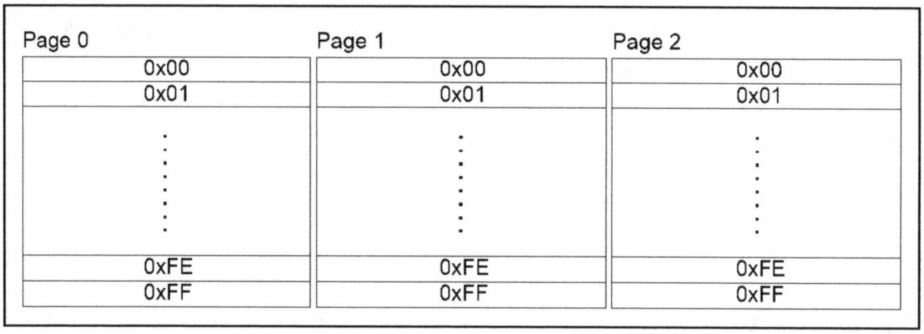

Die Auswahl, welche Page Sie gerade lesen oder beschreiben wollen, erfolgt bei einige Typen über die Busadresse des Chips. Dafür werden dann die Adressleitungen A0...A2 ganz oder teilweise geopfert. Eine möglicher Aufteilung kann so aussehen:

1	0	1	0	A2	P1	P0	R/W

Nur über den Pin A2 kann dieser Chip hardwareseitig auf eine von zwei Adresse geschaltet werden. A0 und A1 sind zwar als Pin am IC vorhanden, aber intern nicht beschaltet, so dass es egal ist, ob diese Pins angeschlossen werden oder nicht. Es können also maximal zwei solcher Chips an den Bus angeschlossen werden. Über P0 und P1 erfolgt die Auswahl der Page (vier vorhandene), die beim jeweiligen Datenzugriff benutzt werden soll. Möchten Sie beispielsweise in einem Chip, bei dem A2 mit Masse verbunden wurde, auf die Speicherzelle 50 der Page 3 schreibend (R/W=0) zugreifen, senden Sie als Busadresse A6h (1010 0110b) und dann 50 (32h) für die Adresse der Speicherzelle.

Eine andere Technik, größere Speicherbereiche zu adressieren, besteht darin, zwei Adressbytes zu benutzen. Dadurch wird es möglich, die Adressierungspins des Chips wieder für ihre eigentliche Aufgabe zu nutzen, um mehrere ICs am Bus über verschiedene Basisadressen ansprechen zu können. Mit zwei Bytes für die Speicheradresse können 65.536 Speicherzellen adressiert werden, was genau den 64 KByte eines 512 KBit EEPROMs entspricht.

Zur Adressierung der Speicherzelle wird zuerst das höherwertige Byte der Adresse über den Bus gesendet, nach dem die Adresse für den Chip übertragen wurde.

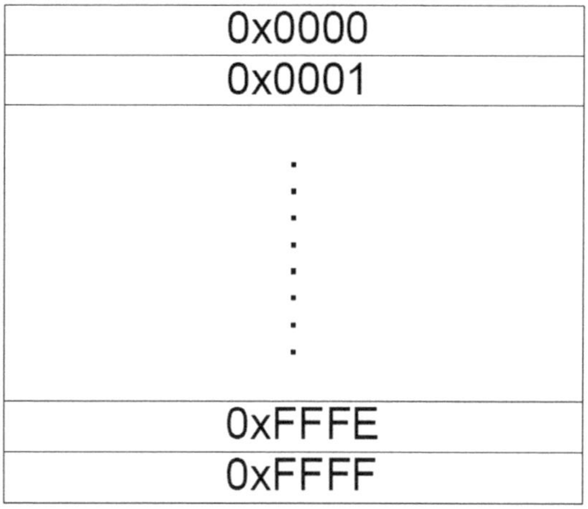

Abbildung 12.5: *Speicherabbild 512 KBit EEPROM.*

Dieses Verfahren kann natürlich auch noch einmal mit der Aufteilung in Pages kombiniert werden, um noch größere Speicher zu realisieren, wie es zum Beispiel für die 1 MBit (128 KByte) Varianten notwendig ist.

Eine Auflistung aller verfügbaren 24Cxx EEPROM Typen und deren Speicheradressierungsmodell finden Sie u. a. in dem Dokument „Interfacing AT24CXX Serial EEPROMs with AT89CX051 MCU“ (http://www.atmel.com/dyn/resources/prod_documents/doc0507.pdf) von Atmel.

Um einen Wert aus dem EEPROM auszulesen, sind zwei Zugriffe des Masters auf den Bus notwendig:

- Senden der Startsequenz.
- Senden der Geräteadresse (ggf. inkl. Angabe der Page) bei gelöschtem R/W-Bit (schreibender Zugriff).
- Senden der Speicherzellenadresse.

Diesem ersten Zugriff folgt ein lesender:

- Senden der Geräteadresse (ggf. inkl. Angabe der Page) wie zuvor bei gesetztem R/W-Bit (lesen).
- Empfangen des Datenbytes.
- Senden des Stoppzeichens.

Zusätzlich zu den in den bisherigen Ausführungen angesprochenen Adressierungspins verfügen die 24Cxx Speicher auch noch über die Möglichkeit, den Speicher hardwareseitig vor Schreibzugriffen zu schützen. Dazu ist der Pin WP vorgesehen. Liegt dieser auf logisch 1, sind keine Schreibzugriffe möglich – lesen ist stets erlaubt. In der alltäglichen Praxis werden

Sie deshalb vermutlich den Pin dauerhaft mit Masse verbinden, um den Schreibschutz permanent zu deaktivieren.

Ein weiteres Augenmerk muss man auf den Umstand richten, dass der Schreibvorgang eines Bytes ins EEPROM mit etwa 5 ms relativ lange dauert. Das Programm muss darauf warten, bevor es erneut mit dem EEPROM kommunizieren kann.

12.2.2 TWI am Mini-Mega-Board

Um das Two-Wire Interface zu demonstrieren, wird ein EEPROM vom Typ 24C16 verwendet. Dieser verwendet zur Speicheradressierung das Page-Verfahren und kann nur einmal an den Bus angeschlossen werden, da er die Adresspins A0...A2 nicht unterstützt. Selbstverständlich können Sie auch andere Speichertypen verwenden, müssen dann aber darauf achten, wie diese adressiert werden.

Abbildung 12.6: EEPROM 24C16 am I^2C-Bus.

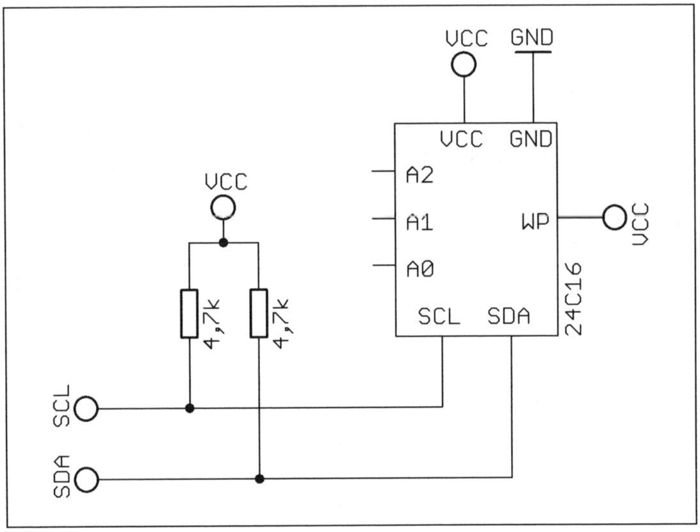

Wie auch schon beim U(S)ART und anderen I/O-Funktionen, sind die Anschlusspins für das integrierte TWI beim AVR fest vorgegeben und nutzen die Mehrfachbelegung eines Pins. Ein weiterer Vorteil der TWI-Einheit im AVR ist, das sie Spannungsspitzen unterdrücken kann, wie sie bei der schnellen Umschaltung der Portzustände auftreten können.

Da I^2C verschiedene Übertragungsraten ermöglicht, ist es notwendig, die gewünschte Bitrate anzugeben. Üblicherweise wird man hierbei die 100 KHz des Standard mode nutzen wollen. Für die Konfiguration gibt es das TWI Bit Rate Register (TWBR) und die TWI Prescaler Bits (TWPS) im Register TWSR. Im Datenblatt des AVR finden Sie die Berechnung der I2C-Bitrate in Abhängigkeit dieser Einstellungen und unter Berücksichtigung der jeweiligen Taktrate für den μC. Für gängige CPU Taktraten von 4 oder 8 MHz wird der Prescaler meistens auf den Wert 1 gesetzt, wozu die TWPS Bits nicht geändert werden müssen, da sie auf Null verbleiben. Im Programm kann dann der Inhalt des Registers TWBR einfach berechnet werden, indem man die im makefile angegebene Taktrate und die I^2C-Bitrate in Herz einsetzt:

```
TWBR = (F_CPU / 100000UL - 16) / 2;
```

Ein- und ausgehende Daten werden im Register TWDR abgelegt. Das Senden erfolgt dann durch Setzen von Bits im TWI Control Register (TWCR). Wurde ein Byte empfangen, setzt der AVR ebenfalls im Register TWCR Bits, so dass das Programm das Byte dann auslesen kann.

Im Ordner `I2C` finden Sie ein Programm, welches die Nutzung des TWI demonstriert. Dazu werden drei Bytes im EEPROM abgespeichert und anschließend wieder ausgelesen und als Binärcode an den LEDs an Port B angezeigt. Zwischen den einzelnen Lesevorgängen wird eine kleine Pause eingelegt, so dass Sie die einzelnen Werte gut erkennen können. Haben Sie beim ersten Programmdurchlauf drei Zahlen im EEPROM gespeichert, können Sie die Schreibzugriffe auch probeweise einmal auskommentieren, das Programm neu übersetzen und in den Mikrocontroller übertragen und die Stromversorgung unterbrechen. Wie nicht anders zu erwarten, sind die Speicherinhalte weiterhin unverändert verfügbar und können ausgelesen werden. Das Programm ist eine abgespeckte Version der Nutzungsmöglichkeiten von I2C und soll nur den Einsatz bei Zugriffen auf ein EEPROM vom Typ 24Cxx aufzeigen. Für eine sichere Übertragung sind zusätzliche Statusüberprüfungen etc. notwendig. Im Web finden Sie zahlreiche umfangreichere Protokollumsetzungen, die allerdings für ein erster Verständnis zu umfangreich sind. Exemplarisch sei hier auf die Application Note AVR315 (http://www.atmel. com/dyn/products/app_notes.asp?family_id=607) hingewiesen, zu der auch ein umfangreicher C-Code gehört.

Betrachten Sie die Funktionen des Beispielcodes im Detail und beginnen Sie beim Start der Übertragung:

```
void i2c_start(void)
{
    TWCR = _BV(TWINT) | _BV(TWSTA) | _BV(TWEN);      // send start condition
    while ((TWCR & _BV(TWINT)) == 0) ;               // wait for transmission
}
```

Gemäß I^2C wird jede Kommunikation seitens des Masters mit einer Startsequenz eingeleitet. Wie bei allen Datentransfers übernimmt das TWI-Modul im AVR die notwendigen Signalsteuerungen, wenn Sie im Register TWCR die erforderlichen Bits setzen. Grundsätzlich ist es erforderlich, das TWINT Flag der Interruptbehandlung zu löschen, indem in das gleichnamige Register TWINT eine logische Eins geschrieben wird. Das Bit zeigt im weiteren Verlauf dann den Abschluss der Kommunikation an. Bevor TWINT gesetzt wird, müssen alle anderen Register ggf. bereits beschrieben worden sein.

Mit dem TWI Enable Bit TWEN schalten Sie das Two-Wire Interface ein, welches dann auch die Kontrolle der zwei I/O-Pins SDA und SCL übernimmt.

Damit das Interface eine Startsequenz sendet, müssen Sie nur noch das Bit TWSTA setzen. Anschließend wird in der while-Schleife darauf gewartet, dass das Bit TWINT vom Mikrocontroller wieder gesetzt wird, um das Ende der Übertragung anzuzeigen.

Die Stoppsequenz wird auf ähnliche Weise generiert, nur das jetzt das Bit TSSTO gesetzt wird und das Ende der Kommunikation nicht abgewartet wird:

```
void i2c_stop(void)
{
    TWCR = _BV(TWINT) | _BV(TWSTO) | _BV(TWEN);     // send stop condition
}
```

Um ein Byte zu senden, ist es erst einmal unerheblich, ob es sich dabei um ein Datenbyte oder die Busadressierung handelt. Sie müssen sich auch nicht darum kümmern, ob der Slave ein ACK-Bit beim neunten Taktimpuls sendet oder nicht, da dies die Hardware für Sie übernimmt. Zuerst wird das Datenbyte in das Register TWDR geschrieben. Anschließend wird die Übertragung wie schon zuvor gestartet – ebenso das Warten auf die Beendigung der Sequenz:

```
void i2c_send(uint8_t DataByte)
{
    TWDR = DataByte;
    TWCR = _BV(TWINT) | _BV(TWEN);     // clear interrupt to start transmission
    while ((TWCR & _BV(TWINT)) == 0) ;  // wait for transmission
}
```

Der Empfang eines Zeichens ist ein klein wenig aufwendiger. Hierbei muss berücksichtigt werden, ob das empfangene Byte vom Master zum Schluss mit einem ACK bestätigt werden muss. Dazu ist im Datenblatt des Slave nachzuschauen, was dieser erwartet. Damit die Routine universell eingesetzt werden kann, kann der Funktion übergeben werden, ob ein ACK gesendet werden soll (1) oder nicht. Das Senden des ACK wird durch die TWI Hardware übernommen, wenn das Bit TWEA gesetzt ist. Wie immer wird die Übertragung durch Setzen von TWEN und TWINT aktiviert, wobei es keinen Unterschied zwischen Senden und Empfangen gibt. Die Hardware weiß aufgrund der Abfolge der zuvor ausgeführten Anweisungen, dass sie jetzt Daten empfangen soll und dazu lediglich das Taktsignal generieren muss. Dies wird daran erkannt, dass zuvor Daten gesendet wurden, bei denen das niedrigwertigste Bit gesetzt gewesen war (s. u.).

Wie immer wird auf das Ende der Datenübertragung (angezeigt durch das Bit TWINT) gewartet. Danach wird der Inhalt des Datenregisters TWDR als Rückgabewert der Funktion an den Funktionsaufruf zurückgegeben.

```
uint8_t i2c_receive(uint8_t ack)
{
    if (ack == 1)
        TWCR = _BV(TWINT) | _BV(TWEA) | _BV(TWEN);
    else
        TWCR = _BV(TWINT) | _BV(TWEN); // clear interrupt to start transmission
    while ((TWCR & _BV(TWINT)) == 0) ; // wait for transmission
    return TWDR;
}
```

Damit haben Sie schon alle Funktionen zusammen, die Sie für Zugriffe auf den I^2C-Bus benötigen. Um die praktische Anwendung zu demonstrieren, ist im Programm noch je eine Funktion zum Speichern und Lesen eines Bytes im EEPROM vorhanden.

```
1 void EEPROM_ByteWrite(uint16_t addr, uint8_t wert)
2 {
3 again:
4     i2c_start();
5     i2c_send(BASEADR | TW_WRITE);
6
7     // Pruefen, ob Adressbyte angenommen wurde
8     if ((TWSR & 0xF8) != 0x18)
9     {
10        i2c_stop();
11        goto again;
12    }
13
14    //  i2c_send(addr >> 8, 0);     // bei 16-Bit Adressierung HSB zuerst
15    i2c_send(addr);
16
17    i2c_send(wert);
18    i2c_stop();
19    _delay_ms(5);               // warten fuer 24Cxx
20 }
```

Das oben vorgeschlagene Speichermodul 24C16 besitzt keine Möglichkeit der Busadressierung. Die Basisadresse ist fix auf A0h eingestellt. Weiterhin erfolgt die Speicheradressierung seitenweise nach dem Page-Verfahren. Das Programm nutzt aber lediglich die erste Page, da die Basisadresse nicht modifiziert wird. Dies ist am Anfang des Programms als Konstante BASEADR angegeben worden. Wenn Sie ein anderes Modul mit anderer Busadresse verwenden oder auf andere Pages zugreifen wollen, müssen Sie dies dort anpassen oder das Programm so modifizieren, dass Sie zusätzlich noch an die Funktion EEPROM_ByteWrite und EEPROM_ByteRead die Page übergeben können.

In Zeile 5 wird nach der vorangegangenen Übertragung der Startsequenz die I^2C Busadresse gesendet. Hier müssten Sie ggf. dann noch die Pageangabe mit der Basisadresse verknüpfen. Die Adresse wird mit der Konstanten TW_WRITE (gleich 0) Oder-Verknüpft. Das ist gemäß I^2C Protokoll die Kennzeichnung dafür, dass ein schreibender Zugriff auf den adressierten Slave erfolgen soll. Anhand dieses LSB erkennt die TWI Hardware im AVR auch, ob Daten gesendet oder empfangen werden sollen. Diese und andere Konstanten finden Sie auch in der Datei AVR/INCLUDE/UTIL/TWI.H, so dass Sie diese nicht selber deklarieren müssen, wenn Sie die Headerdatei einbinden.

Anschließend wird der Inhalt des Statusregister TWSR überprüft. Dies ist für eine sichere Nutzung eigentlich öfter notwendig. Im Falle des kleinen Beispiels hier mit nur einem Slave wahrscheinlich gar nicht und dient nur der Veranschaulichung, wie das Register genutzt werden kann. Zuerst wird der Inhalt des Registers mit F8h (1111 1000b) Und-Verknüpft. Dies ist notwendig, um die unteren drei Bits zu eliminieren. Diese repräsentieren in dem Register nämlich den Prescaler bzw. sind bisher ungenutzt und gehören nicht zur Statusberechnung. Nun kann der Wert im Statusregister mit den möglichen Werten aus dem Datenblatt des AVR verglichen werden (Tabelle Status Codes for Master Transmitter Mode). Der Wert 18h bedeutet beispielsweise, dass ein Adressbyte für den Schreibzugriff auf den Slave vom Master erfolgreich gesendet wurde. Ist dies nicht der Fall, dann wird vom Programm eine Stoppsequenz gesendet und die Übertragung erneut probiert, wozu (etwas untypisch für C – aber wesentlich übersichtlicher in diesem Fall) ein Sprungbefehl an den Anfang der Funktion genutzt wird.

Nachdem die Busadresse gesendet wurde, kann die Speicherzellenadresse und dann der eigentliche Datenwert gesendet werden. Wird bei Ihrem Speicherchip eine 16-Bit Adressierung genutzt, müssen Sie die Adresse in zwei Bytes zerlegen und zuerst das höherwertige übertragen. Entfernen Sie dazu die Kommentarzeichen in Zeile 14.

Damit ist das Speichern eines Bytes abgeschlossen und die Stoppsequenz schließt die Übertragung ab. Ein Blick ins Datenblatt der 24Cxx-Typen zeigt, dass es bis zu 5 ms dauern kann, bis der Schreibzugriff im Chip abgeschlossen ist. Deshalb wird jetzt noch kurz gewartet. Dies könnte zwar auch eleganter durch Auswerten der ACK Signale geschehen, aber so ist es fürs erste Verständnis weniger kompliziert.

Das Lesen einer Speicherzelle funktioniert ähnlich:

```
1 uint8_t EEPROM_ByteRead(uint16_t addr)
2 {
3     uint8_t wert;
4
5     i2c_start();
6     i2c_send(BASEADR | TW_WRITE);
7
8     //  i2c_send(addr >> 8, 0);       // bei 16-Bit Adressierung HSB zuerst
9     i2c_send(addr);
10
11    i2c_start();
12    i2c_send(BASEADR | TW_READ);
13    wert = i2c_receive(0);
14    i2c_stop();
15    return wert;
16 }
```

Nach der Startsequenz wird zuerst die Busadresse an den Slave gesendet, wobei hier das LSB für R/W Low sein muss, da anschließend zuerst einmal ein Schreibzugriff auf den Slave erfolgen soll: Das Übertragen der Speicherzellenadresse (ggf. wieder bei 16-Bit Adressierung die Kommentarzeichen in Zeile 8 entfernen).

Jetzt wird vom Master erneut eine Startsequenz gesendet und danach diesmal auch die Busadresse des Slaves bei gesetztem Bit R/W, da der Slave anschließend senden soll. Der Datenempfang muss laut Datenblatt zum 24Cxx aber nicht mit ACK beantwortet werden, weshalb die Empfangsfunktion mit dem Übergabewert 0 aufgerufen wird.

Nachdem das Datenbyte empfangen wurde, kann die Kommunikation beendet werden und das Byte wird von der Funktion ans Hauptprogramm zurückgegeben.

Ein Auszug aus dem Hauptprogramm zeigt, wie einfach sich nun die Nutzung des I²C-Bus gestaltet:

```
int main(void)
{
    uint8_t wert=0;

    DDRB = 0xFF;            // Port B (LEDs) als Ausgang
    TWBR = (F_CPU / 100000UL - 16) / 2;     // TWI Baudrate 100KHz

    EEPROM_ByteWrite(0,0b11110000); // Wert im EEPROM an Adresse 0 (Page 0)speichern

    wert = EEPROM_ByteRead(0);   // Wert aus EEPROM Adresse 0 (Page 0) auslesen
    PORTB = wert;                 // Wert auf LEDs

    return 0;
}
```

12.3 Das Serial Peripheral Interface (SPI)

SPI basiert wie auch I²C auf dem Busprinzip mit einem Master und mehreren Slaves. Der Master gibt den Bustakt auf der Leitung SCK vor und initiiert die Kommunikation. Ein Slave darf nur nach Aufforderung Daten senden. Damit ein Slave weiß, das die Daten auf dem Bus an ihn adressiert sind, gibt es für jeden Slave eine eigene Datenleitung, die statt der üblichen Bezeichnung Chip Select den Namen Salve Select (SS) trägt. Die Leitung ist Low-Aktiv – der jeweilige Slave ist also solange selektiert, wie die Leitung eine logische 0 führt.

Für die Datenübertragung gibt es zwei getrennte Leitungen. Daten vom Master an den Slave werden über MOSI (Master Out Slave In) gesendet. Der Slave antwortet dann auf MISO (Master In Slave Out). Wie Sie sehen, kennen Sie diese Bezeichner schon, denn es die gleichen Datenleitungen, die Sie von der In System Programmierung (s. S. 32) her kennen – auch diese nutzt das Serial Peripheral Interface.

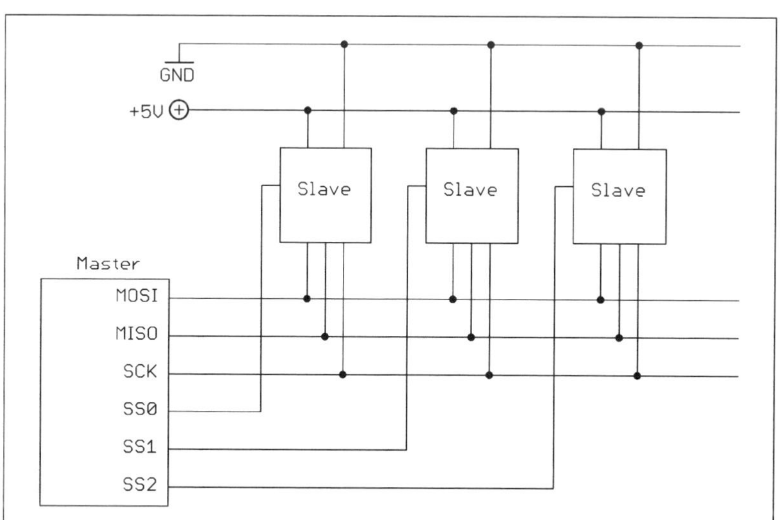

Abbildung 12.7: *SPI Bustopologie.*

Bei der Entwicklung von SPI wurde kein spezielles Protokoll festgelegt. So haben sich zahlreiche Varianten am Markt entwickelt und jedes Gerät kann hier eigene Wege gehen, was den Einsatz nicht gerade vereinfacht. Allerdings haben sich in der Praxis vier verschiedene Modi 0...3 durchgesetzt, welche sich über die zwei Parameter Clock Polarität (CPOL) und Clock Phase (CPHA) definieren. Bei CPOL=0 ist der Clock Idle Low , bei CPOL=1 ist er Idle High. CPHA gibt nun an, bei der wievielten Flanke nun die Daten übernommen werden sollen. Bei CPHA=0 werden sie bei der ersten Flanke übernommen, nachdem SS auf Low gezogen wurde, bei CPHA=1 bei der zweiten. Da es für das erste Verständnis nicht auf die einzelnen Details des Protokollablaufs ankommt, wird auf eine ausführliche Darstellung verzichtet, zumal sich die Hardware des AVRs bei den vier Modi um den Ablauf kümmert.

Mode	CPOL	CPHA
0	0	0
1	0	1
2	1	0
3	1	1

Anzumerken sei noch, dass nicht alle AVRs ein Serial Peripheral Interface integriert haben. Vor allem bei den kleineren Typen ist dies nicht vorhanden und müsste per Software realisiert werden. Es gibt verschiedene Application Notes (http://www.atmel.com/dyn/products/app_notes.asp?family_id=607) von Atmel zu diesem Thema, die auch zeigen, wie man den USART oder USI für SPI nutzen kann: AVR317, AVR319 und AVR320.

12.3.1 SPI zwischen ATmega16 und ATmega8

Um SPI in einem eigenen Projekt auszuprobieren, benötigen Sie einen Slave, so dass das Mini-Mega-Board als Master fungieren kann. Anstatt auf einen fertigen Baustein zurückzugreifen, wird der ATmega8 aus dem Einführungskapitel *Erste Schritte mit dem μC* (ab Seite 56) benutzt, in den eine minimalistische Slave Applikation gebrannt wird. Da der Master den Takt vorgibt, ist es kein Problem, dass der μC nur mit dem internen Taktgenerator arbeitet und dabei etwas ungenau ist. Bauen Sie den ATmega8 genauso auf, wie beim ersten Mal.

Im Projektordner `SPI` finden Sie zwei Unterordner, die den Code für den Master und den Slave enthalten. Verbinden Sie den ATmega8 wie gewohnt mit dem ISP Brenner und übertragen Sie den Code für den Slave in den Speicher. Die Fuse Bits werden auch so wie im Einführungskapitel gesetzt und brauchen nicht geändert zu werden, wenn Sie den gleichen Prozessor wie beim ersten Versuch benutzen.

Schließen Sie ein LC-Display an das Mini-Mega-Board und brennen Sie den Maschinencode für den Master in den ATmega16. Damit die Signalleitungen nicht unnötig belastet werden, sollten die LEDs auf dem Board durch Öffnen von JP1 deaktiviert werden.

Bei der Verwendung eines AVRs als Master in Verbindung mit dem in der Hardware vorhandenen SPI sind die Pins für die Leitungen MOSI, MISO und SCK fest vorgegeben. Wenn der Master nur Daten senden soll, können Sie auch darauf verzichten, MISO zu beschalten. Für den hier gezeigten Einsatz wird MISO aber verwendet. Der Eingang SS wird nur benötigt, wenn der Prozessor als Slave auftritt. Deshalb müssen Sie diesen Eingang des ATmega8 auch mit einem beliebigen I/O-Pin des Mini-Mega-Board verbinden. Da jeder Slave eine separate Leitung für das Slave Select besitzt, übernimmt die Hardware des Masters nicht die Ansteuerung des Slave Select. Sie müssen selbst vor Beginn einer Übertragung den Slave auswählen, indem Sie die Leitung, die mit SS des Slave verbunden ist, auf Low ziehen und ggf. andere SS-Leitungen auf High legen. Nach Beendigung der Kommunikation ist es Ihre Aufgabe, die Leitung SS wieder auf High zu schalten, um den Slave vom Bus abzukoppeln. Exemplarisch wird Pin PB0 des Master mit SS am Slave verbunden. Achten Sie darauf, dass die gezeigte Verbindung zwischen Master und Slave die Kommunikation beim Brennen eines der beiden Prozessoren per ISP beeinträchtigt und Sie deshalb die Verbindung zwischen beiden AVRs ggf. trennen müssen, wenn Sie später eigene Entwicklungen testen.

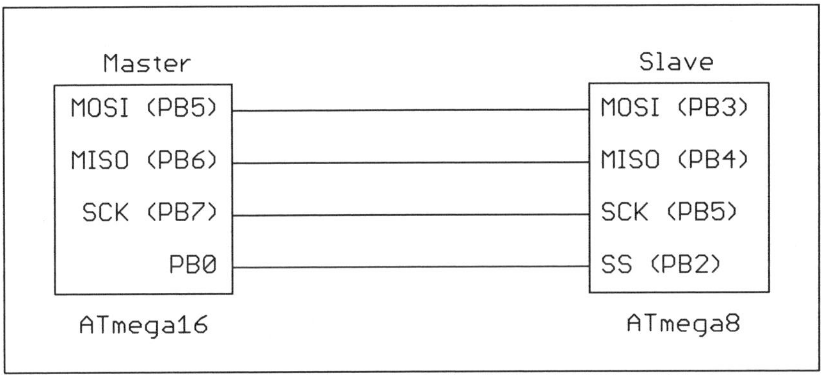

Abbildung 12.8: *Verbindung Master und Slave bei SPI mit Slave Select an PB0 des Master.*

Haben Sie alles aufgebaut, können Sie die Versorgungsspannung für beide Prozessoren anlegen. Der Slave wartet nun darauf, dass der Master ein Byte sendet. Wurde dieses empfangen, wird zur Kontrolle die LED am ATmega8 eingeschaltet. Zudem sendet der Slave ein Byte zurück an den Master und dieser zeigt den Zahlenwert des Bytes auf dem Display an.

Der Ablauf der Datenübertragung ist relativ einfach in C zu realisieren. Betrachten wir zuerst den Master: Zuerst einmal müssen die Ein- und Ausgänge manuell auf die passende Datenrichtung eingestellt werden. Dabei gibt es die Stolperfalle, dass auch unbedingt die Leitung SS neben MOSI und SCK als Ausgang definiert sein muss, da ansonsten die SPI Hardware davon ausgeht, den Mikrocontroller als Slave zu betreiben – auch wenn im folgenden Schritt SPE auf High gesetzt wird. Da Sie auch Daten empfangen wollen, wird MISO als Eingang betrieben. Über das SPI Control Register (SPCR) wird das Interface aktiviert sowie in den Master-Betrieb versetzt. Über die Bits SPR0 und SPR1 sowie ggf. über SPI2X im Register SPSR wird die Taktrate eingestellt. Um eine sichere Übertragung auch bei einer provisorischen Verkabelung des Datenbus' zu gewährleisten, wird die Taktrate auf 1/64 der CPU Taktrate eingestellt.

```
#define DDR_SPI                                  DDRB    // SPI Portrichtungsregister
#define DD_MOSI                                  DDB5    // SPI Pin MOSI
#define DD_MISO                                  DDB6    // SPI Pin MISO
#define DD_SCK                                   DDB7    // SPI Pin Clock
#define DD_SS                                    DDB4       // SPI Pin Slave Select

void SPI_MasterInit(void)
{
    DDR_SPI |= (1<<DD_MOSI) | (1<<DD_SCK) | (1<<DD_SS);// SS, MOSI und SCK Ausgabe
    DDR_SPI &= ~(1<<DD_MISO);                               // MISO Eingang

    SPCR = (1<<SPE)|(1<<MSTR)|(1<<SPR1); // Enable SPI, Master, clock rate fck/64
}
```

Um möglichst einfach an andere Prozessoren und deren I/O-Pins angepasst zu werden, wurden die Register für die Datenrichtungseinstellungen als Konstanten am Programmanfang defniert.

Zum Senden eines Bytes ist es nur erforderlich, dass Byte ins Datenregister SPDR zu kopieren und auf das Ende der Übertragung zu warten, was durch das Bit SPIF signalisiert wird oder durch das Auslösen eines Interrupts, wie es im Code des Slave demonstriert wird.

```
void SPI_MasterTransmit(char data)
{
    SPDR = data;                     // Uebertragung starten
    while(!(SPSR & (1<<SPIF)));      // warte bis Uebertragung abgeschlossen
}
```

Der Datenempfang erfolgt ebenso einfach: Es wird darauf gewartet, dass die Übertragung abgeschlossen ist, und dann wird das empfangene Byte aus dem Datenregister abgeholt.

Das Hauptprogramm muss vor der Datenübertragung noch dafür sorgen, dass der gewünschte Slave, an den die Daten gesendet werden sollen, über die frei gewählte Slave Select Leitung aktiviert wird. Im Musteraufbau wurde SS des Slave mit PB0 verbunden und so muss PB0 als Ausgang betrieben werden und wird zu Beginn auf Low geschaltet.

Das Beispielprogramm überträgt dann eine Zahl an den Slave und wartet auf den Empfang eines Bytes. Am Ende wird Slave Select wieder auf High geschaltet, so dass der Slave deaktiviert wird. Die vom Master empfangene Zahl wird anschließend auf dem Display ausgegeben.

```
int main(void)
{
    char zahl;

    lcd_ini();
    lcd_writetext ("     *** SPI ***");

    DDRB |= (1 << DDB0);          // Slave Select Pin zum ATmega8 als Ausgang
    PORTB &= ~(1 << PB0);         // PB0 = 0 => Slave Select ATmega8

    SPI_MasterInit();
    SPI_MasterTransmit(1);
    zahl = SPI_MasterReceive();
```

```

    PORTB |= (1 << PB0);          // PB0 = 1 => Slave un-Select ATmega8

    lcd_gotoline (2);
    lcd_writetext ("Emfangen: ");
    lcd_writezahl (zahl, 3, 0);

    return 0;
}
```

Im Slave sind Sie Abläufe nicht wesentlich anders. Zur Initialisierung werden alle SPI Leitungen bis auf MISO als Eingang betrieben. Damit ein Interrupt ausgelöst wird, wenn ein Byte empfangen wurde, wird das SP-Interface aktiviert und das Bit SPIE (SPI Interrupt Enable) gesetzt.

```
void SPI_SlaveInit(void)
{
    DDR_SPI = (1<<DD_MISO);         // MISO Ausgang, alle andere Eingang
    SPCR = (1<<SPE)|(1<<SPIE);      // Enable SPI
}
```

Die Interruptbehandlungsroutine holt das empfangene Byte aus dem Datenregister und wertet es aus. Wurde vom Master eine 1 gesendet, bestätigt der Slave dies durch Senden einer 100. Zudem wird die LED eingeschaltet.

```
ISR (SPI_STC_vect)
{
    char zahl;
    zahl = SPDR;                    // Zeichen aus Empfangspuffer holen
    if (zahl == 1)
        SPI_SlaveTransmit(100);
    else
        SPI_SlaveTransmit(0);

    DDRD |= (1 << DDD0);            // PD0 als Ausgang fuer LED
    PORTD |= (1 << PD0);            // LED ein
}
```

13. Beispielprojekte

Die nachfolgenden Projekte sind als kleine Anregung für eigene Entwicklungen gedacht. Es handelt sich dabei um typische Ideen, die Anfänger aber auch fortgeschrittene Anwender gerne mit einem Mikrocontroller realisieren wollen, und die in einschlägigen Diskussionsforen im Internet immer wieder besprochen werden. Die Zusammenstellung kann sich selbstverständlich nur auf einige Themen beschränken. Zudem sind die Projekte mit Absicht nicht perfektioniert worden, sondern bieten großen Freiraum für eigene Erweiterungen. Es wird auch darauf verzichtet, den Sourcecode detailliert zu besprechen. Mit dem Wissen, welches Sie sich in den vorausgegangenen Kapiteln angeeignet haben, sollten Sie anhand der Kommentare aber durchaus in der Lage sein, das Funktionsprinzip nachzuvollziehen. Der Schwerpunkt soll darauf liegen, Ihnen das jeweilige Grundprinzip zu veranschaulichen und ein lauffähiges Projekt nachzubauen, mit dem Sie dann selber experimentieren können.

13.1 Funkuhr mit DCF77 Signal

Bei Frankfurt/Main steht der Zeitsignalsender mit der Funkkennung DCF77, der die meisten handelsüblichen Funkuhren mit der genauen Zeit- und Datumsinformation versorgt (http://www.ptb.de/de/org/4/44/442/dcf77_1.htm). Der Empfang dieser Daten ist kostenfrei für jedermann möglich. Sicher haben auch Sie eine Funkuhr in Ihrem Haushalt. Für viele Mikrocontroller-Anwender ist es ein faszinierendes Projekt, das Zeitsignal zu empfangen, auszuwerten und anzuzeigen. Auch wenn es nicht rentabel ist, einen eigenen Funkwecker aufzubauen, da die Einzelteile weit mehr kosten, als einfache Wecker, die man schon für deutlich unter zehn Euro bekommt, reizt das Thema trotzdem. Zum einen möchte man vielleicht die aktuelle Zeit und das Datum in einer größere Applikation integrieren. Andererseits ist es auch einfach interessant, das codierte Signal zu entschlüsseln und zu verstehen.

13.1.1 Aufbau des Zeitsignals

Die Zeitinformationen für die nächste Minute werden digital innerhalb einer Minute übertragen. Ab 13:25:00 wird also die Information für die Zeit 13:26:00 gesendet. Das bedeutet schon mal, das die Sendung keine direkte Information über die aktuelle Sekunde enthält. Die Sekunden müssen vom Empfänger ggf. selber kontinuierlich berechnet werden. Als Hilfsmittel kann hierfür der Umstand genutzt werden, dass jede Sekunde ein Bit der Zeitinformation gesendet wird.

Innerhalb einer Minute werden 59 Bits (eins pro Sekunde) gesendet, die sich wie folgt aufteilen:

Bit/Sekunde	
0...14	Seit Ende 2006: Wetterinformationen der Firma MeteoTime sowie Informationen des Katastrophenschutzes. Die Wetterinformationen sind verschlüsselt und können nur mit einem kostenpflichtigen Algorithmus decodiert werden, weshalb diese Bits ignoriert werden können.
15	Rufbit, um Unregelmäßigkeiten in den Steuereinrichtungen zu signalisieren und die für DCF77 verantwortlichen Mitarbeiter der PTB in Braunschweig zu alarmieren. Kann ignoriert werden.
16	1: Am Ende dieser Stunde wird MEZ/MESZ umgestellt
17	0: MEZ; 1: MESZ (zusammen mit Bit 17)
18	1: MEZ; 0: MESZ
19	1: Am Ende dieser Stunde wird eine Schaltsekunde eingefügt
20	Startbit (immer 1)
21...27	Minute (BCD-kodiert, Werte der einzelnen Bits: 1, 2, 4, 8, 10, 20, 40)
28	Parität Minute
29...34	Stunde (1, 2, 4, 8, 10, 20)
35	Parität Stunde
36...41	Monatstag (1, 2, 4, 8, 10, 20)
42...44	Wochentag (1, 2, 4); 1=Montag
45...49	Monat (1, 2, 4, 8, 10)
50...57	Jahr (1, 2, 4, 8, 10, 20, 40, 80); nur zweistellig
58	Parität Datum

Wird beispielsweise die (nicht reale) Bitfolge

0	1	2	3	4	5	6	7	8	9	10	11	12	13	14
x	x	x	x	x	x	x	x	x	x	x	x	x	x	x
15	16	17	18	19	20	21	22	23	24	25	26	27	28	29
x	0	1	0	0	1	0	1	1	0	0	0	0	0	1
30	31	32	33	34	35	36	37	38	39	40	41	42	43	44
1	0	0	1	0	1	0	1	1	0	0	0	1	1	1
45	46	47	48	49	50	51	52	53	54	55	56	57	58	59
0	1	0	0	1	1	1	0	0	0	0	0	0	0	1

empfangen, bedeutet dies:

- Die ersten 16 Bits können ignoriert werden, da sie keine Bedeutung für die Zeitanzeige haben.
- Es ist Sommerzeit.
- Es ist 13:06 Uhr.

- Da die Anzahl der Bits für die Minute gerade ist, wird kein Prüfbit für die Minuten gesetzt.
- Die Anzahl der Bits für die Stunde ist ungerade, weshalb das Minutenprüfbit gesetzt ist.
- Es ist Sonntag (7. Wochentag), der 6.12.03.
- Da die Anzahl aller Bits für die Datumsangabe ungerade ist, wird das Paritätbit für das Datum gesetzt.

Anhand der Parität können nur Fehler erkannt, aber nicht korrigiert werden. Zudem funktioniert die Fehlererkennung nur, wenn die falsch empfangenen Bits sich nicht gegenseitig wieder passend zum empfangenen Paritätsbit korrigieren. Dies wirkt sich vor allem auf die Datumsprüfung aus, da hier recht viele Bits mit nur einem Paritätsbit abgedeckt werden. In der Regel ist der Empfang häufig gestört und die empfangene Information ist fehlerhaft, worauf das Programm reagieren sollte. Verschiedene Methoden können implementiert werden, um die Gültigkeit der Zeitinformation zu prüfen. Zudem sollte das Programm in der Lage sein, selbständig die Uhr weiterlaufen zu lassen, bis sie wieder mit einer gültigen Zeitinformation synchronisiert werden kann.

13.1.2 Signalform des Zeitsignals

Die Bits werden durch Absenken der Trägeramplitude um 25 % übertragen. Für eine logische 0 wird das Signal 100 ms lang abgesenkt, für eine logische 1 erfolgt eine 200 ms lange Absenkung. Die Absenkung erfolgt jeweils zu Beginn einer jeden Sekunde, wodurch der Empfänger indirekt auch einen Sekundentakt übermittelt bekommt. In der 59. Sekunde wird kein Wert übertragen. Die dadurch entstehende längere Pause bis zum Beginn der ersten Absenkung für die erste Sekunde der folgenden Minute. Diese Pause wird zur Synchronisation der Uhr benutzt.

Abbildung 13.1: *Struktur des Zeitsignals.*

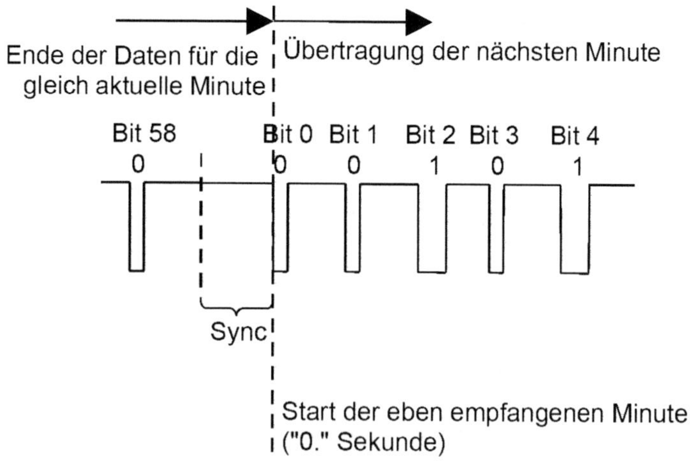

13.1.3 Empfangsmodul

Für den Empfang des Zeitsignals ist ein geeignetes Modul mit einer kleinen Ferritantenne notwendig. Diese gibt es für etwas mehr als zehn Euro in den einschlägigen Elektronikversandhäusern fertig aufgebaut. So entfällt der notwendige Abgleich und das Wickeln der Antennenspule. Im Handel werden aber oft schon komplette Funkwecker für deutlich weniger Geld angeboten. Auch diese besitzen im Inneren die notwendige Antenne und oft auch einen separaten (vergossenen) Chip für den Signalempfang und die Aufbereitung der Absenkungen in ein logisches Datensignal. Die meisten Empfangsmodule besitzen drei oder vier Anschlüsse: Versorgungsspannung, Masse, Signalausgang und ggf. noch Enable. Je nach Modell muss Enable mit Masse oder der Versorgungsspannung verbunden werden, damit der Empfänger arbeitet, was zu Stromsparzwecken genutzt werden kann. In der Regel kann der Pin auch unbeschaltet bleiben. Die Module besitzen oft einen Open-Kollektor Ausgang für das Datensignal, weshalb eine kleine Ausgangsbeschaltung mit einem Transistor benötigt wird, um ein TTL Signal für den Mikrocontroller zu generieren. Zusätzlich ist ein Kondensator empfehlenswert, um den Empfänger vor Störsignalen auf der Versorgungsleitung zu entkoppeln und den Empfang zu verbessern.

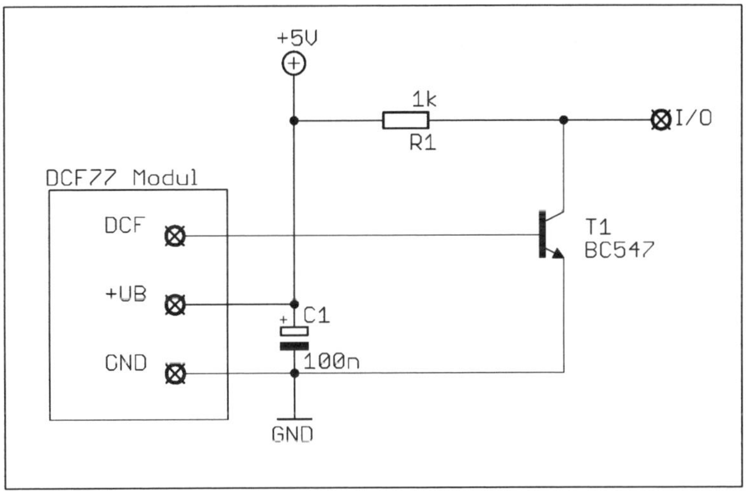

Abbildung 13.2: *Beschaltung eines typischen DCF77 Empfängermoduls.*

13.1.4 Beispielapplikation

Im Ordner `DCF77` finden Sie ein Beispiel für die Auswertung der Zeitinformation in C programmiert. Sie können ein Empfangsmodul an einen beliebigen I/O Pin des Mini-Mega-Boards anschließen, wobei der Code für Pin PB1 fertig compiliert wurde. Auf dem angeschlossenen LCD wird dann die Zeit und das Datum angezeigt, sobald es korrekt empfangen wurde. Zusätzlich zeigt ein selbstdefiniertes Antennensymbol an, ob der Empfang gültig oder gestört ist. Bei Sommerzeit erscheint zusätzlich ein „s“ hinter der Zeit. Die LED an PB0 signalisiert die eingehenden Bits und sollte regelmäßig einmal pro Sekunde kurz aufblinken.

Nur in der 59. Sekunde leuchtet sie nicht, da dann das Signal während der Synchronisation High bleibt.

Das Programm generiert die Sekunden selbständig über einen Timer und lässt die Uhr auch ohne Zeitsignal weiterlaufen. Es findet auch eine rudimentäre Prüfung der Zeitdaten anhand der Paritätsbit statt. Allerdings wird keine weitere Plausibilitätsprüfung durchgeführt, so dass es zu komplett falschen Anzeigen kommen kann, wenn mehrere Bits falsch empfangen wurden.

13.2 Global Positioning System

Satellitennavigation ist ein faszinierendes Gebiet. Fast allgegenwärtig sind inzwischen Navigationssysteme fürs Auto und was liegt da näher, als den eigenen Mikrocontroller ebenfalls mit GPS auszustatten. Fertig aufgebaute Empfangsmodule sind kleiner als eine Streichholzschachtel und berechnen nicht nur die geographische Position sondern empfangen auch gleich noch die genaue Uhrzeit. Verbinden Sie dann noch Ihre Schaltung mit einem Datensender (z. B. einem Handy wie es ab Seite 234 gezeigt wird), dann können Sie beispielsweise Ihre Schaltung jederzeit orten und wissen stets, wo sie sich befindet. Eins muss nämlich bedacht werden: Auch wenn immer wieder von GPS-Sendern und Ähnlichem zu lesen ist, eines kann ein GPS-Gerät auf gar keinen Fall und das ist das Senden. GPS-Module sind reine Empfänger, in denen die Signale, die von den Satelliten ausgestrahlt werden empfangen und in Koordinaten umgerechnet werden. Zum Senden dieser (und anderer Daten) über einen anderen Kommunikationsweg benötigen Sie zusätzliche Technik.

13.2.1 GPS Empfänger

Im Handel gibt es verschiedene GPS Module, die sich in der Funktionsweise nur wenig unterscheiden. Die meisten Module arbeiten mit einer Betriebsspannung zwischen 3,3 und 8 V und liefern an einem Ausgangspin ein serielles Signal mit den aufbereiteten Empfangsdaten nach dem NMEA (National Marine Electronics Association) 0183 Standard, wobei es sich um ASCII-basierte Datensätze, die jeweils 80 druckbare Zeichen umfassen können, handelt. Jeder Datensatz wird durch eine Kombination aus Wagenrücklauf und Zeilenvorschub abgeschlossen (CR+LF). Das Übertragungsformat ist üblicherweise 8N1 bei 4.800 Baud. Die meisten Module beginnen sofort nach dem Anlegen der Betriebsspannung mit dem Senden der NMEA Daten und versuchen, Satellitendaten zum empfangen und diese auszuwerten. Je nach Modul sind die Pegel des seriellen Signals RS232 (ca. -12/+12 V) oder TTL (0/+5 V) kompatibel. Manche Module können auch beide Signale liefern.

Zusätzlich bieten die meisten Module noch einen Dateneingang (ebenfalls mit unterschiedlichen Signalpegeln). Dieser ist für die reine Positionsbestimmung nicht notwendig. Er dient dazu, den Empfänger zu konfigurieren, um beispielsweise eine andere (höhere) Übertragungsgeschwindigkeit für die serielle Schnittstelle einzustellen oder das Datenformat zu ändern. Manche GPS Module können auch Wegpunkte speichern und Strecken zwischen diesen berechnen, wozu ebenfalls der Dateneingang benötigt wird.

Etwas schwierig ist es, einzelne Empfangsmodule ohne Gehäuse im Einzelhandel zu bekommen. Meistens werden nur so genannte GPS-Mäuse angeboten. Diese Geräte sind ab etwa 50,- Euro zu bekommen (einfache Module ohne Gehäuse gibt es ab ca. € 30,-) und verfügen über eine gewöhnliche PC Schnittstelle für RS232 oder USB bzw. Bluetooth. Oft können Sie die Geräte zerlegen und auf dem integrierten Modul die oben genannten Signale direkt abgreifen. Modelle mit USB können Sie nur mit erheblichen Aufwand direkt an einen Mikrocontroller anschließen. Eine GPA Maus mit serieller RS232 Schnittstelle lässt sich ohne Probleme sofort nutzen, da über die Schnittstelle sowohl die Spannungsversorgung als auch die Datenübertragung erfolgt. Aufgrund der wesentlich stärkeren Nachfrage nach Geräten mit Bluetooth und USB sind die seriellen Modelle inzwischen etwas seltener zu finden. In den Geräten mit USB Anschluss ist allerdings fast immer ein Wandler von seriell nach USB integriert. Wenn Sie ein Datenblatt zu diesem Chip finden, können Sie auch problemlos die Datenleitungen zwischen USB Chip und dem eigentlichen GPS Empfänger anzapfen. Oft nutzen die Hersteller auch eigene Stecker, wie zum Beispiel die verbreiteten von Navilock. Diese lassen sich aber problemlos umbauen und bieten sogar ggf. beide Signalpegel an, wie die folgende Anschlussbelegung des Mini-DIN Steckers (PS/2) zeigt:

Pin	Pin Name	Beschreibung
1	GND (schwarz)	Masse
2	VCC +5V (rot)	Versorgungsspannung GPS +5V
3	Data TTL Rx (blau)	Daten zum GPS, TTL Pegel
4	Data RS-232 RX (weiß)	Daten zum GPS, RS-232 Pegel
5	Data RS-232 TX (grün)	Daten vom GPS, RS-232 Pegel
6	Data TTL TX (gelb)	Daten vom GPS, TTL Pegel

13.2.2 GPS Empfänger anschließen

Für einen ersten einfachen Test können Sie Ihren Empfänger direkt an den P anschließen, wenn der Empfänger die Daten mit RS232 Pegeln überträgt. Sie müssen dazu lediglich Masse und die Datenausgangsleitung des Empfängers mit der Leitung RxD (siehe S. 147) der seriellen Schnittstelle am PC verbinden. Zusätzlich müssen Sie noch von einem externen Netzteil aus die notwendige Versorgungsspannung an das Empfangsmodul anlegen.

Auf dem PC können Sie dann ein einfaches Terminalprogramm starten, wie das bereits mehrfach verwendete HyperTerminal von Windows. Konfigurieren Sie es auf 4.800 Baud und 8N1 ohne Flußsteuerung und anschließend sollten endlos die NMEA Datenpakete über den Bildschirm laufen. Sollten die Daten nicht erscheinen, obwohl das GPS Modul arbeitet (was oft durch eine blinkende LED signalisiert wird), dann beenden Sie HyperTerm probeweise und starten Sie es erneut.

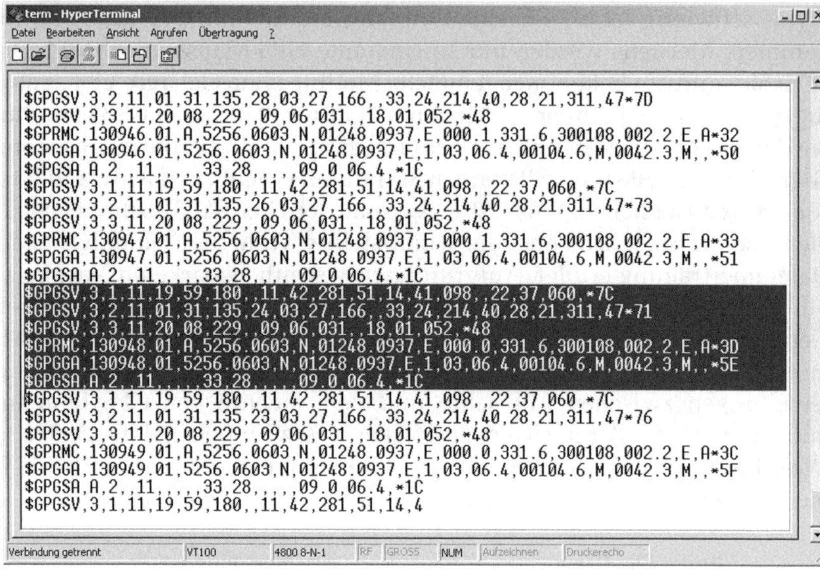

Abbildung 13.3: *Empfangene GPS Daten im NMEA Format.*

An Ihrem Mikrocontroller verbinden Sie am einfachsten den TTL Datenausgang des Empfangmoduls mit dem Eingang des USART. Beim ATmega16 ist dies Pin 14: RXD. Liefert Ihr Empfänger RS232 Signalpegel, dann benötigen Sie einen Pegelwandler vor dem Eingang des μC, da ansonsten der Eingang zerstört werden kann. Hierfür können Sie den üblichen MAX232 benutzen, wie er schon auf dem Mini-Mega-Board vorhanden ist. Sie können dann den Signalausgang (wie schon beim PC) an Pin 2 des Sub-D Steckers anschließen. Der MAX232 konvertiert die Pegel dann zu TTL und gibt die Daten an den Eingang des USART weiter. Sollte Ihr GPS Gerät lediglich Signalpegel mit 3,3 V liefern, können Sie den MAX3232 benutzen, der daraus dann auch die notwendigen RS232 Signalpegel generieren kann, die Sie dann wiederum an den PC oder den Sub-S Stecker des Mini-Mega-Board anlegen können.

13.2.3 NMEA Daten auswerten

Für eine detaillierte Vorstellung aller Daten, die im NMEA Protokoll definiert sind, fehlt hier der Platz. Online finden Sie diese aber in zahlreichen Quellen wie z. B. http://www.kowoma.de/gps/zusatzerklaerungen/NMEA.htm aufbereitet.

Jeder GPS Empfänger kann die Datenblöcke in unterschiedlicher Reihenfolge und Anzahl senden. Jeder Datensatz beginnt mit einem „$"; diesem folgen zwei Zeichen für die Senderkennung – bei GPS ist dies „GP"; gefolgt von drei Zeichen zur Kennzeichnung des Datensatzes (z. B. „GSV"). Am Ende kann optional nach dem „*" eine hexadezimale Prüfsumme folgen. Diese wird berechnet, indem alle ASCII-Werte zwischen „$" und „*" Exklusiv-Oder miteinander verknüpft werden. Durch Kommata werden die einzelnen Daten im Satz getrennt.

Der GPRMC-Datensatz (Recommended Minimum sentence C, empfohlener Mindestdatensatz) ist eine Empfehlung für das Minimum, was ein GPS-Empfänger ausgeben soll. Im markierten Bereich der Abbildung ist dies

```
$GPRMC,130948.01,A,5256.0603,N,01248.0937,E,000.0,331.6,300108,002.2,E,A*3D
```

Datenwort	Bedeutung
130948.01	Uhrzeit nach UTC (Koordinierte Weltzeit) hhmmss.ss: 13:09:48.01
A	Empfängerwarnung, A=Daten OK, V=Warnung
5256.0603	Breitengrad ddmm.ssss (=52°56'3,618" =52,93434°)
N	Hemisphäre Breite; N=nördlich, S=südlich
01248.0937	Längengrad dddmm.ssss
E	Hemisphäre Länge: E=östlich, W=westlich
000.0	Geschwindigkeit über Grund in Knoten
331.6	wahrer Kurs in Grad
300108	UTC Datum ddmmyy: 30.1.08
002.2	magnetische Deklination in Grad
E	Richtung der Deklination; E=östlich, W=westlich
A	Modus; A=Autonom, D=Differentiell, E=geschätzt (Estimated); N=ungültig (Not valid); S=Simulator

Im Datensatz GPGGA sind ähnliche Informationen enthalten. Allerdings wird hier im siebten Datenwort die Anzahl der Satelliten, gemeldet, deren Daten empfangen und genutzt werden können, was Rückschlüsse auf die Genauigkeit zulässt, da die Ortsbestimmung bei mehr Satelliten besser ist. Der neunte Datensatz informiert über die Höhe des Empfängers über dem Meer. Je nach Modell kann das GPS Modul auch noch weitere Datensätze bereitstellen, die dann Informationen über die Anzahl sichtbarer Satelliten, das Datum, die Geschwindigkeit und den Kurs usw. geben.

Die von NMEA 0183 verwendeten Positionsdaten basieren auf dem World Geodetic System 1984 (WGS84). Die Überführung der NMEA-Notation in Grad, Minuten und Sekunden erfolgt durch die folgende Formel:
*dddmm.ssss = ddd°mm'(ssss * 0,006)"*

Auch in Dezimalgrad kann die empfangene Koordinate umgerechnet werden:
dddmm.ssss = ddd+(mm,ssss/60)°

Bei den Beispielprogrammen finden Sie im Ordner `GPS` den passenden Code für ein einfaches Programm, welches die zwei Datensätze GPRMC und GPGGA auswertet und dann Uhrzeit, Längen- und Breitengrad, Höhe sowie die Anzahl der genutzten Satelliten auf dem LCD des Mini-Mega-Board anzeigt. Zusätzlich wird, wie auch beim DCF77 Beispiel (S. 224), ein

Symbol auf dem LCD angezeigt, wenn die empfangenen Daten (un-)gültig sind. Bei gültigen Datensätzen wird zusätzlich auch die LED an PB0 eingeschaltet. Der Quellcode ist auch gleich eine gute Gelegenheit, sich mit den verschiedenen Möglichkeiten zu beschäftigen, die C bietet, um Zeichenketten (Strings) zu manipulieren.

13.3 PC Tastatur als Eingabegerät

Möchten Sie es dem Benutzer Ihres Mikrocontrollers ermöglichen, komfortabel größere Mengen an Text und Zeichen einzugeben, dann werden Sie mit den üblichen einzelnen Tasten schnell an die Grenzen des Sinnvollen stoßen. Eine handelsübliche PC Tastatur , wie sie schon für ca. zehn Euro zu bekommen ist, bietet viel mehr Komfort und ist auch relativ einfach zu integrieren. Worauf Sie lediglich achten müssen ist, dass Sie ein Modell mit DIN oder PS/2 Stecker benutzen; Modelle mit USB-Anschluss sind nicht geeignet.

Abbildung 13.4:
Pinout Tastaturstecker.

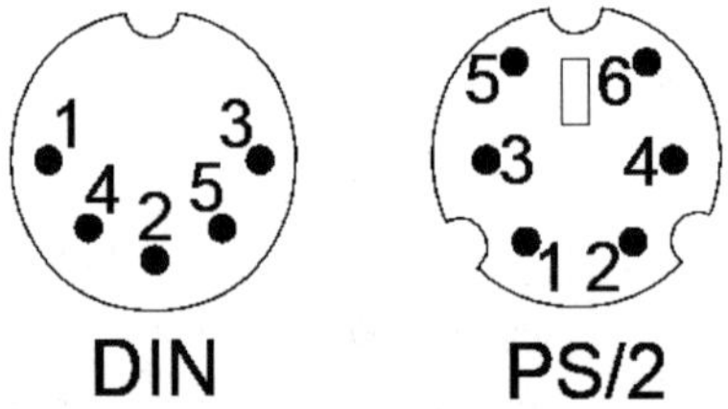

Pin	DIN	PS/2
1	KBD Clock	KBD Clock
2	KBD Data	NC
3	Reset/NC	GND
4	GND	VCC (+5 V)
5	VCC (+5 V)	KBD Clock
6	-	NC

Reset wird in der Regel auch bei Tastaturen mit DIN Stecker nicht genutzt und bleibt unbeschaltet. Sowohl die Datenleitung als auch Clock sind als Open Collector ausgeführt.

13.3.1 Protokoll der Tastatur

Im Grunde haben Tastaturen kaum Eigenintelligenz. Die meisten Funktionen, die Sie vielleicht an Ihrer Tastatur nutzen, sind gar nicht in der Tastatur, sondern in Ihrem Betriebssystem oder BIOS implementiert. Sobald Sie eine Taste drücken oder loslassen, sendet die Tastatur auf der seriellen, bidirektionalen Datenleitung einen so genannten Scan Code. Diese sind mehr oder weniger wahllos verteilt und entbehren jeder Logik. Eine kleine Auswahl:

Taste	A	B	C	Shift	Return	Enter
Scan Code	1Ch	32h	21h	12h	5Ah	E05Ah

Die Tastatur unterscheidet auch nicht, ob Sie gerade <Shift> gedrückt haben und dann <A> tippen oder nur <A>. Es wird lediglich der Scan Code für Shift und anschließend für A gesendet. Ihr BIOS/Betriebssystem muss dann zwischen „a" und „A" differenzieren. Einige Sondertasten senden auch eine Folge von verschieden vielen Scan Codes. Ähnlich verhält es sich mit den LEDs für NumLock: Die Tastatur sendet lediglich, dass Sie <Num> gedrückt haben. Was dann auf dem PC angezeigt wird, wenn Sie bspw. auf dem Nummernblock drücken, muss das Betriebssystem übernehmen („7" oder <Pos1>). Nicht einmal die LEDs steuert die Tastatur, sondern der PC sendet einen Scan Code an die Tastatur, damit diese die LED aktiviert oder ausschaltet. Dies ist auch die Ursache für die uneinheitliche Regelung, wie das mit <Shift Lock> aktivierte Großschreiben wieder ausgeschaltet wird: Mit <Shift> oder mit <Shift Lock> – je nach System.

Die serielle Datenübertragung ist ähnlich wie auch bei anderen seriellen Verbindungen (SPI oder I^{2}C) aufgebaut: Die Tastatur gibt den Takt vor und legt auf der Datenleitung die Bits, welche bei steigender Signalflanke des Taktes übernommen werden können. Zuerst wird ein Startbit und das LSB übertragen. Nach dem achten Bit folgt ein Paritätsbit (Odd Parity, vgl. S. 148) und ein Stoppbit. Will der PC Daten senden, zieht er die Taktleitung nach Masse und signalisiert so den Sendewunsch. Dann wartet er auf die fallende Taktflanke, legt das erste Bit an und die Tastatur übernimmt es mit steigender Taktflanke. Für weitere Details und auch eine umfangreiche Übersicht der Scan Codes sei auf die sehr ausführliche englische Webseite http://www.beyondlogic.org/keyboard/keybrd.htm verwiesen.

13.3.2 Tastatur Beispielanwendung

Die Verbindung mit dem Mikrocontroller erfolgt denkbar einfach: Daten- und Taktleitung können direkt an einen μC angeschlossen werden, wenn dieser mit 5 V betrieben wird. Die Software `KEYBOARD.C`, die Sie im Ordner `TASTATUR` finden, nutzt die bereits gezeigte Möglichkeit (s. S. 171), auf einen externen Interrupt zu reagieren. Aus diesem Grund wird die Taktleitung der Tastatur an den I/O-Pin INT0 (PD2 beim ATmega16) angeschlossen. Die Datenleitung können Sie dann an einen beliebigen Pin anschließen. In der Datei atkeyb.h brauchen Sie nur noch anzugeben, welcher Pin genutzt werden soll; voreingestellt ist PD3.

Die Bibliothek für die Tastatur basiert auf der Application Note AVR313 von Atmel (http://www.atmel.com/dyn/resources/prod_documents/doc1235.pdf). Es werden einfach die betätigten Tasten als Zeichen auf dem LCD ausgegeben, wobei keine Rücksicht auf die Speicherorientierung des LCDs genommen wird, weshalb Eingaben nach dem Zeilenende ggf. nicht angezeigt werden und die Zeilenadressierung wahrscheinlich nicht linear erfolgt. Das Programm kann lediglich zwischen Groß- und Kleinbuchstaben unterscheiden und stellt auch nicht alle Zeichen korrekt dar. Das liegt daran, dass die Scan Codes im Programm nicht alle an das jeweils verwendete LCD und dessen Zeichensatz angepasst sind. Im Sourcecode für die Tastaturfunktionen können Sie dies aber anpassen.

13.4 Datenübermittlung und Fernwirken per Handy

Wenn Sie Ihren Mikrocontroller mit einem Handy verbinden, können Sie Daten weltweit von und zum Projekt schicken. So können Sie beispielsweise Wetterdaten von einer entlegenen Station abfragen oder Ihr Fahrzeug orten, wenn zusätzlich noch ein GPS-Empfänger am Mikrocontroller angeschlossen ist. Natürlich geht es auch in die andere Richtung: Rufen Sie Ihren μC an, um ihm neue Aufgaben zuzuweisen und seine Verhalten zu steuern. Je nach Umfang fallen für die Steuerung nicht einmal Telefongebühren an oder lediglich der Preis für eine SMS, mit der Sie dann Ihre Daten als Klartext transportieren können.

Für den Hobbybastler ist besonders angenehm, dass angesichts der Schwemme immer neuer Telefonmodelle etwas betagte Typen für wenige Euro zu bekommen sind oder oft sogar noch in der heimischen Bastelkiste auf eine sinnvolle Wiederbelebung warten. Für den Mikrocontroller ist es völlig uninteressant, welchen neumodischen Schnickschnak das Modell nicht beherrscht und ob es Kratzer aufweist, das Display beschädigt ist oder der Akku nicht mehr arbeitet.

Sie brauchen lediglich eine aktive SIM-Karte, die es auch schon für wenig Geld gibt. Wenn Ihre Schaltung nur die kostenlose Schaltfunktion nutzt, die Sie gleich kennenlernen werden, dann sollten neben der einmaligen Anschlussgebühr keine monatlichen Grundgebühren im Vertrag enthalten sein. Möchten Sie regelmäßig vom Telefon aus Kurznachrichten verschicken, dann wählen Sie einen Vertrag, bei dem diese günstig oder in einer Flatrate enthalten sind. Die eigentlichen Gesprächsgebühren sind uninteressant, da Sie nicht per Stimme mit Ihrem Mikrocontroller kommunizieren wollen. Achten Sie noch darauf, dass ein Guthaben nicht verfällt oder der Vertrag nicht gekündigt wird, wenn keine Gebühren entstehen.

13.4.1 Kostenlos Schalten

Die meisten Mobiltelefone bieten am Datenstecker einen Pin, der eingehende Anrufe signalisiert. Im Internet finden Sie vermutlich für jedes gängige Telefonmodell ein Pinout des Datensteckers – beispielsweise auf der englischsprachigen Webseite http://pinouts.ru/.
Sobald Sie das Telefon anrufen und es klingelt, wechselt diese Leitung, die oft zur Steuerung von Freisprecheinrichtungen genutzt wird (ggf. muss dies im Handy aktiviert werden), den Signalpegel. Dies können Sie dann mit Ihrem Mikrocontroller erkennen und entsprechend darauf reagieren (z. B. die (Stand-) Heizung im Auto oder der Ferienwohnung einschalten, die Garage öffnen, einen Alarm auslösen usw.). Das Handy nimmt den Anruf nicht entgegen und so entstehen Ihnen keinerlei Gebühren für den Anruf, wenn Sie nach kurzem Klingelnlassen einfach wieder auflegen.

Das Verfahren hat allerdings zwei Nachteile: Sie haben keine Kontrolle darüber, ob Ihre Geräte korrekt geschaltet wurden und jeder eingehende Anruf und jede SMS löst die Schaltung aus. Es kann also sein, dass die nervende Kundenbetreuung Ihnen mal wieder einen neuen Vertrag aufschwatzen will oder sich jemand verwählt und dadurch die Schaltung aktiviert. Dies können Sie aber vermeiden, indem Sie ein Handymodell wählen, welches über ein so genanntes rotes Telefonbuch verfügt. Dann tragen Sie in diesem Telefonbuch die Telefonnummer(n) ein, von denen aus Sie Ihre Handyschaltung anrufen wollen und nur wenn die anrufende Nummer mit dem Eintrag übereinstimmt, wird der Anruf signalisiert.

Natürlich funktioniert das Prinzip auch in die andere Richtung: Ihr Handy kann Sie anrufen und einfach wieder auflegen. Auf Ihrem Telefon sehen Sie dann, von wo der Anruf stammt und können entsprechend reagieren. Für die elegante Lösung ist allerdings eine Datenverbindung zwischen Mobiltelefon und μC notwendig, wie sie nachfolgend gezeigt wird. Alternativ können Sie auch die anzurufende Nummer im Telefonbuch des Handy speichern und mehrere I/O-Pins des Mikrocontrollers an die Tasten des Telefons anschließen (dabei auf die Höhe der Signalpegel achten) und dann vom μC die Tastendrücke in der Reihenfolge simulieren, wie sie betätigt werden müssten, um die gespeicherte Nummer anzurufen und wieder aufzulegen.

13.4.2 Datenverbindung zum Mobiltelefon

Die meisten Mobiltelefone besitzen eine serielle Schnittstelle, deren Signalein- und -ausgang (RxD und TxD) über den Datenstecker geführt ist. Im Zubehörhandel gibt es dann die passenden Datenkabel, mit denen das Telefon direkt an der RS232 Schnittstelle eines PCs oder Mikrocontrollers betrieben werden kann. Im Datenkabel befindet sich dazu lediglich ein RS232 Pegelwandler wie der MAX232, der die 3,3 V oder 5 V Signalpegel auf ca. +/-12 V konvertiert. Theoretisch können Sie so ein Kabel auch selber bauen, doch ist es oft so, dass die herstellerspezifischen Stecker fürs Handy ungleich teurer sind, als fertige Datenkabel.

Da der Pegelwandler im Kabel mit Spannung versorgt werden muss, betätigt sich das Kabel als Vampirschaltung und zieht die Spannung aus dem RS232 Anschluss, wozu auf dem Mini-Mega-Board JP3 geschlossen werden muss. Sie können über das Datenkabel auch oft das Telefon mit Spannung versorgen und so den Akku aufladen. Dazu müssen Sie aber ermitteln, welche Leitung hierfür benutzt wird und ob bei Ihrem Kabel die notwendige Leitung auch angeschlossen ist. Dabei ist etwas Vorsicht angeraten, da bei leerem Akku das Telefon durchaus mehr als 1 A Leistung ziehen kann, was dann die Spannungsstabilisierung des Mini-Mega-Board überlastet.

Für erste Gehversuche bei der Ansteuerung eines Mobiltelefons empfiehlt es sich, dies vom PC aus zu machen, da Sie dort mit einem Terminalprogramm (vgl. S. 152) bequemer arbeiten können. Die Übertragung erfolgt stets mit 8N1 bei allerdings unterschiedlicher Baudrate: Ältere Telefontypen benutzen oft 4.800 oder 9.600, neuere bis hin zu 115.200 Baud.

13.4.3 GSM AT-Kommandos

Mobiltelefone werden (wie auch früher Modems) über AT-Befehle nach dem Hayes-Standard gesteuert. Jeder Befehl beginnt mit dem Schlüsselwort „AT" (Attention, engl.: Achtung), dem folgt meistens ein Pluszeichen (zur Kennzeichnung GSM-spezifischer Kommandos) und dann der eigentliche Befehl und ggf. weitere Parameter nach einem Gleichheitszeichen. Beendet wird der Befehl mit einem Wagenrücklauf und Linefeed (CR+LF). Für

GSM-Handys (Global System for Mobile Communications) wurde der Hayes Befehlssatz entsprechend den Anforderungen erweitert. Im Internet finden Sie zahlreiche Quellen für den umfangreichen Befehlssatz, auf den hier nur ansatzweise eingegangen werden kann (z. B.: http://nobbi.com/oder http://www.communica.se/multitech/gprs_at.pdf). Bei allen Kommandos spielt die Groß-/Kleinschreibung keine Rolle.

Mit ATD...; (Dial, engl.: wählen) veranlassen Sie Ihr Telefon, eine Nummer anzurufen. Die Nummer können Sie in internationaler schreibweise mit vorangestellter Länderkennzahl und ohne Null bei der Vorwahl angeben oder als nationale Nummer:

```
ATD+49123123456;
```

Dies ist die internationale Notation für eine Nummer in Deutschland mit der Netzvorwahl (0)123 und der Anschlussnummer 123456.

Um die Verbindung abzubrechen, geben Sie

```
ATH
```

ein (Hangup, engl.: auflegen). Beide Befehle werden vom Telefon mit „OK" quittiert.

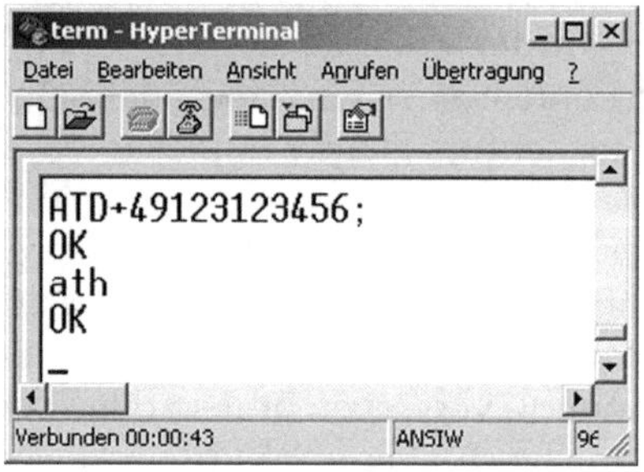

Abbildung 13.5: *AT-Befehle zum Anrufauf- und -abbau.*

Eingehende Anrufe signalisiert das Telefon mit dem Text „RING". Damit Sie auch die vom Anrufer ggf. übermittelte Telefonnummer angezeigt bekommen, müssen Sie dies eventuell vorher einmalig aktivieren (CLIP: Calling Line Identification Presentation, engl.: Anruferkennzeichnung):

```
AT+CLIP=1
```

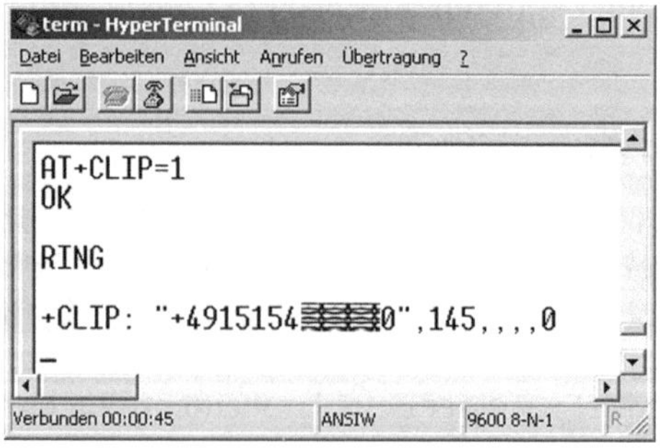

Abbildung 13.6: *Signalisierung eines eingehenden Anrufs inkl. CLIP.*

Diese Befehle kann nun auch ihr Mikrocontroller über die serielle Schnittstelle an das Mobiltelefon senden und die Daten vom Telefon empfangen und mit einem geeigneten Programm auswerten.

13.4.4 Kurznachrichten per PDU absetzen

Richtig interessant wird die Handynutzung an einem Mikrocontroller aber erst, wenn der Prozessor Daten übermitteln kann. Alles, was Sie in einer (oder mehreren) Kurznachrichten manuell schreiben können, vermögen Sie auch per Mikrocontroller zu verschicken. Einzige Hürde dabei ist, das die Entwickler sich denkbar viel Mühe gegeben haben, das Erstellen einer SMS möglichst kompliziert zu gestalten. Es gibt einige wenige Handymodelle, bei denen können Sie die Nachricht bequem als Klartext ans Telefon schicken. Bei den allermeisten Modellen müssen Sie Ihre Nachricht aber als Protocol Data Unit (PDU) übergeben. Dabei handelt es sich um einen Datensatz, der neben der eigentlichen Textnachricht auch noch die Empfängernummer und einige andere Angaben enthält. Ärgerlich daran ist, das die Daten in der PDU codiert abgelegt sind und dies nicht gerade besonders übersichtlich erfolgt. Haben Sie die PDU aber erst einmal verstanden, können Sie mit jedem Handy Kurznachrichten verschicken und sind nicht auf die seltenen Modelle angewiesen, die Klartext beherrschen.

Da aus Platzgründen nicht auf alle Details der PDU eingegangen werden kann, hier nur ein Überblick über die wichtigsten Codierungsschritte. Im Internet finden Sie zahlreiche tiefer gehende Erklärungen und auch Onlineangebote zur Codierung (bspw. http://twit88.com/home/utility/sms-pdu-encode-decode) oder das sehr umfangreiche Tool PDUspy (http://nobbi.com/download.htm). Von Atmel gibt es auch die Application Note AVR323, die neben weiteren AT-Kommandos den Aufbau der PDU erläutert und passenden Programmcode dazu liefert.

Nehmen wir an, Sie wollen die SMS mit dem Inhalt „Testtext“ an die Nummer +491231234567890 verschicken. In Ihrem Telefon ist die Nummer der Kurznachrichtenzentrale wie üblich fest abgelegt. An Ihr Telefon müssten Sie dann die beiden folgenden Zeilen schicken:

```
AT+CMGS=23
0011000F9194211332547698F00000AA08D4F29C4E2FE3E9
```

Die erste Zeile wird wie gewohnt mit CR+LF abgeschlossen. Daraufhin meldet sich das Handy mit der Ausgabe „> “ empfangsbereit und Sie schicken die zweite Zeile, die lediglich mit dem Steuercode Ctrl-Z beendet wird. Das Telefon meldet dann entweder einen Fehlercode zurück oder quittiert den Empfang durch die Angabe der zugewiesenen Referenznummer.

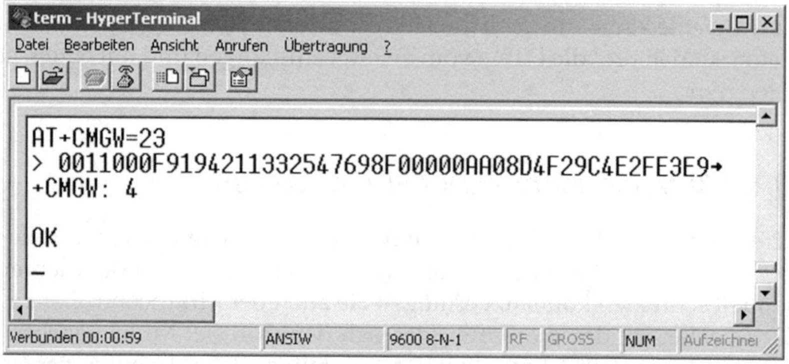

Abbildung 13.7: PDU für eine SMS „Testtext".

Vor allem in der Testphase ist es mit Blick auf die Kosten nicht ratsam, permanent Nachrichten zu verschicken. Sie können dann den Befehl CMGS auch durch CMGW ersetzen, was dazu führt, das die Nachricht lediglich im Ausgangsordner des Telefons gespeichert und nicht verschickt wird. Dort können Sie sie dann von Hand wieder löschen und so in Ruhe experimentieren, bis die Datenübergabe ans Telefon reibungslos funktioniert.

Die Zahl nach dem AT-Befehl gibt an, aus wie vielen Bytes die nachfolgende Zeile besteht. Dabei wird das erste Byte, welches immer 00 ist, wenn keine Kurznachrichtenzentrale (SMSC: Short Message Service Center) angegeben wird, nicht mitgezählt. Die nachfolgenden 23 Bytes gliedern sich folgendermaßen:

Byte (Hex)	Bedeutung
11	Message Flags; enthält Angaben darüber, wie die Nachricht codiert ist und wie das Telefon agieren soll.
00	Referenznummer. Bei 00 vergibt das Telefon selbständig eine Nummer, um die Nachricht zu kennzeichnen und über diese Nummer ansprechen zu können.
0F	Anzahl der realen Ziffern der Zielrufnummer. „491231234567890" besteht aus 15 (0Fh) Ziffern.
91	Telefonnummer wurde in internationaler Notation angegeben.
94 21 13 32 54 76 98 F0	Codierte Telefonnummer.
00	Protocol Identifier; stets 00
00	Data Coding Scheme; stets 00
AA	Verfallszeit; Nachricht ist 4 Tage gültig
08	Anzahl der nachfolgenden Septets (nicht der Bytes) mit dem eigentlichen Nachrichtentext. Die Zahl entspricht der Anzahl an Textzeichen der Kurznachricht. "Testtext" besteht aus 8 Zeichen.
D4 F2 9C 4E 2F E3 E9	Byteschreibweise der in Septets codierten Nachricht.

Die Telefonnummer wird noch relativ einfach codiert: Zuerst wird geprüft, ob die Anzahl der Ziffern gerade ist, also durch zwei ohne Rest teilbar ist. Ist dies nicht der Fall, wird am Ende ein „F" angehängt. Anschließend werden je zwei benachbarte Zahlen einfach miteinander vertauscht:

Zielnummer (mit "F" ergänzt, da ungerade Anzahl Ziffern)

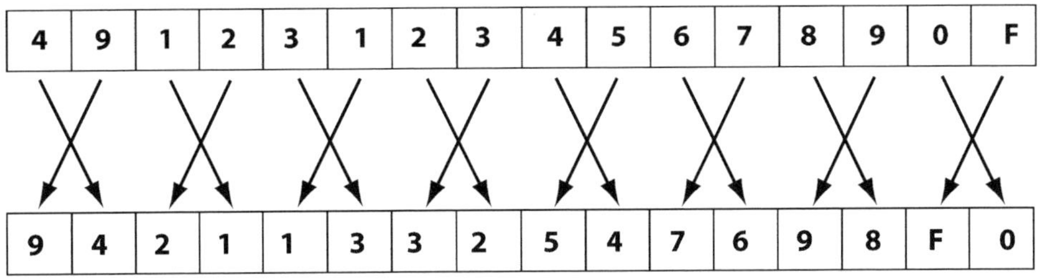

codierte Zielnummer

Aufwendiger gestaltet sich da schon die Codierung der Textnachricht. Eine Besonderheit ist, dass jedes Zeichen mit nur sieben Bit codiert wird. Dies entspricht den ersten 128 Zeichen des ASCII und erlaubt nur die Übertragung der lateinischen Buchstaben, arabischen Zahlen und einiger weniger Sonderzeichen, wie z. B. Satzzeichen etc. Umlaute usw. sind in diesem Zeichensatz nicht enthalten. Erst durch entsprechende Erweiterungen, auf die hier aber nicht eingegangen werden kann, sind weitere Zeichen möglich. Die 7 Bit Werte für jedes Zeichen werden als Septet bezeichnet. An das Telefon wird aber stets ein Byte (8 Bit) gesendet. Dazu wird das achte Bit (HSB) des ersten Bytes mit dem LSB des nächsten Bytes gefüllt. Im zweiten Byte sind dann schon zwei Bits frei, die mit Bits aus dem dritten Byte gefüllt werden. Dieses Verfahren lässt sich unterschiedlich umsetzen. Etwas aufwendig, aber leicht nachvollziehbar sieht das so aus:

1. Zuerst werden für die einzelnen Zeichen die ASCII Hexwerte ermittelt.

2. Dies Hexwerte werden dann in Binärzahlen gewandelt, wobei das HSB stets 0 ist und weggelassen wird.

3. Die Bits der Binärzahl werden anschließend gespiegelt, also in umgekehrter Reihenfolge notiert.

Zeichen	**Hex**	**Binär (7 Bit)**	**Binär gespiegelt**
T	54	1010100	0010101
e	65	1100101	1010011
s	73	1110011	1100111
t	74	1110100	0010111
t	74	1110100	0010111
e	65	1100101	1010011
x	78	1111000	0001111
t	74	1110100	0010111

4. Die gespiegelten Bits werden als Bitfolge hintereinander geschrieben:

```
00101011010011110011100101110010111101001100011110010111
```

5. An diese Kette werden rechts so viele Nullen angehängt, bis die Gesamtzahl der Bits ohne Rest durch 8 geteilt werden kann. Für den Beispieltext sind keine Füllbits notwendig.

6. Die Bitfolge wird nun in Bytes mit je 8 Bits geteilt.

7. Nun wird jedes Byte wieder gespiegelt.

8. Jedes Byte wird im hexadezimalen System dargestellt und ergibt hintereinander geschrieben die codierte Nachricht D4F29C4E2FE3E9.

Binär (8 Bit)	**Binär gespiegelt**	**Hex**
00101011	11010100	D4
01001111	11110010	F2
00111001	10011100	9C
01110010	01001110	4E
11110100	00101111	2F
11000111	11100011	E3
10010111	11101001	E9

Im Ordner HANDY finden Sie eine Beispielapplikation, die eine SMS im Handy speichern oder verschicken kann. An die Funktion müssen Sie dazu nur die Zielrufnummer, die Nachricht und die gewünschte Aktion übergeben. Im bereits benutzten Sourcecode für die serielle Schnittstelle können Sie die auf 9.600 Baud eingestellte Übertragungsgeschwindigkeit ggf. noch an Ihr Telefonmodell anpassen.

Stichwortverzeichnis

!

A

B

C

D

E

F

G

H

I

J

K

L

M

N

O

P

T